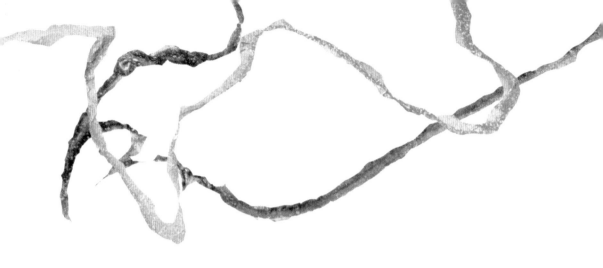

The Complete World

of

Human Evolution

Chris Stringer   Peter Andrews

人类通史

〔英〕克里斯·斯特林格　彼得·安德鲁 著

王传超 李大伟 译　王重阳校译

北京大学出版社
PEKING UNIVERSITY PRESS

根据自然选择理论，所有物种都与亲代物种相关……
而亲代物种则与更古老的物种相关……
以此类推，就会找到早已经生息在地球上的那些物种。

查尔斯·达尔文：《论自然选择之下的物种起源》

目 录
Contents

进化是一张终极拼图（导言）/ 1

I 古人类学家的武器

第一章　近亲们　　　　　　　　　　　12

第二章　细密的重绘　　　　　　　　　22

第三章　追猎时间　　　　　　　　　　26

第四章　让化石动起来　　　　　　　　35

第五章　田野与实验室　　　　　　　　40

第六章　化石与福尔摩斯　　　　　　　45

第七章　鬣狗与河流　　　　　　　　　50

第八章　重构无数个世界　　　　　　　56

第九章　冰与火的游戏　　　　　　　　61

第十章　古人类学的圣殿　　　　　　　66

II 从猿到人

第一章　第一只猴子　　　　　　　　　98

第二章　找出第一只猿　　　　　　　　101

第三章　树冠与地面之间　　　　　　　116

第四章　走出非洲　　　　　　　　　　122

第五章　安卡拉古猿　　　　　　　　　127

第六章　西瓦古猿　　　　　　　　　　130

第七章　　　现存猿类的祖先　　　　　　　　135

第八章　　　最先站起来的猿　　　　　　　　140

第九章　　　南方古猿　　　　　　　　　　　145

第十章　　　人类的起源　　　　　　　　　　164

第十一章　　制造第一件工具的能人　　　　　168

第十二章　　直立人，亚洲人的祖先?　　　　173

第十三章　　人类进化模型　　　　　　　　　179

第十四章　　欧洲最早的定居者　　　　　　　184

第十五章　　现代人从非洲再次出发　　　　　201

第十六章　　基因分析的力量　　　　　　　　224

Ⅲ　我们在进化中
　　学会了什么

第一章　　　猿与人运动的进化　　　　　　　236

第二章　　　食性的进化　　　　　　　　　　245

第三章　　　猿与人类的地理扩张　　　　　　250

第四章　　　树冠与大地，对环境的适应　　　261

第五章　　　工具的进化　　　　　　　　　　274

第六章　　　第一个艺术家　　　　　　　　　286

第七章　　　重现古人类行为　　　　　　　　293

结　论　　　进化是没有方向的奇遇　　　　　300

参考文献　　　　　　　　　　　　　　　　　305

图片授权　　　　　　　　　　　　　　　　　311

致　谢　　　　　　　　　　　　　　　　　　312

索　引　　　　　　　　　　　　　　　　　　313

进化是一张终极拼图（导言）

150 多年前，人们第一次发现并确认了第一块人类化石，那时进化论的思想、古生物学和考古学还处在发轫期。

如今，新的化石不断发现，新的研究方法迭出不穷，这些都可以帮助我们全方面地重建史前历史。具体方法有哪些呢？除了基本的古生物学、地质学、考古学方法之外，还要有生物社会学、解剖学、法医学、埋葬学、古生态学、形态功能学的知识，而同样关键的是科学技术的运用，尤其是测年技术和基因技术对于探索人类演化有着相当根本的作用。

具体来说：通过对灵长类和人类社会的比较研究，我们可以获得大量的数据来建构远古灵长类，尤其是人类祖先的社会发展模式，完善我们的史前史图景。解剖学和化石研究可以对诸多领域的研究提供核验。法医学在化石遗址研究上的应用，可以重建上古之人生与死的诸多细节，确定他们生息的时间，这些进展都是前所未有的。埋葬学告诉我们化石的诸多特征是怎么形成的，是否经过自然力量的搬运移动。古生态学告诉我们这些化石动物生活在什么样的自然环境中。形态功能学则告诉我们这些动物为什么具有多样化的形态结构，如何适应周围环境。而现代技术，譬如 CT、电子扫描、X 射线摄影、三维成像技术等等，能让我们发现隐藏在化石内部的惊人秘密，甚至将残损破碎的化石修复完整。而放射性物质和碳同位素测年等技术已经为发现的成千上万的化石样本提供了基本的时间序列，虽然现在的测年技术并非万无一失，但多种测年方法的相互校正，却能够保证我们不会被局部的失误误导得太久。基因分析技术则为古生物研究打开了一个新世界，现代技术能从很少的古代化石中提取部分 DNA，由此就可以重建各个古今物种的亲缘关系，直至描绘出繁茂复杂的进化树。

在这本书里，通过上述诸多的方法，我们希望展示科学家是如何重建人类演化的，尤其是他们如何发现新的人类化石，如何解释这些化石。

7 　　本书作者活跃在古生物学领域已经超过三十年了，并有幸见证了一些最为重要的发现以及在重建人类演化上的重要突破。

　　首先我们要说的是灵长类演化早期阶段的化石，这些化石揭示了早期猿类的进化，无论是现在还是将来，这些发现都成功地展示了早期猿类的多样性、分布的广泛性。相比于种类有限的现生猿类，非洲地区新发现的猿类化石是如此多样，大大充实了人类演化的开始阶段。我们据此可知，有好几种猿类都有可能竞争我们人类的祖先头衔。人类从非洲向外扩散的时间早得出乎意料，200 万年前，他们就走出了非洲，来到了高加索地区。于是

1991 年，在格鲁吉亚的德马尼西〔Georgia Dmanisi〕的一个中世纪村庄遗址下面发现了一段下颌骨化石，证实了这里曾经有古代人类生活。1999 年又发现了两个头骨。如今德马尼西已经是世界上人类化石最丰富的地区之一。

右图的这个头骨发现于 2001 年，特征与非洲的能人〔Homo habilis〕相似。下图为格鲁吉亚古生物学家 David Lordkipanidze 和同事在观察一个新的发现。

我们就看到了德马尼西遗址（Dmanisi,
位于高加索地区的格鲁吉亚共和国首都第
比利斯西南）出土材料异常丰富。在这些
遗址里出土了一些非常原始的古人类化石
遗骸，包括头骨、下颚以及骨骼的零散碎
片，就埋在一个中世纪村庄遗址下面。这
些早期人类的脑容量虽然很小，石器工具
也极其简陋，但仍然令人惊讶，因为即便
是这么简陋的工具，也足以说明了古人类
在智力和技术方面取得了本质性的进步，
已经不再是"动物"，这有着非常重要的
意义。有了这些进展，早期人类才能离开
起源地几千公里，跨越沙漠、雪山和大
河，第一次走出他们的祖先世代居住的非
洲故乡。

不仅仅是高加索雪山下的格鲁吉亚，

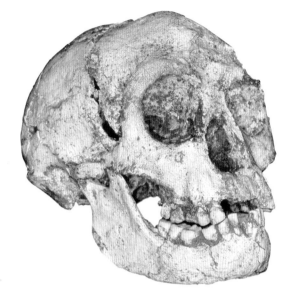

上图 虽然人类演化的大体模式愈发清晰，但诸如这个
类似人类头骨的新发现——印尼的弗洛雷斯人（*Homo
floresiensis*）还是让专家们惊诧不已。

下图 事实上，证据有时候埋藏得很深，如下图，这里距
地表深 11 米（36 英尺），考古学家在印尼弗洛雷斯岛梁布
亚（Liang Bua）洞穴发掘早期人类居住过的遗址。

事实上，从南非到澳大利亚的化石，都揭示了人类后来在非洲大陆再次进化出更加聪明的种类（所谓的智人），并且向其他大陆扩散。他们中有一些人成了我们现今所有70亿人的祖先。他们从非洲迁移到各地的时间距今20万年以内，在整个人类进化的时间尺度中，可以说是眨眼一瞬。在这些智人征服世界的过程中，此前进化出来并且早已分布在世界各地的其他人类也在继续进化着，但是目前我们对一些地区如东南亚晚期人类的演化知之甚少，不过东南亚的弗洛雷斯岛（Flores，印尼巽他群岛中的一个）已经发现了一具著名的原始人类骨骼化石，它被命名为弗洛雷斯人，其存在毋庸置疑。弗洛雷斯人一直生活到2万年前，这就意味着现代人在向澳大利亚地区扩散的过程中可能会遇见这些奇怪的亲戚（弗洛雷斯人）。这种事情当然也在世界其他地方发生，例如智人和另一支更古老的人类尼安德特人（Neanderthal）在欧洲西南的西班牙等地，很可能邂逅，甚至共同生活了几千年（当然也许是相互竞争了几千年）。

8   我们校正这些不断增长的化石证据年代的能力，随着两项技术的发展而幸运地随之进步：其一是火山岩测年精度的不断提高，这对非洲古人类最早期演化阶段的化石测年最为关键；其二是放射性碳测年（radiocarbon），这对于距今4万年以来的很多古人类遗物测年非常重要。在这两者之间的年代，我们则使用铀系（uranium series）和电子自旋共振（ESR，electron spin resonance）测年的方法。

我们已经能从化石证据上尽可能多地"榨取"信息，这种能力在过去十几年间有了跳跃式的增长。CT扫描技术、三维X光技术最初都是用于医学目的，我们现在能通过这些技术提供非常精确的化石内部和外部的成像，即使这些化石可能已经变形，或者还有部分被包裹在岩石中。显微技术可以让我们能够研究骨骼和牙齿形成和发育的模式。同位素分析使我们以前所未有的深度去了解古人类的食谱。新的方法能捕捉和分析化石尺寸和形状方面信息，帮助我们重建我们的演化历史。

9   另一个方法在过去30年里也愈发重要，那就是基因分析法，这种方法甚至可以用在5万年前的尼安德特人化石上。不过，大部分的基因数据还是来自现今的灵长类，特别是人类，以帮助我们确定我们在进化史上与非洲猿类的相似程度，特别是黑猩猩，以及我们和现存非洲人祖先的相似程度，不论他们的身材大小、体型体态、肤色深浅。

10   随着化石记录的不断增长，考古数据也在与日俱增，东非已经发现了260万年前的最古老的石器工具和带有屠宰痕迹的骨骼。非洲还发现了75000年以上的具有象

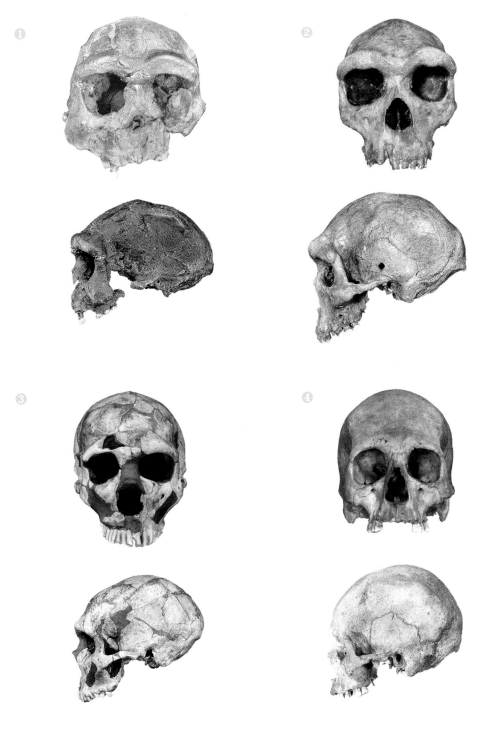

① 直立人的正面和侧面（爪哇桑吉兰 17 号）　② 海德堡人的正面和侧面（赞比亚布罗肯山）
③ 尼安德特人的正面和侧面（法国拉费拉西）　④ 智人的正面和侧面（晚近，印度尼西亚）

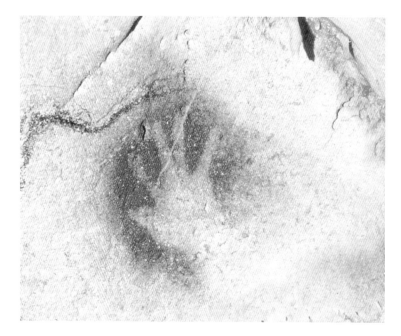

手模，它发现于法国东南部肖维洞穴（Chauvet Cave）深处，创作者将一只手按在洞壁上使用喷涂颜料（吹或者喷）绘制而成。黑色的线条画的是猛犸象的一部分，它的年代还要早于手模。

征意义的岩画，欧洲 40000 年前旧石器晚期的岩画也蓬勃涌现。对于我们现生的灵长类的亲戚的仔细研究，显示了它们和我们有很多共同的行为特征，例如黑猩猩简单工具的制作和使用具有不同的传统，而猴子可以合作狩猎。

但是，尽管有了上述的进展，古人类研究还是有很多美妙的谜团。我们依然无法确定，人类和黑猩猩最后分道扬镳前的共同祖先是什么种类，他们生活的时间，以及造成早期人类多样性的环境。

关于为什么我们的祖先要直立行走来适应环境这个问题，学界有很多不同的观点，目前我们还无法判断孰是孰非。虽然看起来直立行走发生在 200 万年前的非洲，但是我们不能确定在何时、何地和何故，人科发生了这一进化。同样我们也不清楚我们智人（*Homo sapiens*）的起源和演化的过程，以及最终我们如何取代了其他人类，诸如尼安德特人。然而，重要的是我们知识中的这些不足，恰可以使我们集中研究这些最基础的未解之谜，使我们能把人类演化的故事讲得完整，而不必再待将来。

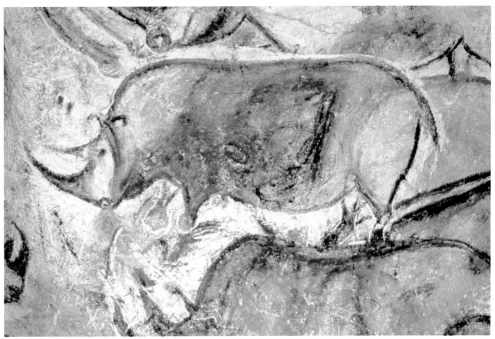

在肖维洞穴，一大群不同的动物被描绘在洞穴壁上，洞熊（上图），犀牛（下图），夹在很多其他的物种当中，包括狮子、马、山羊、北美野牛、欧洲野牛、猛犸象、美洲狮、驯鹿，甚至还有一只猫头鹰，另外还有人类的手模；还有类似昆虫的图形，以及一些具有性意味的图像，对于这些壁画，在很多方面仍然是个谜。

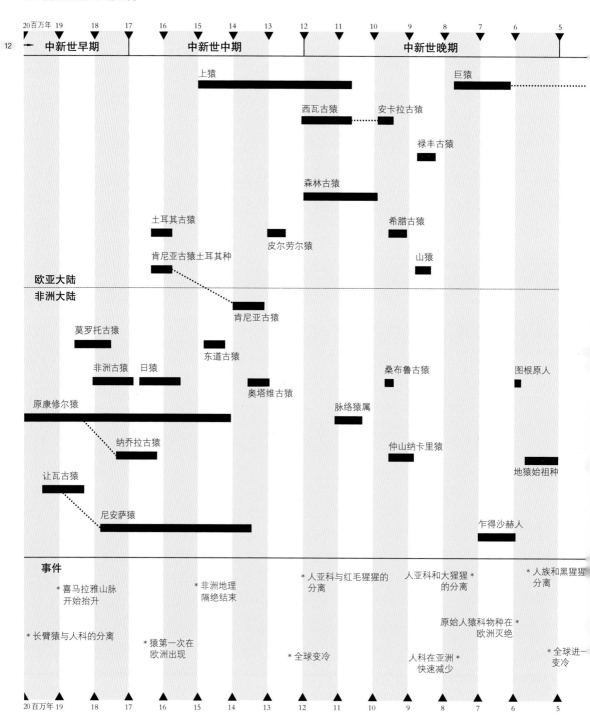

时间表

2000 万年以来的时间跨度。时间表展示了在这本书中提到的所有主要物种的年代范围，非洲在中新世晚期的化石出现断档，这个断档目前正在填补。

不过现生猿类物种演化的证据依然缺乏。人类演化的化石证据要好得多，但在我们将黑猩猩和大猩猩的起源、演化弄清楚之前，还不能完全理解人类的起源。

| 20百万年 | 19 | 18 | 17 | 16 | 15 | 14 | 13 | 12 | 11 | 10 | 9 | 8 | 7 | 6 | 5 |

12

中新世早期 　　　　　中新世中期 　　　　　中新世晚期

上猿

巨猿

西瓦古猿　安卡拉古猿

禄丰古猿

森林古猿

土耳其古猿　　　　　希腊古猿

皮尔劳尔猿　　　　　山猿

肯尼亚古猿土耳其种

欧亚大陆

非洲大陆

肯尼亚古猿

莫罗托古猿

东道古猿

非洲古猿　日猿　　　　桑布鲁古猿　　图根原人

奥塔维古猿

原康修尔猿　　　　　　　脉络猿属

纳乔拉古猿　　　　仲山纳卡里猿

让瓦古猿　　　　　　　　　　　地猿始祖种

尼安萨猿　　　　　　　　　　　乍得沙赫人

事件

* 喜马拉雅山脉 开始抬升

* 非洲地理 隔绝结束

* 人亚科与红毛猩猩的 分离

* 人亚科和大猩猩 的分离

* 人族和黑猩猩 分离

* 长臂猿与人科的分离

* 猿第一次在 欧洲出现

* 全球变冷

原始人猿科物种在 * 欧洲灭绝

人科在亚洲 * 快速减少

* 全球进一 变冷

| 20百万年 | 19 | 18 | 17 | 16 | 15 | 14 | 13 | 12 | 11 | 10 | 9 | 8 | 7 | 6 | 5 |

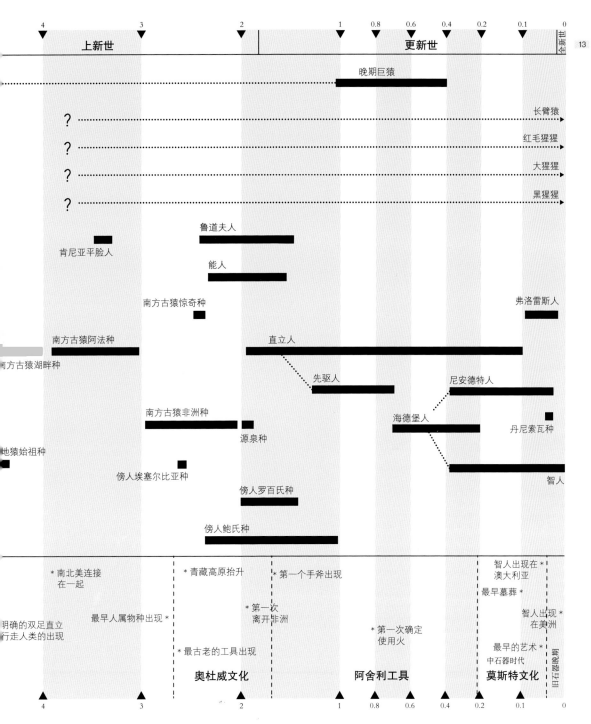

I 古人类学家的武器

　　古人类研究主要是研究人类演化的证据，其时间范围可以从现代人、智人上溯到中新世（距今约 2000 万年）那些我们可能的猿类祖先，或者更加久远的过去。在这本书的第二部分中，我们将看到这些人类演化的道路，这条通往祖先之路，是我们依据一百多年来人类学家发现的成千上万件化石证据，逐渐拼接复原出来的。

　　不过，首先我们将在第一部分做一些必要的铺垫，我们要介绍一些带有一般性的知识，这对于我们解释人类在各个阶段的演化都是非常重要的。

　　我们要介绍的是我们是怎么拼出人类进化道路的，也就是我们依赖的方法和技术。从古生物学、古人类学，到考古学、地质学、埋葬学、古生态学，以及测年技术等等（基因分析技术将在第二部分介绍）。

　　接着，我们将介绍一些古人类学的著名遗址。可以说这些遗址因为其著名的发现，已然成为圣地。我们将看到这些遗址发掘出土的化石和石器，讨论一些著名的案例，描绘与化石关联的环境以及地质年代和遗址时间。我们还要思考化石物种多样性的重要意义，正是这种多样性提供了人群在自然选择作用下的差异。

　　是的，人类进化并没有跳出自然选择的范围，尤其是古人类的进化就更是如此。我们知道，现代人群具有各种差异，各种族内部和各种族之间都是如此，而且由于这种差异，不同的环境条件可能会形成不同的利弊。例如，黑皮肤的人更有能力去忍受强烈的光照，在将来，如果太阳光照变得更强或者臭氧层被破坏，环境可能更倾向于他们的生存。这就是自然选择的作用，这种作用贯穿了人类演化的历史。

　　所以在第一部分的最后，我们会介绍古生态学的价值。为了解人类演化的开始阶段，我们需要去检查自然选择在人类演化的不同阶段，我们需要与我们祖先相关的化石遗骸，这些遗骸提供了人类过去的适应性和多变性的证据。我们也需要弄清楚这些遗骸当时所处的环境信息，以便我们能确定他们的年代，并且能够运用古生态学的知识重建他们生活的环境。拥有这些信息，我们不仅仅能知道我们的祖先可能是什么样子，并且知道他们是如何获取多变的适应性，并如何最终变成了我们。

博克斯格拉夫（Boxgrave）遗址位于英格兰南部，1995 年发掘，
发现了非常丰富的石器工具和骨骼化石，包括人类牙齿和胫骨，
年代距今大约 50 万年，图片展示了这个遗址的发掘情景。

第一章 │ 近亲们

比较生物学的方法

一 猩猩，我们很近很近的近亲

我们人类作为观众看着黑猩猩，是种有趣但同时又令人不安的体验，这种感觉远比我们观看其他任何动物强烈，为什么这样呢？

简单地说，是因为黑猩猩是猿，和人类属于同一个科。黑猩猩不仅仅是猿，也是和我们有着更密切关系的物种，他们 98% 的基因和我们一样，在行为和生物学特征方面与我们非常相似，可能没有哪种猴子或猿经过训练后能如此逼真地模仿人类的行为（大猩猩与人的相似性略逊于黑猩猩）。

黑猩猩（chimpanzees）和大猩猩（gorilla）仅仅生活在非洲，他们长期以来都被认为与人类有密切的关系，19 世纪，达尔文认为人类起源于非洲，与黑猩猩、大猩猩曾经在同一个大陆，有着共同的非洲祖先。

本书中使用的猿类分类方法

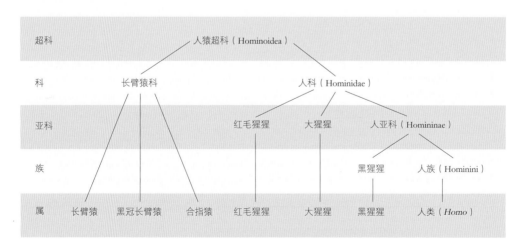

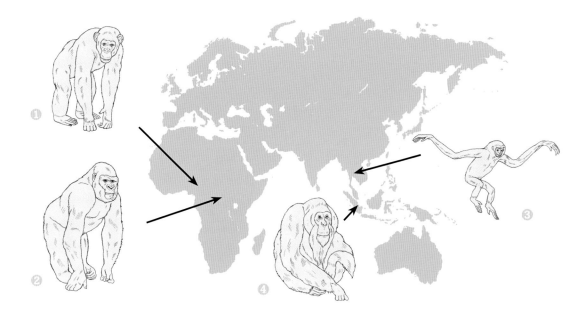

现生猿类：①黑猩猩；②大猩猩；这些猿类现在仅仅生活在热带非洲，③长臂猿，生活在东南亚森林中，④红毛猩猩，生活在苏门答腊和婆罗州。

尽管在达尔文那个时候，人类、黑猩猩、大猩猩还被划分在不同的科，即人科和猩猩科。如今人们越来越接受黑猩猩与人类的关系比它与大猩猩的关系更加密切，把黑猩猩和大猩猩分属同一类是不合适的。在这本书里，我们将人科家族包括的猿和人，区分成 3 个亚科：红毛猩猩（orang utans）、大猩猩（gorillas）、人（humans）－黑猩猩（chimpanzees），人亚科的名称涵盖了人类和黑猩猩，缩写为人亚科（Hominine），人类与黑猩猩的进一步区分，是把人划为一个独立的属，简称为人属（hominin）。

除了几种猩猩和人类组成的亚科之外，现存的猿还有一类是长臂猿科（Hylobatidae），长臂猿生活在今天的东亚地区，他和左边表格里面的这些物种有什么关联呢？非常明显的共同特征是他们都没有尾巴，很多哺乳动物的尾巴有固定的长度，灵长类也不例外，灵长类包括猿和猴子，像南美的猴子，有长的且适于抓握的尾巴，事实上，除了猿，所有的灵长目动物都有尾巴。猿类还有一些共同特征，例如有阑尾，猿可能会像我们一样得阑尾炎；还有一个特征将在本书后面提及，即猿的肘部因有了关节而既有稳定性又增强了灵活性。

虽然猿类的化石曾经遍布亚欧非大陆，但目前猿类只残存在非洲和亚洲。亚洲猿类有长臂猿和红毛猩猩（也简称为猩猩）。非洲猿类包括大猩猩和黑猩猩。

17

一只长臂猿展示了他的长臂特征，用手臂支撑自己整个身体。

18

一只婆罗洲地区的红毛猩猩展示了它如何使用四肢爬树，以及非常灵活的手臂和腿。

长臂猿（gibbon）是现存最小的猿类，体重在 4 到 13 公斤（9 到 29 磅）之间，他们生活在亚洲热带森林中，以小的家庭群体为生活单位，家庭成员包括一雄一雌以及他们的后代，他们几乎都生活在树上，以果实为食，通过特殊的方式在树上活动，被称为臂跃，主要是用他们长且有力的手臂摇荡在树枝间快速移动。在家庭中，雄性和雌性共同分担很多活动，包括领地防护，使用复杂的叫声系统来互动交流。迄今为止，已经识别确认了 17 种长臂猿。

红毛猩猩（orang utan）现今仅剩一种，尽管有两个明显区别的亚种分别生活在苏门答腊岛和婆罗洲（尽管一些人认为这是 2 种不同的物种），他们的大小是从 40 到 140 公斤（88 到 310 磅），比长臂猿大很多，他们主要生活在树上，以果实为主，但是不像长臂猿，红毛猩猩在树上移动非常缓慢，他们用四肢攀爬，腿和脚的使用方法和手臂一样，是一种喜欢独居的动物，当雄猩猩离开时，他们的子女留在雌性身边，雌雄两性在一起仅仅是为了交配，他们是比较沉默的动物，互相之间几乎不怎么互动交流。

大猩猩在当今也只剩一个种，被分成 3 个亚种，亚种之间的区别比红毛猩猩亚种之间的要大，他们生活在非洲东部和中部的热带雨林中，且其中一个亚种仅生活在卢旺达和扎伊尔两国的边界山地森林，即山地大猩猩。大猩猩是非常大的猿，重量从 75 到 180 公斤（165 到 400 磅），他们吃素食，特别是山地森林里的大猩猩，频繁在地面上活动，这可能是由于他们体型较大。他们在地面上移动时，支持他们体重

颅骨
面骨
颌
锁骨
肩胛骨
胸骨
肋骨
肱骨
脊柱
髋骨
桡骨
尺骨
腕骨
掌骨
指骨
股骨
髌骨
胫骨
腓骨
踝骨
跖骨
趾骨

上图 比较成年黑猩猩和人类的骨骼可以看到，人类的盆骨更宽、脊柱的弧度更小，以便于他们重心更往后，可以使他们保持直立，黑猩猩的身体相对向前倾斜，使他们不能长时间维持直立姿势，人类站立后可以通过身体中部承受自身重量，脚趾整齐排列，而不是像黑猩猩那样脚趾相对。

下图 黑猩猩生活在热闹的社会群体中，食物中有部分来自于地面，部分来自树上。

19

大猩猩比较温和，是一种社交动物，完全素食。

的是双手指关节。他们是一夫多妻制，一个核心家庭中包括一个成熟的雄性，许多雌性，以及他们的后代。

黑猩猩可进一步分类为倭黑猩猩（pygmy chimpanzee）以及其他两个亚种，他们和大猩猩生活的范围一样，但是栖息地范围进一步扩展到了森林更为稀疏的热带地区。倭黑猩猩又经常被称为矮黑猩猩。黑猩猩像大猩猩一样是用指关节行走，并共有这个独特特征，因此一些科学家指出他们应该和人类区分。黑猩猩的个头比大猩猩要小，吃很多水果，生活在比较大的、灵活的、有大量雄性的群体中，他们依靠面部表情和声音的等先进的方式沟通，这也体现了他们的社会复杂性。

二 人类其实很单调

正如上面所说，我们人类也是一种猿。而且我们的多样性比大猩猩、黑猩猩还要低，因为我们人类现今只有一个种，没有任何亚种。但是我们会在这本书的后面看到情况并非一直都是如此，人属动物曾经进化出多个种以及亚种，但只剩下我们活到现在。我们有一种独特的运动形式：两脚直立行走，这在人类早期就得以适应，我们可以在人类祖先的化石上看到证据。我们可能在非洲起源，像大猩猩和黑猩猩一样，尽管今天的我们已经扩散到了全世界。类似于其他的猿类，我们最初也是以水果为食的，各大洲人种之间的不同可能只是很晚才分化的结果，因为人群要适应迥异于其非洲起源地的其他各大洲的环境。

20
所有现今活着的人属于同一个种，世界各地的人们可以相互杂交，并都有共同的身体特征，诸如轻巧的骨骼，巨大的脑容量，高而圆隆的头颅，脑壳下相对较小的面部，短的下巴

人类有很多不同的体型，身高和肤色，然而，在皮肤下面，我们的骨骼和基因展示了我们有着非常密切的关联，这种多样性可能是距今 20 万年前才开始发展起来，我们的物种多样性来自于同一个古代非洲人群。

和下颚。伟大的林奈（Linnaeus，瑞典博物学家，现代生物分类学之父）通过生物分类法把我们的物种命名为智人（Homo sapiens，聪明的人），他按照生活的大洲不同而对人种进行分类，这些分类一般被认为代表了种族差异，欧洲人及关联人种属于高加索人种，因为高加索人种被（欧洲中心主义者）认为是最完美的，东方人是蒙古人种，非洲黑人是尼格罗人种等。不同的人群在外部特征上有非常明显的差异，如肤色，头发，鼻子形状，眼睛，嘴唇，体型，这些都是划分人

计算机分析头骨的结果与基因数据的比照，从头骨形状上看非洲和澳大利亚原住民可能是一类；而基因数据则显示撒哈拉以南的人类基因有最显著的独特性和多样性。

头盖骨组，28 组

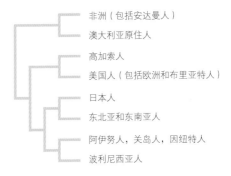

非洲（包括安达曼人）
澳大利亚原住人
高加索人
美国人（包括欧洲和布里亚特人）
日本人
东北亚和东南亚人
阿伊努人，关岛人，因纽特人
波利尼西亚人

基因组，42 组

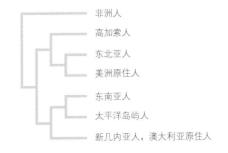

非洲人
高加索人
东北亚人
美洲原住人
东南亚人
太平洋岛屿人
新几内亚人，澳大利亚原住人

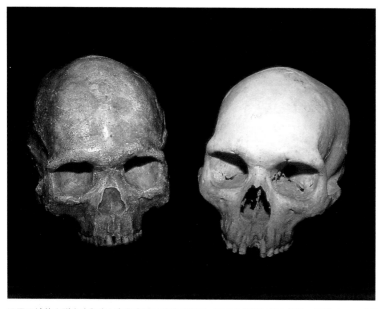

不同区域的人群在头和脸上有非常明显的特征表现，东方人和印第安人相比，眼睑（eyelid）更为相似（右上）。
上图，南非钓鱼湾（Fish Hoek）头骨化石（左），现代澳大利亚原住民（右），都具有我们人类独特的特征：诸如大和圆的
头颅，高前额，小的眉骨，小而内凹的面部。

因纽特人　　尼格罗人　　俾格米人

人的体型在演化过程中必定和他们生活的气候有关联。
因纽特人有较矮和圆的身体体型（左），比高而瘦长的尼格
罗人更能保持热量（中）；而俾格米人较小的体型可能更适
应热带森林环境（右）。

种的基础。

　　然而，究竟世界上有多少人种，至今还未达成科学共识。人种的数量从开始的几种，到现在超过 100 多种，正因为如此，一些科学家认为，不同人种之间的区别特征应建立在诸如行为和智力方面。人种的概念非常容易引起争议，有些人相信严格的人种特征并接受种群可以杂交，在这里我们必须承认，人种群体的边界有很多都互相重叠，很难去明确。所以，很多人类学家更加偏爱去讨论"区域"差异，而非"人种"差异。当我们承认在大的区域之间有非常清楚的身体特征差异时，我们就不再会严格和绝对化地看待人种

分类。并且，历史上和史前时期的主要人群的迁徙，已经覆盖了古时人种分布模式。譬如通过殖民，欧洲人在美洲、南非、澳大利亚、新西兰站稳了脚跟，而非洲裔族群则被送到美洲做奴隶。在更加遥远的过去，有证据表明，高加索人曾经生活在中国西部，而现在看来较少的、分布在狭小区域的人群，可能在古时有着更广泛的分布范围，如南非的科伊桑人（Khoisan，即布须曼人，Bushman），日本北部的阿伊努人（Ainu）等。

怎么理解各个人种之间，各个民族之间如此多样的外观差异呢?

我们现在能够通过基因研究看出不同种群和种群之间的很多细节特征，而这些细节远远超出了我们的外部身体特征，而是达到了很多遗传特征的层面，如蛋白质、酶、血型。这些研究可以在 DNA（脱氧核糖核酸）上看到结果，它可是为一切编码的。基因学家可以检查成千上万的基因，他们发现肤色是被少数几个基因协调控制的，这意味着人种的概念和地域性特征将被重新审视。很多研究现在也开始关注地域性特征的起源，发现这些特征是在晚近的人类历史时期才演化出来的，很可能不超过 5 万年。

这些地域差异的演化可能是由几个因素造成的，达尔文所提出的自然选择这一进化机制当然是其中非常重要的一个因素。例如世界各地人们皮肤颜色的变化，深色的皮肤可以抵御太阳紫外线对人的潜在危害，否则

22

众所周知很多人类种群有显著的差异，诸如皮肤颜色、鼻子形状、嘴唇、脸颊骨以及头部和面部毛发的长度，这些插图比较阿伊努人和科伊桑面部外观的差别，下：科伊桑（南非布须曼人，女性），上：阿伊努人，日本土著民族，男人以毛发浓密为特征。

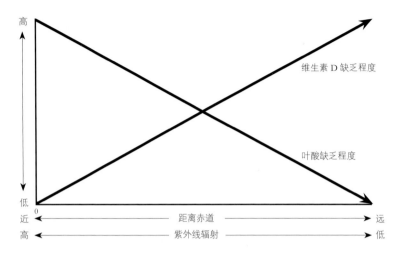

展示了在紫外线照射下，皮肤颜色如何平衡身体所需要的维生素 D（需要阳光照射）和叶酸（会被阳光破坏）。

将会导致皮肤灼伤、诱发癌症或者干扰体内叶酸（folic acid）的产生，这些有优势特征将通过自然选择而受到偏爱。然而，适度的太阳照射还是有益的，可以使我们皮肤里面的细胞生成维生素 D，皮肤色素平衡可以使皮肤接受足够的太阳光照，又防止过多的紫外线辐射。

但是，肤色和紫外线的关系在本地区域的群体中也有可能并不达到最完美的匹配，这可能是因为过去的人群迁徙扰乱了最初的人群分布模式，或者是由于紫外线辐射强度随时间发生变化，或是因为其他的非自然选择的因素在起作用。

另外一个可能的原因是性别选择，达尔文曾经分析过这个机制，并认为这可能是造成人种演化的原因。这一机制指的是，由于受文化的影响，择偶过程中的一些偏好，比如男性鼻子的大或小，女性皮肤的白皙或黝黑，会逐渐地导致种群特征向一个特定的方向演化。经过几代人的重复选择，这些个体的选择会在种群中逐渐积累，从而改变了种群原有的典型特征。更多的随机选择过程进一步使种群变得不同，这被称为遗传漂变和奠基者效应（genetic drift and founder effect）。在所谓的遗传漂变过程中，一旦两个种群被隔离开，一些偶然事件就会使得他们逐渐分化，一个特征的改变可能只发生在一个群体中并被逐渐积累起来，而不会在另一群体中积累；而奠基者效应指的是，一

雄性孔雀展示华丽的尾羽，相信这是超过无数代与雌性孔雀交配的演化结果，是性别选择的一个例子。达尔文认为在很多区域，种族的差异可能也是人类性别选择的结果，其作用甚至超过了自然选择，这个观点过时多年，但现在接受这个观点的人越来越多。

个在大群体中可能并没有代表性的小群体，经隔离可能会形成另一个不同的群体，例如，少数几个人通过木筏从东南亚岛屿进入荒无人烟的澳大利亚—新几内亚，这几个奠基者的特征将会在他们的后代中被复制成千上万遍，最终就变成了澳大利亚的土著居民。

第二章 | 细密的重绘

古人类学的方法

接下来的几章，我们会详细介绍古人类学家经常运用的方法。

古人类学（Palaeoanthropology）是研究人类演化各个方面的学科。它属于人类学（anthropology）的一个分支，研究人类进化的生物学和地质学的背景，包括非常广的研究领域。它们的共同点是以研究人类为主：人类的起源，演化，适应和行为。下文中，我们将尝试介绍此学科的研究范围的观点。

首先，不能孤立地看待人类演化的问题。所以要求我们开阔思维，去思考普通物种的演化，特别是灵长类的演化。正如我们所见，灵长类包括猿类和猴子，它的历史至少可以追溯到 5000 万年以前。灵长类的演化可以通过几种不同方式去研究，所有现生灵长类的比较解剖学揭示他们共同祖先的特征。例如，现生猿类共同分享 3 个特征（当然也有其他的共同特征）：没有尾巴，存在阑尾，关节的适应性。所有的现生猿类和人类都具有这些特征，所以这个假设是合理的：猿类和人类具有共同的祖先。当然也可以有另外一种解释，那就是同样的特征是在各种猿类和人类谱系中各自独立发展出来的，但这看起来不太可能。

区分出这种共同的衍化特征，就能确定哪些动物属于同一种，而不具有这种特征的就属于别的种类，这在分类上是一个核心的原则。猿类和人类存在的这 3 个特征，和其他灵长类动物相比较，显示出这些特征只在人和猿类身上才有。使用这种定义特征的方法基于这个假设：特征的相似性是因为他们有共同的祖先，但是这个原则在某些情况下，看上去似乎并非如此。例如，鸟的翅膀，蝙蝠的翅膀，功能和形状是非常相似的，如果按照上面的原则，似乎鸟类和蝙蝠是同一种。这实际是一种误解，共同的特征不仅仅包括外观，还有其内部结构。蝙蝠和鸟类的翅膀在解剖结构是完全不同的，相似性并不能作为其亲缘关系的证据。（这只是一种同功进化，而非同源进化）

这些原则可以有效地应用在另外一个新的证据来源上。那就是基因物质 DNA

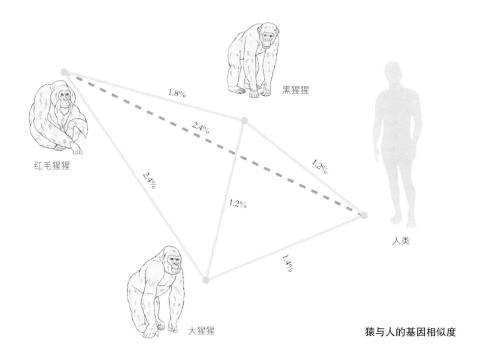

1.8%

2.4%

1.2%

2.4%

1.2%

1.4%

红毛猩猩

黑猩猩

人类

大猩猩

猿与人的基因相似度

也在积累着突变，在很多情况下可以直接反映在解剖结构的改变上，分析这些基因上的改变，很有可能将物种之间的关系建立在基因上，这是特征遗传的最基础的物质。当然由于基因存在的时间有一定限度，对于完全石化的样本是无法提取基因的。

　　能够通过解剖学和分子学证据绘出的演化树，为演化关系提供了最重要的证据，这些都可以由化石来检验。古人类学家描述猿类化石和人类化石，并且与他们的现代亲戚做比较，如果他们有足够的特征出现，就可以把它们放在演化树的合适位置上。在这些情况中，化石可以告诉我们这些改变是何时何地发生的，因为化石能测年，同时我们也知道它们的出土地点。例如，我们相信人

上图　依赖基因组的部分比较，黑猩猩和人类的 DNA 只有 1.2% 的差异，比大猩猩与人类的差异小。

下图　东非的原康修尔猿（Proconsul）头骨，路易斯·利基和玛丽·利基（Louis and Mary Leakey）1984 年在东非发现。

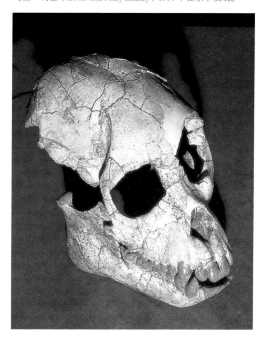

25

类起源于非洲，因为400—500万年前的人类化石仅仅出现在非洲，非洲大陆以外最早的人类化石都比非洲的年代晚很多。

化石也给我们提供了从过去到现在的环境的信息。分析包含化石的沉积物特征，可以告诉我们出土化石的当地情况，例如化石堆积是属于湖泊、河流还是土壤的沉积物。化石本身也带有相关的地质信息，然而最主要的方法是研究出土化石遗址的埋藏学（taphonomy）。埋藏学专门研究骨骼、动物或者植物，如何在保存的过程中变成化石。例如，如果地质环境暗示化石保存在湖泊沉积物中，埋藏学的分析可以展示化石的形成过程：动物被河水冲到湖边，被鳄鱼吃掉了；或者从树上掉落，因为捕食者一般在树上食用猎物。了解这些过程对于理解化石组的性

一些与早期人类相关的洞穴中也发现了动物骨骼，起初这些动物骨骼被认为是古人类的食物，现在则认为古人类和动物都是豹子的猎物。这里可以重建一些场景，豹子可能把它们已经杀掉的猎物搬到树上去，以保护食物不被下面的鬣狗抢走。这样人类化石的遗骸（或人类近亲），就掉进地下洞穴，和其他动物遗骸一起保存在洞底。

在直布罗陀海峡地区洞穴的遗址发掘，出土了史前人类骨骼和石器，同时也能够提供过去气候和环境的信息。

质是非常重要的，因为河流冲来的动物很可能与被鳄鱼吃掉的不一样，和那些被捕食者搬到树上吃掉的动物也不一样。

考虑到所有这些情况，在遗址中化石的物种可以用来指示栖息地的类型。有很多树栖物种表明这个栖息地有大量的树林；有很多地栖物种，表明栖息地具有较开阔的空间。出现在化石动物群里的动物种类越多，就可以越精确地去重建这个化石遗址的环境。

古人类学的另一个截然不同的地方是研究行为，包括过去和现在的行为。研究现生猿类的行为，如黑猩猩和大猩猩，根据这些可以推测过去化石猿类的行为特征。有相似身体构造、相似体型的动物，趋于具有相似的社会结构，所以现生动物和动物化石比较，可以告诉我们过去的社会结构。

考古学的相关话题也非常适合在这里讨论，考古的本质是研究过去人类的行为形成的文化遗物。考古可以通过这些独特的方式补充、研究人类的行为。考古遗址发现的动物及植物残食、食物告诉了我们古人类的食谱，或是作为食物以外的其他用处的信息。疾病的发展历史也是古人类研究的一部分，可以在骨骼化石上鉴别出一些疾病的证据，例如贫血；或者该疾病也会出现在有亲缘关系的物种中，如黑猩猩的疟疾。

第三章 | **追猎时间**
地质学与测年技术的方法

　　早期的地质学家认识到沉积岩中厚厚的沉积物可能代表了地球历史上的古老时期，但是他们还没有地球历史到底有多老的概念，也没有方法去测量时间的尺度。例如沉积物经常被猜测是《圣经》里面洪水泛滥形成的结果。现在我们可以通过放射性碳测年等方法去测量古代的时间，测年工作原理是岩石里面的放射性元素，随着时间的流逝会有规律地衰变。研究结果显示出地球的历史至少有 45 亿年。

　　地球历史的最初阶段是没有生命的。然而，简单的生命形式在 35 亿年前开始出现，复杂的生命形式则出现了至少 6 亿年。地质学家建立更加完整的地球时间记录，他们把地球

美国亚利桑那州宏伟的峡谷，展示了一个非常壮观的地质时间尺度，尽管科罗拉多河可能仅仅在最后的百万年才出现，但峡谷岩石的地质时间范围，则从顶部距今 2.7 亿年一直到底部的距今 18 亿年。

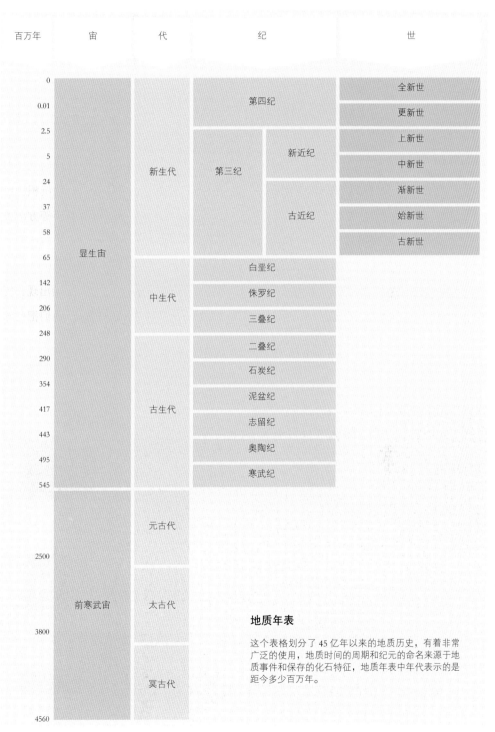

百万年	宙	代	纪		世
0	显生宙	新生代	第四纪		全新世
0.01					更新世
2.5			第三纪	新近纪	上新世
5					中新世
24					渐新世
37				古近纪	始新世
58					古新世
65		中生代	白垩纪		
142			侏罗纪		
206			三叠纪		
248		古生代	二叠纪		
290			石炭纪		
354			泥盆纪		
417			志留纪		
443			奥陶纪		
495			寒武纪		
545	前寒武宙	元古代			
2500		太古代			
3800		冥古代			
4560					

地质年表

这个表格划分了 45 亿年以来的地质历史,有着非常广泛的使用,地质时间的周期和纪元的命名来源于地质事件和保存的化石特征,地质年表中年代表示的是距今多少百万年。

历史由长到短分为宙、代、纪和世（Eons，Eras，Periods，Epochs）。从最古老的开始，前
寒武宙（最长的时期），然后进入显生宙时期的古生代（远古生命出现）、中生代（中间时
期）、第三纪（这样称呼是因为其本来是第三阶段）、第四纪。第三纪又分为古新世、始新
世、渐新世、中新世、上新世等时期，第四纪则分为更新世和全新世。

　　有个通常的做法来描述深邃浩瀚的地质时间，与之相比，我们居住在这个星球的时间
就是弹指一瞬，我们可以把地球的历史比作 24 小时，或者一周七天，或者一年。如果我们
用最后一个做类比，地球开始形成可以看作 1 月 1 日。第一个细菌出现在 2 月或者 3 月，
但是第一个多细胞植物要等到 10 月才出现。其后是更加复杂的动物，诸如三叶虫出现在 11

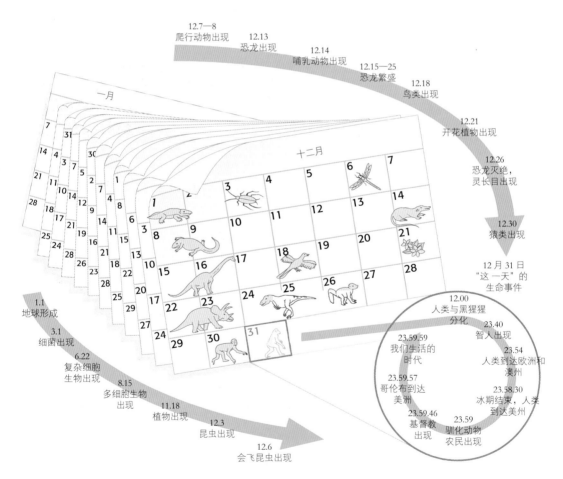

我们要了解地球历史和生命演化的漫长时间是非常困难的。一个普遍的方法是去描述地质时间表，把地质时间看作一个钟
表或者日历，在这个例子中，地球整体 45.6 亿年的历史可以看作 1 年的时间，每一天代表了地质历史过去 1250 万年，每个
小时大约 50 万年，每分钟 8500 年，每一秒 150 年。在这个标尺中，现代人仅仅出现在 1 年内的最后一天的最后 20 分钟。

来自太阳系的其他天体的撞击贯穿我们地球的整个地质历史，月亮据信就是这类撞击的产物。一旦生命开始演化，它是非常容易受到诸如大气构成、海洋或者陆地气温变化等环境扰动的影响，一些专家相信诸如 2.5 亿年前二叠纪末期、6400 万年前白垩纪末期的生命大灭绝就是巨大的撞击事件引发的。

月。一直到 11 月底，鱼类下颌才开始进化，第一个登上陆地的动物出现于 12 月。恐龙开始主宰地球出现在 12 月中旬，恐龙灭绝在 12 月 26 日。之后灵长类开始出现，猴子出现于 12 月 29 日，猿类出现在 12 月 30 日。我们人类的演化在和近亲的现生物种（如黑猩猩）分化后开始，出现在大约在 12 月 31 日。第一个现代人出现在一年的最后 20 分钟里面，我们人类物种征服了澳大利亚和欧洲的时间是一年内最后一天的最后 6 分钟，农业开始在最后一年的最后一分钟。基督纪元大概在 12 月 31 号午夜前的最后 15 秒，我们所有人都生活在最后一秒！我们，甚至是我们的近亲灵长类，都是演化过程中最迟的登场者。

我们有时候很容易掉进这样一个陷阱，相信地球演化的目的就是去产生人类，但是化石研究的证据显示，虽然整体上，生命演化是一个复杂程度不断增加的过程，但是并没有显示出固定的模式或者演化的目标。相反，很多物种兴盛很久，然后突然消失。很多科学家认为，最大的全球生物灭绝事件，诸如二叠纪末期，大约 2.5 亿年前，白

29

亚纪末期，大约 6500 万年前，导致这样的结果的往往是偶然效应，例如小行星或者彗星撞击地球。如果这些外星来物足够大，它们将非常严重地干扰了地球的气候和生态。然而，另外一些科学家认为，对于如此大的生物灭绝来说，地球自身的变化、地质或者气候也是很重要的原因。

古人类在过去几百万年间的演化经常被视为一种进步的过程，演化导致我们的大脑变大，更加聪明，行为更复杂。然而，化石记录表明人类演化和许多其他的群体一样，更像是一棵树，而非一个梯子。不同的物种连续向四周辐射状演化，但仅仅只有少数物种能够持续生存或者进化成新的物种，我们最近的"成功"（这是我们的说法，绝不是地球上许多其他被我们威胁的物种的说法）其实非常短暂，让一个来自外星球的观察者去看我们 10 万年前的祖先，他们很可能会认为我们没有希望做地球的主人。

30　　有两种主要的确定时间的范畴：相对测年和放射性测年（有时称为绝对测年）。第一个相对测年范畴指的是，在过去的地质沉积物中一个物体或者层位相对于另外一个物体或层位的关系。在地层中，除非有过大的扰动，一般总是年轻的层位在上面，年代古老的层位在底下。在坦桑尼亚的奥杜威峡谷河床（见第 81—86 页），地层 2 覆盖在地层 1 之上，因此地层 2 的年代就比地层 1 更为年轻。地层 1 包含的化石有早期人类，如能人和傍人（*Paranthropus boisei*），这些化石可看作和地层 1 一样古老。然而，地层 1 的化石又比地层中火山岩的层位年轻，而火山岩的层位是奥杜威遗址年代序列中的最底层。奥杜威地层 1 发现的动物化石与其他地方岩石中发现的一些化石非常相似，比如在肯尼亚北部库比福勒考古遗址中发现的傍人遗址，因此，可以假设他们处于相近的年代，换句话说，他们可以直接和另外一个进行年代比较，但是这些关系没有一个可以告诉我们地层 1 的年代究竟有多古老，只能告诉我们这个地层年代比那个年轻或古老。

放射性测年：钾氩法和放射性碳

相对年代要进一步测定的话，我们则需要一种地质时钟来指示岩石在地下埋了多久？
31　或者一个动物或植物的死亡到现在有多久。这种时钟被称为放射性测年，因为这种测试使用了有天然放射性的物质。例如钾－氩测年法（potassium-argon），可以使用在火山岩上（更加优化的技术被称为氩－氩测年）。钾元素中含有不稳定的同位素钾-40，历经千百万年最

塞伦盖蒂草原（Serengeti）和远处的死火山勒玛古鲁山（Lemagrut），奥杜威遗址在图片左边。

终会衰变成氩气。当有一座火山突然爆发，火山灰包裹了小部分的钾-40，当岩浆或火山灰冷却凝结，钾-40开始衰变成氩。由于这种氩的气体仍然保留在火山地层中，所以这种累积产生的氩气含量就可以作为一种自然的时间尺度，测量火山岩沉积的年代。使用这种技术，测定了奥杜威河床地层1的岩浆年代距今190万年。相信地层1的沉积应该在这次

这个遗址在奥杜威峡谷(Olduwai Gorge)，包含了非洲晚近地质历史的一些关键的证据，这里的证据已经经过了一系列的年代校正，火山沉积物能使用钾氩法测年技术。这些沉积物还能记录当时地球磁场的情况，这些数据不仅可以在奥杜威的化石证据中获得，在其他遗址也可以获得。

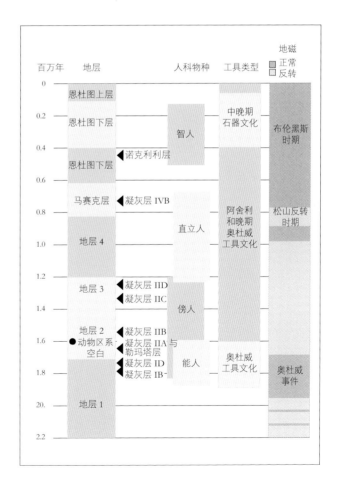

碳的不稳定同位素碳-14，因宇宙射线的辐射在地球大气中产生，能够以二氧化碳的形式进入活着的生物体内，形成木炭或骨骼，碳-14开始衰变，衰变周期大约5700年，因此产生了一个自然的时钟，能够藉此确定化石的年代。

32

地质学家Rainer Grun和同事站在以色列卡夫扎洞穴的沉积物上，他应用电子自旋共振和铀系来测量牙齿化石的年代，确定其年代约距今10万年，这一工作大大有助于重新评估中东地区人类进化的整个序列。

火山爆发不久，所以包含了能人和傍人的化石，因此，年代距今大约180万年。所以库比福勒遗址（Koobi fora）的年代也应该大致相当，而放射性测年也验证了这个结论。

最著名的放射性测年方法是放射性碳测年。这是因为不稳定的碳-14元素由于宇宙射线的作用不断在地球顶层大气中产生，然后进入生物体内，同时进入生物体内的还有非常普遍和稳定的碳-12。然而，当动物和植物死亡后，就没有碳-14进入了，生物体内碳-14开始衰变，衰变速度大概是每个5700年剩下一半（称为半衰期）。所以就可以通过测量一块木炭或者化石骨骼中碳-14的含量，来确定动物或植物从死亡到现在的时间。这种模式不能用在非常古老的材料测年上，因为碳-14剩余的量越来越小，最后小到很难精确计算，因此如果样品超过3万年，同位素碳测年可能就不太可靠了。此外，这种假设碳-14在过去持续产生的说法也不完全准确，因此科学家不会把碳同位素测年得到的时间完全等同于真实的时间。尽管如此，比起其他的方法，只要不超过40000年，同位素碳测年法还是非常可靠的。

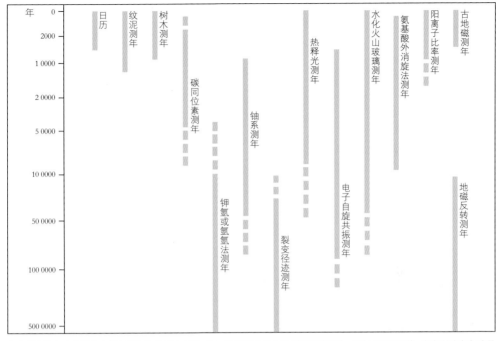

考古学家和古生物学家有很多测年技术可以应用，每一种都有各自的适用范围和利弊。超过 500 万年的，钾氩法和氩氩法是最主要的测年方法，虽然放射性衰变测年（以放射性时钟为基础）也可以使用，地磁反转能为这些测年提供非常有用的检验。

牛津大学考古实验室的放射性碳加速器，能够发现和检查非常少量的碳含量，使我们能直接测定从颅骨化石到都灵裹尸布（Turin Shroud）的年代。

　　最近，其他的放射性测年法突破了碳放射性测年的限制。例如铀系测年，依靠
的是铀衰变的模式。我们可以测试石笋或珊瑚中的铀衰变的产物，石笋测年对于洞
穴遗址非常有用，而珊瑚测年则可以测定过去热带和亚热带海岸海平面的升降。铀
测年可以衍生其他更多的方法。含有结晶物的东西如牙釉质或烧过的燧石，当它们
33　被埋葬时，就开始被周边物质的放射性所损蚀，其积累的程度就可以用于测年，对
燧石可进行激光扫描（OSL）或者热释（TL），对牙釉质可进行微波检测（电子自旋
共振，即ESR）。测量燧石或牙齿被放射性损蚀的速度，就可以推知它们埋藏的时间
（例如尼安德特人的火堆或者屠宰点）。

第四章 让化石动起来
形态功能研究的方法

所谓功能就是动物可以实现其特定目的某种特征，如蝙蝠和鸟类的翅膀，翅膀的功能是使它们能够飞翔，功能似乎告诉我们翅膀就是为了飞翔而演化的，但是并未告诉我们翅膀的结构是如何演化的，也没告诉我们飞行动物之间的演化关联。因此，研究动物的功能不同于研究动物的演化关系，动物在进化史上产生了许多功能，这些功能有很多是雷同的（convergence，所谓趋同进化），这种趋同的特征并没有告诉我们关于动物演化的亲缘关系。

达尔文认为自然选择是进化造成变化的首要方式，此时他关注的主要是功能性特征，没有功能的特征在自然选择中会渐渐弱化消失，因为没什么可供自然来选择的，这个看似正确的理论是很多通过分子研究来理解动物之间进化关系的基础。

人类基因包括 30 亿个基因信息（nucleotide pairs，核苷酸对），其中仅 10% 与人类的功能有关，其余的基因都是中性的（与功能无关）。基因的突变不断积累，形成一定的突变率，计算有亲缘关系的动物物种或种群（如人类和黑猩猩）的突变数量，就能知道其突变率，于是就有可能推算出它们从共同远祖那里分道扬镳的时间。

关于灵长类的功能，传统上关注的重点是它们不同的行走方式以及吃的食物。很多灵长类有适应于树上生活的肢体骨骼，这些特征诸如可以紧握的手和脚，灵活的肩、臀部和肘部关节，立体视觉，这些对于活动在树上的灵长类都是非常重要的，是绝大多数现存灵长类都有的特征。一些种类适应了地面生活，作为代价就丢失了一些它们之前的适应性，例如赤猴（patas monkey），它们为了能够高速奔跑而没有进化出较长的腿，而人类则为了

双足行走，失去了用脚来抓握的功能。一些原猴亚目的灵长类动物为了适应跳跃，双腿变得长而强壮，而一些猿类为了适应用手臂悬挂在树枝上，手臂会变得长而强壮，猿类的这些特征都可以在化石上得以确认，提供了化石猿类运动的可能证据，由此可以推知古代猿类是四肢行走、树栖、树冠顶层生活。我们也能够由此确认哪一种猿类变得更具有陆地生活习性，哪些依然像今天的长臂猿那样悬挂在树上，哪些已经开始双足行走（bipedal），正朝现代人进化。

黑猩猩和大猩猩虽然还在树上生活，但有一种不同寻常的行为特征，可以使它们在地面靠手掌的指关节移动，被称为跖行（knuckle-walking）。

37

长臂猿有独特的运动方式，使用手臂来进行跳跃，这种方式被称为臂跃，这是一种十分有效的运动方式，速度大概是每小时 35 英里，每次臂跃可以超过 5 米的距离。

牙齿和下颌的适应性明显反映了动物的食物类型，食用昆虫的灵长类牙齿尖锐，很多低等的灵长类如狐猴和婴猴（lemurs and bush babies）就是如此；而食用大量植物的灵长类白齿变大；还有一些极端的情况，牙脊变长、牙冠锋利以便切断树叶或其他的植物。有的猴子开始食用更坚硬的植物，它们的高齿冠可以抵抗牙齿磨损，复杂的牙冠能磨碎水果。而吃坚硬水果的种类，具有高的齿冠和厚的牙釉质，可以抵抗更大的咀嚼压力，这也相应地需要更大的下颌去适应食物的变化；这些特征也可以在猿类化石上找到，于是我们知道了早期的猿类主要的食物是较软的水果，后来的食谱发生变化，有些种类去吃一些更加坚硬的水果，甚至有些种类开始适应以更多的草本植物作为食物。

有一种说法，很多特征跟身体的尺寸有关，吃昆虫的种类通常体型小，食草类的动物体型一般较大；吃水果的动物介于两者之间。树栖的种类一

长鼻猴跳过了婆罗洲的一条河。

博茨瓦纳 Kwahi 河的草原狒狒，展现了四足运动的方式。

灵长类 4 种迥异的移动方式，最上边的 原猴类（低等灵长类）手臂向上竖举着跳跃，靠的是强有力的双腿；第 2 排，在地面上四足行走；第 3 排，长臂猿的臂跃；最底下，黑猩猩的跖行。

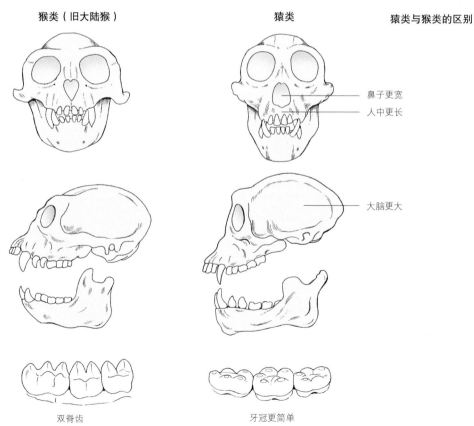

猴类（旧大陆猴） 　　　　　　　猿类 　　　　　　　猿类与猴类的区别

鼻子更宽
人中更长

大脑更大

双脊齿 　　　　　　　　　　　　牙冠更简单

黑猩猩的嘴唇灵活，门齿巨大，很适于剥开野果。

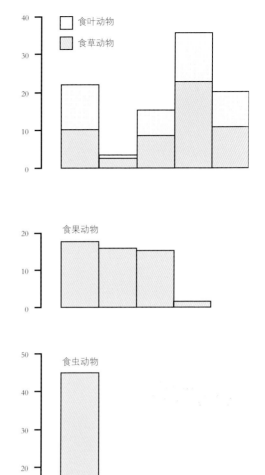

动物体型大小与食性的关系
横坐标表示动物重量，纵坐标表示所统计的动物的
种类数量 ▶

般较小，而地栖种类较大，当然也有很多例外。这种动物的生态特性与环境的关系也是可
以预见的，我们将在后文中讨论。

用功能特征来说明演化关系，肯定会遇到很多困难，趋同进化上面已经说过了。但是
我们可以找出功能特征在各个物种个体发育的情况，看看它们是否经过相同的过程。例如
鸟和蝙蝠，蝙蝠的翅膀在其幼体发育时，和鸟类的翅膀完全不同，尽管毫无疑问它们的翅
膀都是一种飞翔功能的特征。不论事例、不论争论的结果如何，用功能来说明行为以及当
时的生态情况，仍有其价值。

第五章 ｜ 田野与实验室
发掘和分析的方法

　　像我们这样的科学家想要研究化石，最重要的是先找到化石。我们可以找感兴趣的年代的化石地点，通过发掘得到分析化石的必要信息。我们回到伦敦自然历史博物馆检验化石，去获得化石的功能形态信息，同时研究他们的有机体结构、系统发生学（研究他们的进化史）的分析。我们为此使用的多种方法包括田野发掘技术和实验室技术。

　　我们采用的田野工作方法与考古中的方法类似。有时候我们开始工作之前那些化石遗址就已经存在，有时候这些遗址沉积物刚刚被发现，如果这些区域内有化石，我们就会去探索。这也可能是一个带有很多猜测性的探索历程，很多看起来很有前景的区域可能并没有化石。很多古人类学家发掘遗址，付出了所有努力，但是并未发现任何化石。

　　发现一个看起来很有希望的区域或遗址后，就要进行调查。过去使用传统的设备和方法进行调查，但是今天卫星和激光技术也开始应用。调查之后，要绘制地图和遗址布局，标出潜在的发现化石的位置，然后决定从哪里开始进行发掘。因为看不到地面下的东西，所以调查是非常困难的，但是有两种方法可以去解决这个问题。一种方法是寻找地表化石最集中的地方，因为这里可能暗示有更多的化石保存在地底下；另外一种方式，通常也更加可靠，在沉积物上挖一条探沟，这样做的好处是可以获取更多的沉积物地层信息。

　　发掘经常使用探方，在发掘中如果发现标本，可以根据所在的探方，测量标本的出土位置，并画到图上。发掘技术日新月异，但一把锋利的手铲还是干粗活的得手工具，而一把刮匙（dental picks）则可以做那些精细的工作。但始终有化石在发掘时被破坏的可能，所以化石周边的清理工作要用精致的木质工具，在化石已经露出地表的时候，要用小刷子不断清理表层浮土（此前的工作也会造成不好的结果，就是这些化石相应的地表的位置和坐标已经没有了），以保持整洁。

当达尔文写《人类起源》这本书时，几乎还没有任何化石证据去支持他的论据，感谢过去120年间考古遗址的大量发掘，现在有了非常丰富的人类演化证据材料。

发现标本后，需要做的工作包括绘图、拍照，在标本提取之前进行数据测量。这是非常重要的一个过程，如果标本在地面上已经破损，当 40 我们提取标本时，标本就会变成小碎片。典型的测量记录包括标本的尺寸、土壤中的相互位置以及出土时的倾斜角度。当然，标本的发掘位置也要测量，并且标记在遗址图上。当标本被提取后，它们会获得一个标本号，其相应的测量数据也会被记录在对应的标本号中。发掘清理出来的沉积物要进行筛选或水洗，以免有漏网之鱼。这差不多就是发掘工作的整个流程了。

化石被送到实验室后，首先进行清洁，之后根据样品的不同尺寸 41 放在盒子或试管中，进行检验前的准备。检验标本有很多方法，而且越来越精细和准确。基本的仪器是电子卡尺，用于测量化石；双目光学显微镜，功能并不算强大（放大 40—80 倍），只能看到骨头的表面特征，要想获得更高精度，就需要电子扫描显微镜（SEM）。电子的波长小于光波，所以高精度的成像能使标本放大很多倍，可以观察骨头表面的埋葬学方面的信息，例如探查被消化的痕迹，踩踏的痕迹，牙齿的微观磨损，动物骨骼上的咬痕。一些 SEM 结合离子探针能鉴定化石的矿物组

土耳其中新世时期的遗址发掘，展示了非常精细的考古发掘过程，仔细用刷子和刮匙进行清理，并提取牙齿，3个学生在3个单独的探方独立工作，一边挖掘一边记录。

法国一个更新世中期遗址（Rocde Marsal）的考古发掘，展示他们工作时的全息情况，他们使用三维立体技术去保持和传送信息，可以即时生成遗址和标本分布的三维立体地图。为了更便于鉴定，所有出土物品都被编了条形码。

考古发掘是一个缓慢和精细的过程，包括很多测量和前期准备以及保存样品。需要经常待在考古遗址，这幅图中是彼得・安德鲁在肯尼亚马博科（Moboko）岛上进行发掘。

这张图里是芬兰古生物学家迈克尔・福迪留斯（Mikael Fortelius）在测量土耳其帕萨拉尔遗址的犀牛牙齿。

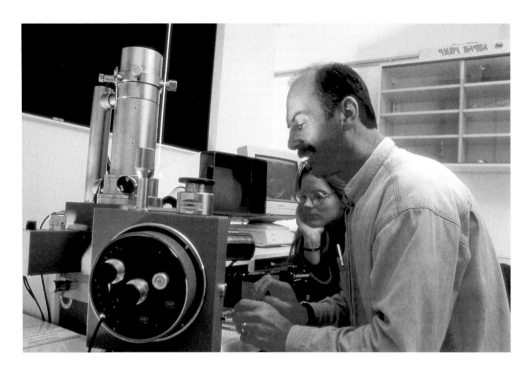

成，化石的成岩信息，换句话说，可以用于分析标本在埋藏过程中的物理和化学的改变。

这些技术全部都是无损分析，但是很多详细的分析需要损耗一部分化石。微量元素的分析提供关于环境的数据信息，牙釉质同位素分析可揭示动物活着的时候的食谱，如果化石中有任何有机质残留，提取 DNA 可以获取很多潜在的信息。最近科学家提取出了尼安德特人和其他欧洲和亚洲古人化石的 DNA，展示了这个方法是何其有用（见第 227—231 页）。如果有足够的 DNA 可以成功提取，就可以弄清楚不同动物个体之间的亲缘关系、性别甚至它们得过的疾病。

同时，这个工作还需要我们更好地保存和保护这些收集到的化石。我们工作在博物馆，那里有近几年发掘的非常多的化石标本，这些保存的标本非常便于将来下一代古人类学家去研究，或者去和将来挖掘出的样本进行比对，所以这些样品一定要妥善保管且便于操控。

化石经常使用电子扫描显微镜测试，扫描能看到骨头或者牙齿的表面细节，诸如这种牙齿表面的磨损类型，甚至可以使用到一些非常小的化石牙齿上，诸如啮齿类动物的牙齿。

第六章 │ 化石与福尔摩斯
最新技术揭示的秘密

科学家调查化石遗存时，可以不断得到持续进展的技术的帮助，探索到更多细节。一系列科学技术直接用于化石测年（见第 26—34 页），其中包括放射性碳测年法，该方法测试的样品年代一般不超过 4 万年；铀系测年使用伽马射线，或电子自旋共振（ESR），这需要牙釉质的一小部分作为测试样品。

很多化石的研究工作已经开始使用电脑对化石上得到的大量数据进行快速分析和汇总。之前使用传统金属测量仪器（类似于工程上使用的卡尺）比较缓慢，现在这些工具已经全部让位给电子、声波或者激光传感器等快速记录方式，这些方式能非常精确地在化石的三维立体表面定点，然后直接输入电脑保存。这些电子点阵可以彻底重建对象的形状，诸如头骨化石，并且在电脑屏幕与其他化石比对。变形技术能去描述一些形态需要发生变化的化石样品，让一块化石演变成另一种，或根据其生长周期产生一系列的化石样品。

曾经的 X 射线技术或者放射性成像技术，目前在古生物学上使用得非常广泛，隐藏在化石内部的信息第一次得以研究，例如头骨内窦腔形态，下颌骨齿根形态。现在，一个功能强大的新型 X 射线技术已经投入使用，称为计算机断层扫描技术，其影像结果被称为 CT 扫描。而这些扫描过的影像我们可以在电脑屏幕上看到并打印，甚至可以使用这个影像技术复制出一个坚固的化石替代品，这个技术被称为立体光刻技术（stereolithography）。这些技术可提供化石内部前所未有的详细细节，生成可重复移动的图像，并廓清一些还包裹在岩石中的化石，或补全残缺的化石。

例如，1926 年尼安德特人化石在直布罗陀魔鬼塔（Devil's Tower）被发现。这些化石包括一个小孩的上颌、下颌及头骨碎片。小孩的牙齿与现代人 5 岁小孩牙齿发育程度相符。但此推论在 1982 年受到质疑，质疑者认为这些骨骼是来自

43

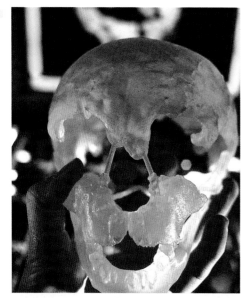

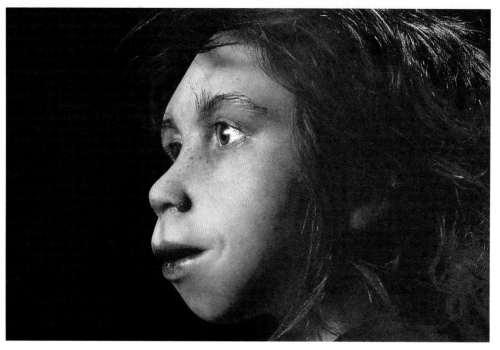

计算机三维图像可以用来制造塑料的化石复制品，被称为立体光刻，对于整个化石或者还有部分被埋藏包裹的化石都可以使用，这个技术还可以生成一些没有长出来的牙齿，或者耳朵内部的骨骼结构。这里（左上图），魔鬼塔遗址的一个尼安德特人头骨被复制，以此为基础重建了尼安德特人小孩的特征。使用粘土模型，肌肉、脂肪和皮肤仿佛在这个头骨上得以复生（右上图）。对于这些特征，比较解剖学会提供有用的数据，但是一些其他的特征，诸如耳朵或者嘴唇的形状，皮肤或者眼睛的颜色，这些细节我们还不能完全去重建，仅仅只能去猜测。除非我们现在能发现一些保存在冰或者沼泽里面的尼安德特人尸体，这样的话，一些遗骸的细节才会确定，头发、眼睛和皮肤的细节确定后，重建工作才算完整（下图）。

1926 年，在直布罗陀北面，魔鬼塔附近的岩石沉积物下发现五件幼童头骨碎片。科学家认为这是一个罕见的年轻尼安德特人化石标本。之后的研究认为这是两个孩子的骨头混合在一起。继而，更加详细的骨骼研究、牙齿及下颌的研究，认为骨骼和下颌牙齿是来自一个 4 岁时死亡的小孩。当 CT 技术用于整个头骨的重建时，进一步确认了这个结论，展示了全部碎片都属于一个个体。

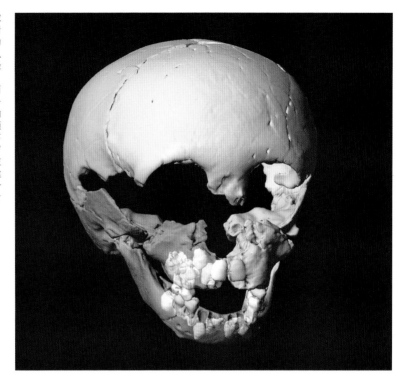

两个小孩，科学家认为其中一个孩子大约 3 岁时死亡（其中的一块骨头是这个小孩的）；另一个小孩大概 5 岁时死亡（剩下的骨头是这个小孩的）。1995 年使用 CT 扫描这些骨骼，揭示出新的解剖学数据，首次重建了整个头骨的三维模型。

　　自从骨骼全部重建后，确认了骨骼属于一个儿童个体。孩子的脑容量和形状可以成像并进行非常精确的测量，令人非常吃惊的是小孩的脑容量有 1400 毫升，类似于今天成人的脑容量。扫描显示小孩的下颌骨曾经破碎后愈合，打断了他正常的牙齿发育。CT 扫描还显示这个小孩和其他尼安德特人的内耳骨的形状明显不同于现代人及我们的可能的祖先。

　　一些特殊的技术也帮助我们能确定小孩的死亡年龄。首先，用树脂给这个小孩的一颗还没长出来的上门齿外表面做了一个精确的复制品。然后使用电子扫描技术（SEM）测试上门齿，牙齿的生长线被拍

44

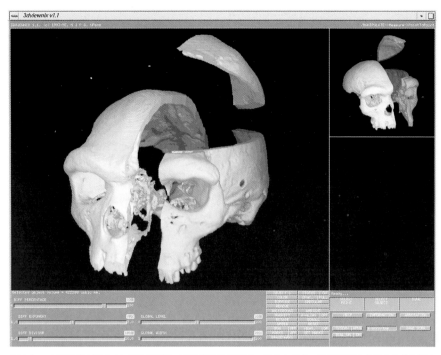

传统上，对化石采用卷尺及卡尺进行测量，而脑容量使用种子、滚珠来填充，继而测量这些填充物的体积来确定脑容量的大小，或者使用石膏复制品来代替测量。CT 技术的出现意味着化石内外的尺寸可以被精确地记录。这里展示了来自赞比亚的一些破碎头骨的内部解剖结构。

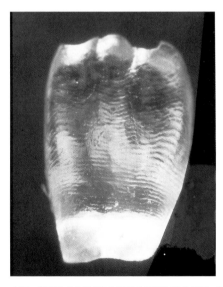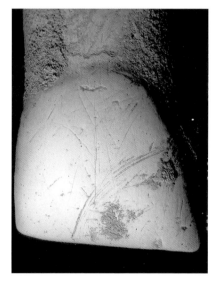

左图　微痕技术使我们可以研究化石解剖学的细节，帮助我们以前所未有的细节重建人类历史和一些人类行为。这是一个人类门齿的复制品，展示了牙齿表面的生长线，就是我们所知的牙齿釉面横纹。这些线非常严格地对应人类牙齿 8 天生长的一个周期，像树木的年轮一样，他们可以用于确定古人类死亡的年龄以及牙齿生长的速度。

右图　一个电子微痕扫描图片。是博克斯格罗夫遗址发现的门齿化石的正面，牙齿上面的摩擦痕迹可能是人们使用石器切割植物或动物时，用门齿咬住固定食物，于是偶然留下的痕迹。研究牙齿化石的切痕的方向显示了史前人类像我们一样擅用右手。

当新的化石被发现，常规的方法是进行CT扫描，或者更加精细的加速器扫描，作为以后解剖学研究的前期工作。这里是1993年发现的博克斯格罗夫遗址出土的化石在伦敦的大学医院（University College Hospital）进行CT扫描，我们可以看到被玻璃隔离的扫描仪器，一张骨骼断面的扫描成像，显示了骨骼化石的非同寻常的厚度。

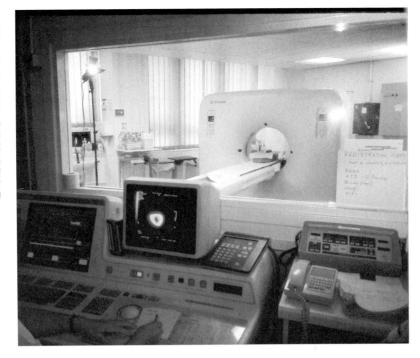

摄和计算。因为牙齿生长线每两条线之间意味着8天的生长期，据此可以估计牙齿形成多久之后由于小孩的死亡而中断。计算牙齿生长线的结果显示小孩死亡时间大致是在4岁。

对其他遗址来说，SEM图像也可用于骨骼表面的细致研究，如骨骼表面的石器切痕；从牙齿和骨骼来估算死亡年龄；古病理研究；从牙齿磨损情况和植物微粒残留了解早期人类食性。

第七章 | 鬣狗与河流

埋藏学的方法

埋藏学（Taphonomy）是一门研究动物骨骼或植物遗存是如何保留下来变成化石的学问。埋藏学这个单词来自于希腊语， taphos 意思是埋葬，nomos 意思是法则。从活体到形成化石需要一段很长的时间，在这过程中的每一个阶段，化石都可能被破坏，或者掺杂其他的物质，对于这些过程和影响的知识，对于化石遗址的解读是非常根本的。

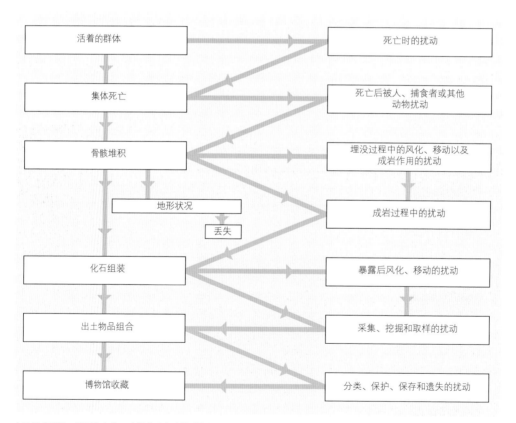

左边的序列是一系列的事件，连接着现生动物群体和它们形成的化石，已发现的化石最终的结局都是存放在博物馆的架子上。右边是埋藏学所说的扰动的多样类型，很多情况可能引起了动物区系组合的改变。总体上这些扰动就组成了一个遗址的埋藏学轮廓。

　　埋藏学中的次第顺序，涉及到从活着的动物到博物馆架子最底层的化石。记住这一点非常重要：这些骨头曾经是动物的一部分，骨骼的诸多特征源于它们在身体中的位置、死亡年龄、健康程度，甚至死亡方式。营养不良、疾病或者年老都可能会减少一些骨骼在埋藏过程中变成化石的机率。它们也可能被捕食，如果一个动物被食肉动物如鬣狗捕食了，鬣狗会把骨头咬碎；而鳄鱼、蛇或者一些小型哺乳动物捕猎者，如猫头鹰，会把食物的骨头吃掉、消化掉。很多骨骼都在这个过程中被破坏，但是也有一些骨头幸免下来，仅仅部分被破坏，且被破坏的痕迹还留在了形成后的化石上。狮子破坏后的骨

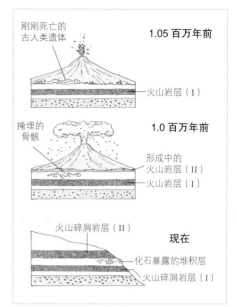

人类化石埋藏到沉积物的过程：化石先被埋在落下的火山灰层中，之后经过漫长时间，遗骸在当前被侵蚀，化石已经开始暴露。

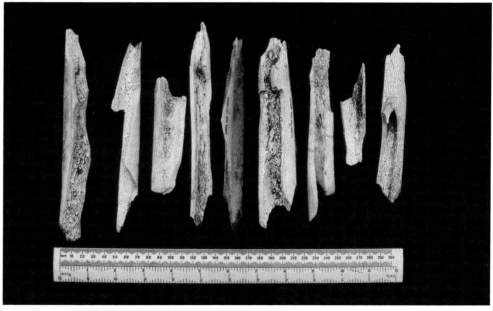

9个人类颅后骨骼被鬣狗咬碎和咀嚼，产生了食腐动物损害后的典型类型。骨骼从肯尼亚卡加多公墓（Kajiado）发现，那里是鬣狗的日常栖息地。

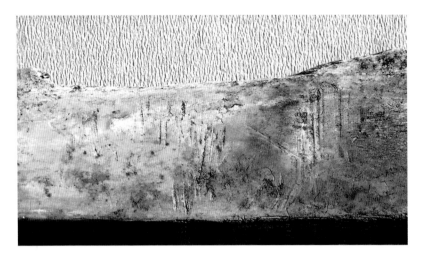

肢骨上的切割痕迹。这件骨骼所属的动物发现于萨默赛特的Draycott，处于曾经是动物通道的岩石底层。踩踏引起了骨骼绕着长轴方向旋转，骨骼与石头摩擦，产生很多平行的垂直于长轴方向的擦痕。

骼形式和鬣狗破坏后的有明显区别，如果是被狮子杀掉后形成的动物化石，那不仅可以得知被杀掉动物的种类信息，也可以了解动物的死亡原因，以及猎食者的种类和它们的食谱。

一个导致困惑的来源是捕猎者很少完整地一次吃完食物。当它们离开后，剩下的动物遗骸就被食腐动物吃掉。要区分出哪些部位是捕猎者最初吃的，哪些是食腐者第二次吃的，是非常困难的。要做出重要的区别，动物的进食习惯应该被考虑进去，食腐动物的进食习惯是简单地吃动物尸体地表以上的周边部位，而捕猎者的进食方式是根据一套狩猎标准进行的，所以捕猎者留下的猎物骨骼是可以预测和检验的，而食腐动物留下的就不能了。捕食者选择的都是被捕捉动物身体最有营养的部分，然后离开，把剩下的留给了食腐动物，所以两种不同的动物进食类型会产生不同的骨骼类型，但是这些理论并不总是能用在实践中。

动物骨骼上所有的肉被吃光后，另外一个过程开始了。骨骼可能被踩踏、风化或者水流搬运，骨骼在早期阶段被太阳暴晒破坏、风吹雨淋，而失去了的皮肤和软骨的保护后，骨骼的风化会加速。一般暴露越久，破坏越大，但是很多有限的因素也要考虑。风化的类型取决于气候的类型，风化过程在热带地区快于温带地区。同时，植被或物理屏障的情况可以很大程度上影响风化的机率和程度，骨骼可能因为其物理或植

48

被的保护而免于踩踏，如果骨头正好处在通常的动物们迁移路径上，就可能被踩踏。

　　骨骼在早期阶段的破坏已经超过了晚期的破坏，是非常可能的，诸如风化。一个骨骼被捕猎者消化或破坏后，比新鲜的骨骼更容易被风化，这个已经被证实了，骨骼风化后磨损更快更严重。骨骼的破损通常来说都是多重行为的结果，尽管埋藏学目前很少研究这些有先后次第的事件。

　　即使骨骼埋藏在土壤中，因为土壤环境中的微生物活动的存

上图　扫描电镜下 Draycott 发现的一个骨骼上的切痕，展示了这块肩部骨骼的复合切割条痕，这是人类造成的典型切痕。

下图　分散的骨骼经常在今天东非的露天遗址上发现，这个遗址在肯尼亚裂谷附近的 Lainyamok。

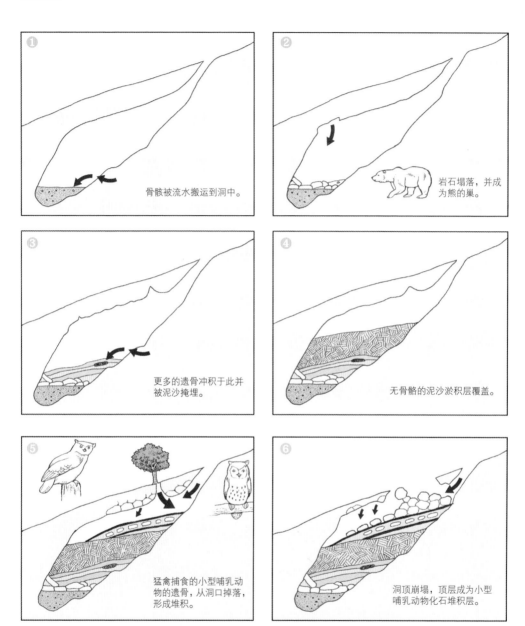

韦斯特伯里—门迪普（Westbury-sub-Mendip）洞穴地层的埋藏学轮廓，遗址形成历史得以重建。

在，风化过程还在继续进行。然而，这种风化完全不同于地表的风化，并且很容易被区别。这种过程可以告诉我们骨骼变成化石前掩埋的有多快。随后，一系列物理作用和化学作用过程开始发挥，这取决于所掩埋的沉积物的情况，例如土壤的酸度、矿物成分、大气隔离的程度等。在这个阶段石化才真正开始，穿过沉积物的流水中的矿物元素开始替换骨骼内的有机质（仅仅占了体积的 10%），矿物也可以浸润骨骼，这样组成骨骼的羟基磷灰石被地下水中的矿物代替，这些矿物通常是钙质碳酸盐，这个过程通常被称为成岩过程（diagenesis）。

一些化石遗址已经经过了详细的调查，这个过程积累了我们确认的化石。左页图这个例子是我们从 1976 年到 1984 年在萨默塞特的 Westbury-sub-Mendip 洞穴的遗址发掘。

化石石化以后，化石还依然受埋藏学过程的控制，特别是风化影响，化石保留在被侵蚀的沉积物中，可能再次暴露在地表上。化石被进一步损害，诸如发掘或筛选的损害，甚至在博物馆的货架上，温度和湿度没有被严格控制也会导致化石被继续损害。总而言之，任何化石能保存下来，都会使人感到有些惊奇！

第八章 ｜ 重构无数个世界

古生态学的方法

研究人类和猿类祖先化石能够告诉我们在什么地方和什么时候，人类开始演化，但是不能告诉我们为什么会有这些演化事件的发生。我们需要知道一些人类演化的背景信息，告诉我们什么时候人类演化出了这些改变？这意味着古人类已经能够适应那些古代的环境。然后，我们才能回答人类在世界上过去和现在的位置，以及他们在地球生态中的位置。

生态学是研究动物和植物两个群体与环境的交互作用。同样的定义，古生态学（palaeoecology）研究过去生物群体与古环境的互动。动物和植物，都在环境的压力下发生巨大的改变，同时它们对环境也有些小的改变，动物和植物群体在环境中形成一个生态系统，这个生态系统是动态的，主要的能量来自太阳，太阳光推动植物进行光合作用，植物提供食物给所有动物，甚至土壤中的微生物。研究这种交互作用是非常复杂的。我们在研究人类化石和猿类化石的古生态学时，其目的就是试图理解这些化石在群体中的位置，以及它们对当时古环境的反应。就像今天的生态学家直接检测现在的生态系统，古生态学家尝试在支离破碎的化石证据的基础上重建过去的古环境。

古生物学家重建古生态的所有方法依赖于过去生态和现在生态的比较。这并不是说，过去的生态和现在的生态是一样的，但是同样的生态原则可以被引用到过去的古生态中，通过把这些原则联系到古环境的证据，就可能重建古生态环境的场景。古生态学最基本的是所谓生态位，指的是有机体在生态系统中的位置，它们从生态中获得什么，提供什么。因为这些不能直接从动物化石中得到，所以必须要采取别的方法。

有时遗址会出现一些直接的植物证据，包括植物化石遗骸或者花粉化石。在这种情况下，很多植物能被区分出属于什么物种，尽管在很多时候这些植物的类型还不能确定是树、灌木还是草本植物？甚至不能确定这些植物的相关结构。通过碳和氧同位素的研究证据也可以看出不同的生态环境，因为不同的植物类型的碳氧同位素会有所区别。但是至今为止，很多古生态学家分析古人类遗址时，主要还是分析遗址中发现的哺乳动物化石。

最古老和最传统的方法是通过动物化石种类的区分，对比这些动物现在的近亲的生活习性，建立它们的古生态环境。毫无疑问在通常的考古工作中，这一方法是可行的，毕竟很多类型的哺乳动物在生态分布上还是比较固定的，至少猿类的化石所反映的古环境是有一定可信度的。但是这个方法的问题在于，没有其他的证据去证实和检验。最近产生了一些建立在动物功能学基础上的新方法，功能会产生特定的动物行为

非洲热带地区混合的栖息地。草原栖息地，湖边，以及一些稠密森林。这些混合的栖息地在非洲地区非常普遍，这使得古生态学的研究会更困难，因为森林、草原和水生动物会同时出现。

以及生态位，以此去重建这些动物生活时的古环境。当一个遗址的所有动物的生态位适应性，与这个遗址的动物群体结构综合研究的时候，这个方法就非常有力。

下颌和牙齿对于食物必须非常适应，它们不同的尺寸和形状取决于他们经常吃的食物类型。其中一些研究内容在前面关于功能的部分章节已经说过（第38—39页），动物化石上可

栖息在树上的灵长类开始演化，但是很少有物种像狒狒这样，展示了对地面的出色适应性。所以在遗址的动物群化石中出现了灵长类并不必然的暗示古环境是森林或者林地。

一些灵长类留在森林里，这些南美的蜘蛛猴还全部生活在树上。

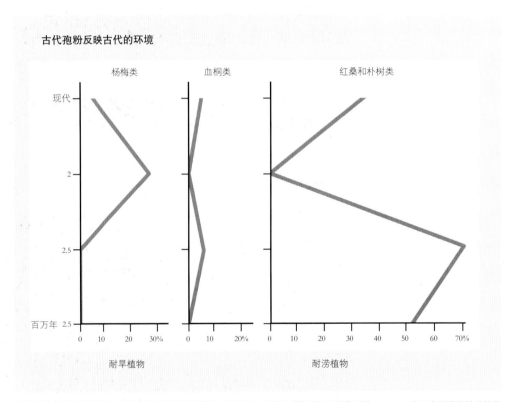

古代孢粉反映古代的环境

孢粉频数分析对于遗址出土的植物化石研究提供了一个视角。这些从埃塞俄比亚奥莫河的 Shungura 地区发现的孢粉从结构上可以对比现代的孢粉，并在时间范围上可以进行展示。当这里出现很多对干旱气候比较耐受的物种（左图），而喜欢潮湿的树木变得非常少（右图），这些证据说明这个区域在距今 2 百万年前是非常干旱的。

第三纪热带草原栖息地和哺乳动物群

今天东非的哺乳动物群的多样性可以和中新世的北美动物群相比照，显示了两地物种多样性的改变。今天北美很多大型哺乳动物已经消失，但是在过去，其动物群和今天的非洲非常相似。

栖息地的类型和相关的动物群可以分为如下几种：（Ⅰ）森林环境——小型、择食性、流动性的食叶动物；（Ⅱ-Ⅲ）林地环境——小到中型的食草动物、杂食动物、领地性动物；（Ⅳ-Ⅴ）稀树草原环境——中到大型的流动性食草动物、杂食动物、群居动物、领地性动物；（Ⅵ）草原环境——中到大型的食草动物，杂食动物、顶层植物、群居性动物。

尽管化石类型不同于今天的物种，但是对比现生的动物，在其适应生活样式方面，以及占据的生态位方面，还是有非常多的相似性。

上面描述的物种有：

1 水羚鹿 2 小羚羊 3 长颈羚 4 薮羚 5 大羚羊 6 黑斑羚 7 黑犀牛 8 长颈鹿 9 旋角大羚羊 10 牛羚 11 葛氏瞪羚 12 草原斑马 13 假鹿 14 尤马羚 15 薮鹿 16 奇角鹿 17 光头犀 18 叉角羚 19 半颈驼 20 棚马 21 峻驼 22 新三趾马 23 上新马 24 星马 25 平原斑马 26 拟胚鹿 27 舔鹿 28 并角犀 29 真岳齿兽 30 后古马 31 安琪马 32 石爪兽 33 太古马 34 后岳兽 35 副马 36 中新驼 37 原钳驼

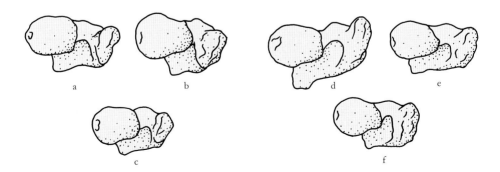

牛科动物股骨头是其运动方式的很好的指示物。a 圆柱形的，代表了生活在稀树草原上奔跑的羚羊，腿部前后移动是受限的；b 形状更圆，代表生活在封闭林地或森林中善于跳跃的物种类型；c 形状介于二者之间，右边的三个化石腿骨标本展示了相似的适应性，e 和 f 相似于 b，d 相似于 c。

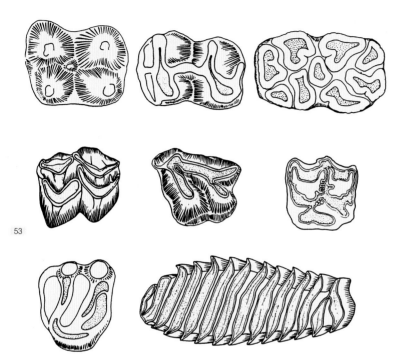

以确定不同的形态，食物与下颚类型的关系是被广泛运用的，牙齿系统特征也非常合理地反映了化石动物的食谱。以吃草为主的动物和吃树叶为主的动物可以通过牙齿来区分，如牙齿的长度，上颌的宽度，牙齿的磨损程度；吃水果的动物，齿冠较低且平坦，门牙较大；吃昆虫的物种和前两者的区分在于，牙齿的牙尖较高，下巴较轻。食性不同的动物应该与食物类型

哺乳动物臼齿牙冠类型展示了牙齿形式的多样性。牙冠较低且有很多牙尖，这样的牙齿适应的是磨碎食物。牙齿复杂性从左到右增加，暗示了左边的动物牙齿磨碎较软的食物，右边的动物牙齿磨碎的食物较硬。牙齿中间的脊主要的功能是切断食物，诸如草或者树叶，牙齿顶部对角线形状的牙脊像一把剪刀。最下排的两个牙齿的牙冠上有非常高的横向的脊，主要的功能也是切断坚硬的食物。

的分布相一致，例如，如果遗址动物群中有很多喜欢吃水果和树叶的动物，这可能反映当时的生态环境是以树木为主。当这些信息与其他的环境背景信息相结合，诸如纬度和海拔，就可以推测当时该区域是森林还是草原。

四肢骨骼的适应性也可以做类似的分析。哺乳动物奔跑、跳跃和攀爬，它们的四肢也就迥然相异，甚至适应了更加极端的条件，如挖掘、游泳和飞行等。这里要考虑动物身体的尺寸，这些适应性在不同大小的哺乳动物之间是非常不同的。上面的例子已经详细说明，很多吃水果的动物和吃树叶的动物暗示了大量树木的存在；如果这个动物群中很多都适应攀爬树木，还有很多小的地栖动物和飞行动物时，我们就更肯定这个地方属于热带生态系统。

第九章 | 冰与火的游戏

古气候学的方法

地球到太阳的距离使我们的地球有能力去供养生命的演化和持续发展，其中最重要的是地球气候的稳定性，水可以在地球表面保持液态。然而，地球轨道、以及地球在宇宙中的位置并不是一成不变的，地球所受的太阳辐射的总量也并不是固定的。地球的大气和水循环也可能因为地质变化而改变（诸如大陆的位置、山脉的出现）。有时，我们的地球会变冷，液态水凝固成厚厚的冰层，于是地球就进入了所谓的"冰期"。

在遥远的过去，地球已经发生了多次冰期，例如，休仑冰期（Huronian Ice Age）发生在 20 亿年前，奥陶纪冰期发生在 4 亿年前。当前我们所处的冰期开始于至少 200 万年前。在 20 世纪初，根据阿尔卑斯山冰川进退的证据，人们认为在最近的地质时期内发生了四次主要的冰川扩张，对于确定欧洲地区的人类化石和考古记录的时间是非常基础性的。然而，我们现在知道气候变化和冰川的扩展比这还要复杂得多。

我们当前气候变化的主要驱动力的研究要归功于米卢廷·米兰科维奇（Milutin Milankovitch），他经过计算认为，有三个重要的因素可以阐明地球冰盖的消退和增加。这些冰盖范围的波动与地球轨道的形状（从圆形变得更加椭圆）、地轴倾角，以及每年地球与太阳的最近距离等有关。这 3 个因素形成一个周期，每个周期大概分别是 9.5 万年、4.2 万年、2.1 万年。当这 3 个因素都朝同一个倾向时，地球气候就会波动到一个极端的冰期（冷）或者间冰期（暖），但是很多时候，地球的气候变化都是在这两者之间。在过去的 70 万年里，最长的 9.5 万年的循环占了主导，所以每隔 10 万年就会产生一个重要的冰期。我们非常幸运地生活在一个短暂的间冰期，但这是地球晚近阶段气候的一个例外，距今 50 万年内，至少有 90% 的时间都比现在要冷。

当冰盖开始增长时，不仅仅直接影响海洋或者陆地。因为冰盖锁住了大量的

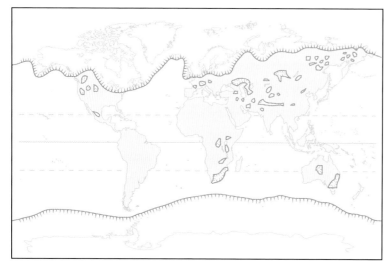

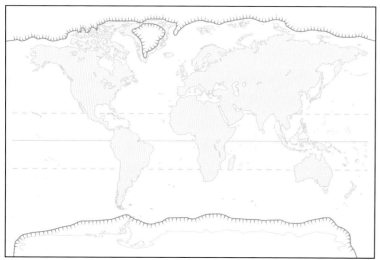

重建的地球表面（上图），看起来处于一个冰期的最冷时期（距今 2 万年前），有时，大量的冰块积累在极地附件的高纬度地区，绵亘于整个冰冷的海洋。那个时期，英国、北欧和北美的很多地方被一英里厚的冰川所覆盖，海面和湖泊在冬天全部冰封冻结。

下图，是在间冰期（我们今天生活的时期）。

水，全球海平面下降 100 米（330 英尺），诸如这样的海平面改变可能意味着英国连上了法国，科西嘉岛连上撒丁岛，新几内亚连接到澳大利亚，亚洲连接到阿拉斯加。大气中水循环的总量也开始下滑，这意味着每一个冰期，高纬度地区的沙漠经常扩张，范围接近热带地区。

西欧地区，特别是英国列岛，显示出气候变化的一些最为极端的迹象。这是因为北大西洋的冰盖，决定性地影响着墨西哥湾暖流的有与无。墨西哥暖流把大西洋中部的亚热带水汽输送到这里。1 万年前

英国直接被面对的北大西洋循环模式所影响，在更新世时期，气候、环境、动物和植物方面与现在非常不同。上图是威尔士南部的一个有着三面悬崖的海湾复原图，年代大约在距今 12 万年。这个地区当时有河马、鬣狗、犀牛、大象，这看起来更像是非洲地区的场景，相比较而言，当时的气候比我们现在生活时期的气候要温暖一些。下面插图展示了该区域 10 万年后的情景。

插图描述的是威尔士南部同一区域，展示的是距今 2 万年的情景。冰川就在几英里外。因为海水被冻结在巨大的全球性冰盖中，海平面戏剧性地下降，此时这些寒冷地区被旅鼠、驯鹿、猫头鹰所占据。

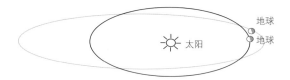

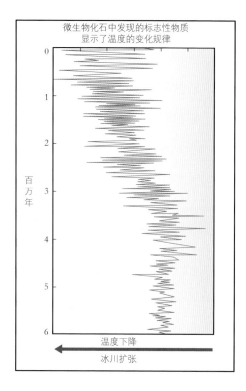

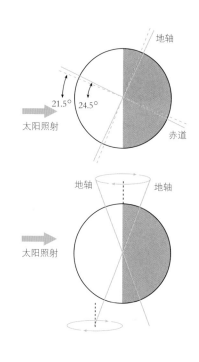

右图，70 年前，米兰科维奇描述了气候变化的 3 个主要影响因素，太阳光在地球不同地方辐射并不均衡，这决定了我们的气候。首先（右上），地球围绕太阳的轨道并不是完美的圆形，而是在更扁或更圆的形状间来回变化，这样的一个循环大概以 9.5 万年为一个周期；第二（右中），地轴的倾角在 21.5 到 24.5 度之间摆动，大概以 4.2 万年为一个循环周期；第三（右下），地球在旋转的同时还摆动，就像陀螺那样，每一个摇摆周期持续 2.1 万年。
左图，海底沉积物序列长并且非常连续，可以用来重建过去的气候变化，特别是冰盖大小的变化。最普遍的方法是分析微生物化石壳体中保存的化学记号，这种深海岩芯展示了 600 万年来地球的气候波动，证明了米兰科维奇循环的真实性，说明了全球温度的下降和冰盖增长的影响贯穿了这 600 万年。

极地锋面（Polar Front，可以标示极地洋流的范围）能够抵达现在英国西北部。大概 12 万年前，墨西哥暖流带来的水汽和现在差不多，那时河马可以在泰晤士河里洗澡。然而，距今 2 万年前，最后一个冰期的顶峰，极地锋面到达南欧的伊比利亚半岛，北美大陆的一半区域也被厚厚的冰盖覆盖，欧洲西北部被寒冷的极地海水包围，冰山巍峨，于是在泰晤士河上游泳的不再是热带动物，而是北极熊。目前所知

冰川是缓慢流动的冰河，在下行的过程中，塑造了奇诡的峡谷地形。比较一下阿尔卑斯山冰川切割过的峡谷和英格兰湖区，就可以知道地球肯定经历过冰期。

的这些剧烈的气候转变非常引人瞩目，从冰期到间冰期转换的时间只需要一万年。这些记录可以保存在冰芯中，以及海床沉积层、湖床沉积层中。一种气候模式改变成为另外一种气候，有时仅仅需要 10 年时间。米兰科维奇循环并没有停止，结合我们当前全球变暖的影响，稳定的间冰期气候可能会在一个人的生命周期内就会突然结束！

气候历史的证据保存在湖泊沉积物、冰芯、海底沉积物里面。图片中展示被取出的冰芯，这样的冰芯可以记录成千上万年的年降雪量，冰芯中锁住的气泡，记录了当时大气的成份。

第十章 ｜ 古人类学的圣殿

在这一章，我们介绍六个遗址，这些地方都以极其重要的发现而大大推进了我们对人类演化的认识，成为古人类学探索的圣殿。

为了更详细地解释古人类学家是如何从遗址中采集化石（特别是猿类等重要化石的收集和发掘），如何测量这些化石标本，如何去分析检测的结果。我们首先考虑选择一些距今 2000—1000 万年的中新世遗址，后面也会选择一些距今 200 万年的更新世时期的遗址。

格林·康洛伊〔Glenn Conroy〕在鲁辛加岛卡斯旺发掘点〔Kaswanga〕进行化石的测量。

地质学家在鲁辛加岛。约翰（John van Couvering）是第一个对鲁辛加岛沉积物进行精确绘图和测年的科学家，站他旁边的是加里·马登（Cary Madden）。

一 鲁辛加岛：火山与大河的遗物

鲁辛加岛（Rusinga Island）位于肯尼亚的维多利亚湖岸，化石堆积全部属于中新世时期。路易斯·利基和玛丽·利基因为这个遗址的丰硕成果而在国际古人类学术界获得了极高的声誉。他们两人从 1931 年开始在这个地区工作，持续了 30 多年的时间。同时，也有很多其他古人类学家在该地区工作，路易斯·利基首次绘制遗址地图，并且命名了鲁辛加岛所有重要化石的采集地点。上图中是彼得·安德鲁，本书的作者之一，当时他还是剑桥大学的研究生，1971 年他和另外两个剑桥的学生（John and Judy van Couvering）远征至此进行发掘。

鲁辛加岛沉积物年代主要是中新世早期，主要出土化石的地层年代距今 1780 万年前（通过放射性钾氩法测定），该地区也有一些更早的地层堆积接近距今 2000 万年，库鲁湖（Kulu）堆积物中发现大量的鸟和鱼类化石，年代距今约 1700 万年。所有的沉积物都来源于古老的卡圣伊火山（Kisingiri），当时这里还没有湖，只有一条大河，后来形成了遗址中的一些沉积物。那时东非大裂谷还没有形成，今天隔断裂谷的

60

67

左图 从空中俯视维多利亚湖,仅仅能在湖的东北角看到鲁辛加岛。此时看到维多利亚湖上空云层的覆盖较少,但其实白天维多利亚湖湖水的蒸发非常强烈,经常在湖的上部形成云层,导致下午湖的周边地区形成降雨。

下图 肯尼亚西部中新世遗址分布图

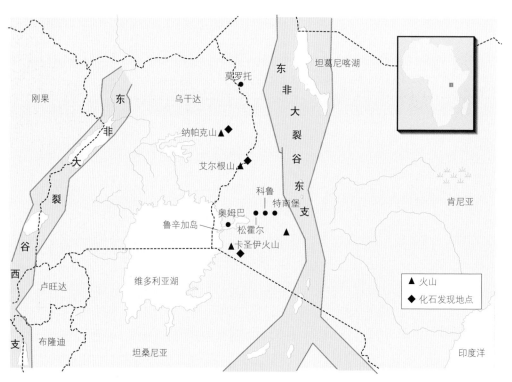

鲁辛加岛暴露在外的化石堆积物。

鲁辛加岛的鱼类化石处于堆积层上部，图中朱迪思·哈里斯（Judith Harris）指的那个地方就是发现大量鱼骨遗骸堆积的地方。

高地还没有出现，这片区域非常平坦，很可能与中非的低地是连续的。

鲁辛加岛发现的化石有一个显著特征，那就是迄今为止发现的化石，都保存得非常完好，其原因是埋葬沉积物都来自火山灰，火山灰具有非常强烈的碱性环境，利于化石的保存。卡圣伊是一座众所周知的碳酸盐火山，火山喷发后产生了大量富含碳酸盐的火山灰，这些物质快速地替代了动物及古人类的骨骼结构，使化石的石化过程非常快。类似的石化过程我们今天也可以看到，骨骼在高度的碳酸盐环境中可以在几年内形成化石，例如，在石灰岩地区，当骨骼还没有腐烂时，骨骼内的有机质部分被碳酸盐物质迅速地替代，甚至会快到连骨骼上的一些软组织都保留下来，这种情况可见于鲁辛加岛的一些化石上，鲁辛加岛堆积物中保存了一些小型爬行动物的表皮。还有在保存完整的林地地表上，发现了完好的各种树叶、细枝、花朵、种子、果实。

例如几年以前，我们在鲁辛加岛从早中新世的堆积中收集植物化石的样品，我们发现果实和种子化石杂乱地堆积在一起，堆积物中混合着各种不同尺寸的方向杂乱的细枝、树木碎片、树皮和部分分解的树叶。从沉积状态上看这些小的样本并没有明显的搬运痕迹，所以我们推论这些化石就是在树冠底下形成的，果实和种子可以鉴定出它们来自的树木、草本植物。一些枝条和残块的尺寸暗示了林地中有高大的树木，而藤本植物和攀爬植物也留下了碎片，还有它们多样且独特的果实和种子。但从另一方面看，这些沉积物中只有极少的多刺的枝条（仅占所有树枝的3%），没有确凿的森林树种，没有草原，没有针叶林，因此可以排除那时的植被是金合欢林地、低地森林、稀树草原或高山林地，相反，很明显这里曾经是树冠连绵的茂盛的落叶阔叶林地环境（这和发现猿类化石的地点的年代非常相近）。

动物化石也常见于鲁辛加岛地层堆积中，在很多情况下化石石化过程就发生在它们当初被埋藏的地方。很多动物的骨骼非常完整或者接近完整，非常引人注目的是这里发现了早期的牛科动物、啮齿类以及猿类化石，最近发现的一组早期猿类化石的部分骨骼——原康修尔猿（proconsul），目前这种猿类唯一的头骨化石就发现于此；另一个引人注目的发现是和原康修尔猿一起出土的很多动物，都埋藏在一个几米见方的区域，现在我们已经知道这个区域是一棵远古树木腐烂后的所在，即著名的 Whitworth's pothole，是树干由于腐烂出现非常大的树洞，很多动物生活在这个树洞中，特别是大蟒蛇的骨骼，与其他动物的骨骼混合在一起，当树倒下覆盖在沉积

在姆凡加诺岛（Mfwangano Island）附近发现的森林果实化石。左边，这两种类型的果实属于非洲楝树属的桃花心木；右边，梧桐科植物，这些分类推测姆凡加诺在早中新世的环境是以森林为主。

原康修尔猿复原图。

阿兰·沃克（Alan Walker）在鲁辛加岛发现的原康修尔猿的部分骨骼。（重建他们生活的环境是疏林到森林的过渡环境）

物上面时，所有动物也都被一切埋藏。

  上面已经说了在土壤中和树洞中保存化石的情况，这两种特殊的化石埋藏方式在鲁辛加岛的堆积物中十分常见。然而，也有很多沉积物属于河流沉积，因为中新世有一条大河在整个鲁辛加岛区域穿过流淌，大多数沉积物都在河床上沉积，包括火山灰堆积层，河流将其从火山山麓上冲走，沉积到现在的地点。在很多情况下，堆积物长期暴露在外面，土壤最终覆盖其上，接着上面又长出了树木。发现的化石基本上是生活在此地树上或地表的动物。

  鲁辛加岛上不同的地点，发现了几种不同类型的更小的猿类，特别是树猿和湖猿（*Dendropithecus* and *Limnopithecus*），相关的描述在后面章节会提到。这些猿类栖息在树上，其化石同许多其他树栖物种同时发现，例如懒猴和鼯鼠；同时，在堆积物中也发现了部分非常适应在森林地面上生活的动物化石，诸如大象、水鼷鹿等。1971 年鲁辛加岛发掘时，发现出土这些动物的沉积物地层非常强烈地暗示这些动物生存时期的生态环境是以热带森林环境为主；同时，我们又发现在沉积物其他层位中森林物种化石动物群的缺失，取而代之的是大型动物，如象类等，这些动物直到现在还是生活在非常开阔的稀树环境中，甚至还发现了完全没有树木的环境证据。由此可知，鲁辛加岛沉积物显示了环境随时间发生了迅速的改变，森林动物群被开阔林地的动物群取代，后者持续的时间较短，紧接着又被其他动物群取代。也可能这里的栖息地类型是混合型的，在开阔稀树的林地中有密集的小块森林分布，能够支撑一个森林动物群的生活。

二　帕萨拉尔：走出非洲又回到非洲的古猿

1976 年，笔者之一在土耳其南部随队工作，主要工作集中在中新世的沉积物上，这些沉积物的年代大约距今 1300 万年。第一次选择发掘的遗址地点并不是很满意，我们没有发现任何猿类化石，在发掘的末期，我们决定尝试去遗址北边的区域寻找一些更为古老的遗址，那里曾经在公路一侧的沉积物剖面上发现过一些暴露出来的猿类化石。我们知道这个遗址的附近有一个很小的村庄，叫帕萨拉尔（Pasalar），是土耳其的偏远之地。这一小片遗址堆积物不是很厚，堆积深度没有超过 40 米（130 英尺），但是我们认为堆积物里面会保存着非常丰富的化石。

发现遗址后的首要工作是获取在这个遗址的工作许可权，这些工作需要几年的时间。当终于可以开始工作时，我们需要建立一个固定的坐标点，并以此为基点对整个考古遗址进行测量。我们在调查整个区域时，使用标准的调查设备。把调查的区域，特别是发掘的遗址点都绘制在地图上。最后，我们开始使用米格法去管理发掘区域，开始有序地揭起地层，进行挖掘。同时，我们可以挖一条探沟去了解沉积物的深度和范围。发掘出土的材料、以及挖掘出来的沉积物都需要过筛和水洗，以防止沉积物中的化石被漏掉。沉积物内所有包含的信息告诉我们，帕萨拉尔的化石可能是经过搬运然后富集到我们现在发掘的这个位置。很容易确认沉积物的来源，主要是从附近的山坡而来，化石上风化和磨损程度表明它们在山坡上暴露的时间很短。

多年来，我们发掘积累了成千上万的样品，包括 1700 件猿类化石样品。随着工作展开，许多在各自领域有建树的专家，包括沉积学家、地貌学家、地质学家、地质化学家都参与进来，分析研究沉积物、垂直沉积层，来探索化石沉积的来源。

地球物理学家通过分析化石的碳氧同位素去确定土壤的化学成份，动物的食谱；古生物学家发现和鉴定所有出土动物的种属，用这些资料去比较其他遗址相似

帕萨拉尔化石遗址
位置图和地质图。

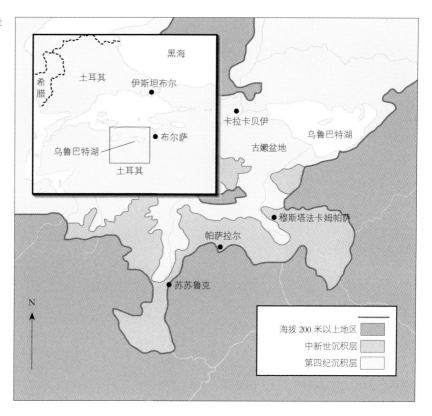

的动物群，进而确定遗址的年代（大约距今 1400 到 1500 万年，处于中新 63
世中期）。我们也调查了这个遗址动物的形态学功能，发现遗址中地栖植食
动物占优势，同时也有很多食果的树栖动物，表明在当时季节性森林已经
出现。土壤分析也表明在土耳其有很强烈的季节性气候，因为土壤显示出
兼有多水和干燥的证据。这些工作使我们有能力去重建土耳其中新世的气
候和植被的一些细节，这个区域属于季节性季风气候，冬天有很长的干旱
期，夏天则多雨。植被应该是落叶林，但并不浓密，会有很多林间空地。

　　埋藏学家主要分析遗址中发现的化石。一些化石上有明显被消化的
痕迹，还有很多小型啮齿类和食虫动物化石，这些化石很有可能被猫头鹰
吃过。这里发现的大型哺乳动物如犀牛和长颈鹿，多为已经成年的较大
个体，这些化石暗示了食肉动物在食物选择方面主要以大型动物的幼体为
主。通过这些沉积物中骨骼的堆积情况，我们推测这里很有可能是一个

帕萨拉尔化石遗址，沉积物暴露在斜坡上，范围一直延伸到图片中最左边的树下。

发掘工作切开斜坡沉积物 9 到 12 米（30 到 40 英尺）深，出土了大量的化石样品。

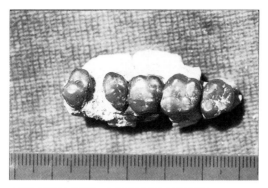

土耳其古猿阿尔帕尼种，出土于帕萨拉尔的人科化石。

始长颈鹿（giraffed giraffokeryx）的下颚，帕萨拉尔出土的一种
非常常见的物种。

在帕萨拉尔接受培训的土耳其学生因赛夫（Insaf Genc-
turk），正在遗址中进行发掘。

食肉动物的窝。有些骨骼在埋葬之前，在搬运的过程中磨损、风化，另一些则没有搬运痕 64
迹，原地埋葬。绝大部分骨骼连同沉积物都移动了大约 2—3 公里（1.25 到 1.9 英里）的距
离而到了现在这个遗址的位置，它们在新的地点再次经历其他风化过程。

　　化石的分析研究工作主要集中在人科化石标本上，已经区分和识别出两类人科化石。

　　在沉积物中发现的近 2000 件土耳其古猿阿尔帕尼种（*Griphopithecus alpani*）化石样品，
使我们可以更加准确地了解这种猿类体型大小的多样性。一些猿类牙齿化石，诸如犬齿和
前白齿，显示了个体的大小差异很大，这可能分别代表了雄性个体和雌性个体。

　　发现的第二个物种被命名为肯尼亚古猿土耳其种（*Kenyapithecus kizili*），这种古猿的很
多形态学特征与肯尼亚特南堡遗址（Fort Ternan）发现的古猿很相似，被归为一类。帕萨拉
尔遗址的年代比肯尼亚特南堡遗址还早 200 万年。于是有了这个推论：肯尼亚古猿在土耳
其最先出现，200 万年后来到了非洲。

　　上面发现的肯尼亚古猿和土耳其古猿这两种，牙釉质普遍较厚，之前通过对一些牙齿

在帕萨拉尔发掘出土的的长鼻类动物头骨，是一只乳齿象，一种典型的古老大象物种，属于嵌齿象属（ *Gomphotherium pasalarense* ）。首先发现几颗牙齿连同上颚，接着又发现了两颗牙齿和一颗长牙。

帕萨拉尔遗址的发掘探方。发掘的土壤集中放在一起准备筛选，很多土耳其学生在训练挖掘技术，他们中有5个人如今在土耳其和欧洲大学教书，并且以帕萨拉尔为课题拿到博士学位。

的切片已经显示了这一特征；后来通过电子显微镜扫描白齿，结合它们具有较厚的牙釉质，我们认为肯尼亚古猿和土耳其古猿的日常食谱都是以非常坚硬的水果和种子为主。对其上下颌研究也证实了这一点，这两种猿的颌骨都出土了一些样本，下颌异常坚固这样才能牢固地固定牙齿。这里出土了大量单个的牙齿，通过检查牙齿之间的接触面，可以复原 50 颗的牙齿序列，并能将其装在有 50 颗牙的颌骨上。牙齿磨损状况说明了它们如何进食。还有一小部分颅后骨、手指、脚趾等骨骼标本，显示了帕萨拉尔猿类是采用四足攀爬的运动方式，与非洲的早期猿类相似。这些骨头不能非常明确地确定到种，因为我们是通过颌骨和牙齿来确定物种的，而这些骨头与物种之间的关联并不明确。

　　但是那里有将近 2000 个土耳其古猿阿尔帕尼种的样品的和 70 个肯尼亚古猿土耳其种的样品。所以这些猿类很可能属于前一种，后面一种出现在遗址里，似乎是一种干扰性的。

　　杰伊·凯利（Jay Kelley）的研究工作展示一个不同寻常的猿类种群结构，他发现 10 颗肯尼亚古猿土耳其种的上门齿，牙齿的磨损程度显

65

示它们都是非常年轻的个体，它们死亡的年龄也非常一致。并且，所有的牙齿都有牙釉质发育不全的情况，这些证据表明两个幼体在婴儿期门齿发育的阶段都经历了痛苦的遭遇，这说明这两只古猿不但在同一时间出生于同一地点，而且也在同一时间死于同一地点。从这些牙齿信息可以看出，肯尼亚古猿土耳其种出生的地方并不在帕萨拉尔，而对 90 个土耳其古猿阿尔帕尼种的研究则没有发现类似的发育不良的特征以及年龄结构，因此推测 9 个肯尼亚古猿土耳其种个体（7 雄 2 雌），属于一群路过的猿类，在错误的时间出现在错误的地点，其遗骸永远留在了帕萨拉尔的沉积物中。

66 ## 三　鲁道巴尼亚：大湖的遗产

　　鲁道巴尼亚是匈牙利一个工矿业小镇。小镇几英里外有一个大采石场，大量中新世时期的沉积物暴露出来。在中新世时期，这里曾是一个巨大的湖泊，像一个内陆淡水湖。位于所谓的帕诺尼亚盆地中（Pannonian Basin，相当于现在的匈牙利大部分地区），大量的中

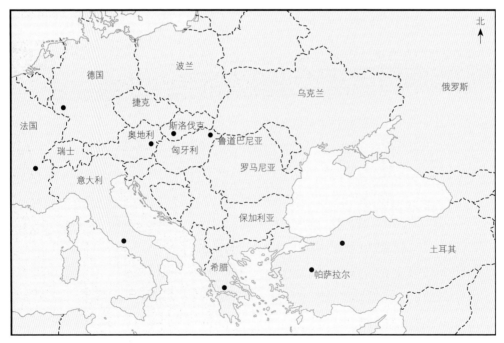

欧洲地区主要猿类化石发现地点。

新世沉积物沿着当时的湖泊范围沉积。虽然这些湖泊沉积物不能直接测年，但是通过湖泊的形成年代，以及沉积物中动物群的年代，确定其时间为晚中新世，距今900万到1000万年。

匈牙利鲁道巴尼亚遗址考古发掘，发掘方法以米格法为主，但是使用固定的坐标点，用三维立体法去测量每个标本的精确位置。

1967年，受雇于矿业公司的匈牙利地质学家赫雅克（G. Hernyák）发现了鲁道巴尼亚遗址。早期发现的化石样品由匈牙利古生物学家克里兹奥（Miklos Kretzoi）进行了描述，他很快意识到这个遗址的重要性。因为这个时期在鲁道巴尼亚被发现了当时欧洲最好的一些猿类化石，同时这个遗址有着非常丰富的植物、动物遗骸，提供了这个区域完整的背景信息。在中新世的中期到晚期这个阶段，从约100万年前一直往前到鲁道巴尼亚遗址时期，猿类化石在欧洲很常见，向北扩展到波兰。尽管

1970年我们第一次参观该遗址时的克里兹奥和赫雅克（Kretzio and Hernyak）。

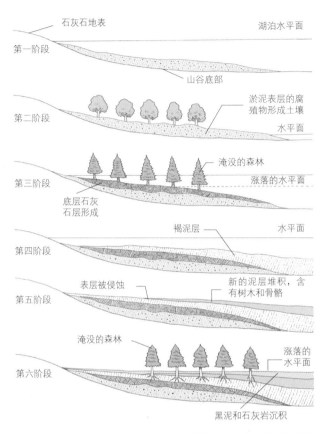

鲁道巴尼亚沉积物的重建。帕诺尼亚湖水平面的上升和下降导致湖泊沉积物的变化，当湖泊水位高时，沉积物的有机质堆积丰富；当湖泊水平面低时，一些化石埋在湖水周边冲刷来的泥土中。但最多的是化石和很多湿地植物，如落叶羽杉（taxodium）混合在一起，就在那些水退去后的池塘里。

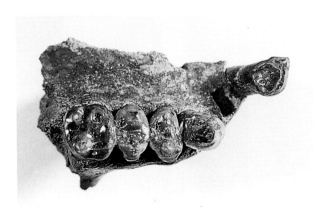

匈牙利森林古猿上颌，这个样品可以看到牙齿、腭、门齿窝的细节。

当时的各个区域不同时间段内气候有所不同，其中南欧大部分是亚热带。古猿生活的环境与现生猿类非常不同，那么猿类到底是怎么生存的？

在鲁道巴尼亚，早期化石的收集很少关注早期猿类的生活环境，对埋藏学也不了解。埋藏学是后来才建立起来的。我们开始在那里工作时已经是1992年了。我们集合了专家团队来进行考古发掘，以便综合研究遗址周边的沉积物地质，运用埋葬学研究含化石，并对其进行古生物学鉴定。

挖掘帕萨拉尔遗址，要经过很多常规流程（如前文所述）。我们在探方中使用工具进行发掘，记录所有化石三维空间位置。因为遗址地层是由两层沼泽土壤堆积物构成，所以木材化石和其他植物化石发现非常丰富，骨骼化石也收获丰厚，湖泊沉积物从浅浅的峡谷，一直向北延伸到帕诺尼亚湖。

湖泊的水平面涨落变化。沉积物开始形成时期，湖泊的水位很低，但是随后湖泊的水

平面逐渐上升，沉积物逐渐变得越来越湿，最终变成褐煤。褐煤就是在沼泽环境中
形成的，很多水生植物没有来得及腐烂，随着时间的推移逐渐形成厚厚的沉积物，
也就是今天我们看见的泥炭。随着时间和地质压力增加，褐煤最后变成煤炭。但是
这种情况并没有发生在鲁道巴尼亚的沉积物中，湖水的水平面进一步上升，使褐煤
上面又沉积了大量物质。当湖泊干涸，该沉积物顶部暴露在外面，在当地的水洼中
短短几年后产生了大量的黑色泥土。最后，湖面又上升，黑色泥土又被另一层褐煤
覆盖。

除了褐煤，化石可以出土在任何沉积物中。因为在厌氧条件下，褐煤地层中含
酸较多，植物可以保存在酸性条件下，但骨骼在高酸度环境下被溶解、腐蚀掉。湖泊
沉积物中可以出土相对完整的化石，但其中会有湖泊周围冲来的动物的一些骨骼。在
贫瘠的湖盆底部的水洼地带，黑色粘土中会发现大量的小型哺乳动物化石，包括类
似猿猴的小型灵长类山猿（*Anapithecus hernyaki*），这些化石非常破碎，可能在死前
作为食物被掠食者破坏。上层的黑色粘土再次发现了丰富的化石，虽然发现的化石
非常残破，但是包含了我们之前发现的所有猿类化石种类。

这个物种被命名为森林古猿（*Dryopithecus hungaricus*），这个古猿物种非常有趣，
因为他们具有较先进的形态学特征（见第135—139页），更有趣的是，人们发现这些
猿类生活的古环境类似于当今的亚热带森林，沉积物中发现的大量的亚热带落羽杉
（taxodium）遗骸暗示着鲁道巴尼亚在当时是亚热带森林环境，这种树属于湿地柏属植
物，多见于今天的佛罗里达地区。森林古猿与这种植物的独特关联，说明这些猿类化
石的栖息地属于此种亚热带森林环境。

四　奥杜威峡谷：工具与文化的诞生

奥杜威峡谷位于坦桑尼亚北部，整个峡谷切开了塞伦盖蒂草原东部。峡谷长50
公里，深100米。峡谷地层包括湖泊、河流和火山沉积物，这些沉积物中保存了东
非200万年来的史前时期的信息。1911年，一个德国科学家首次发现奥杜威峡谷堆
积物。他在峡谷坡地上收集了一些动物骨骼化石，并把这些标本带回了柏林（奥杜
威当时是德国在东非的殖民地）。他在这些化石中发现了一些重要的物种，如三趾马

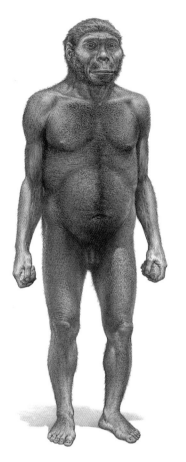

化石。所以，1931年地质学家雷克（Hans Reck）带领一只探险队来到峡谷。雷克团队收集了1700多件化石样品，确定这里是一个非常重要的古人类遗址，他们认为出土标本中的一具人类骨骼是非常古老的（现在已经知道该骨骼属于近期墓葬，因为扰乱的原因进入了古代的地层中）。

肯尼亚出生的人类学家路易斯·利基（Louis Leakey）在1931年被雷克团队邀请加入这个区域的探险调查工作。随后，路易斯·利基在奥杜威开展了一系列的工作。探险队在奥杜威发现了第一个古代石器工具，路易斯·利基将这些发现整合成一个完整的发展序列，涵盖了河床1（这个遗址发现一整套的砾石类型工具——被

第一个发现的能人化石（*Homo habilis*），包括一小部分身体骨骼，1996年，再次发现部分人类骨骼化石，图中的猿人就是依据这些化石重建的，虽然能直立行走，但更像猿类。

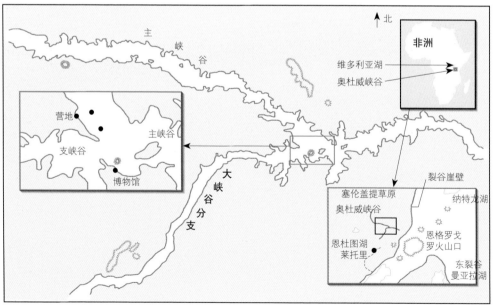

坦桑尼亚的奥杜威峡谷是一个经典的非洲史前遗址，这个图可以看到峡谷的基本形状属于Y字形，很多重要的化石地点就在奥杜威峡谷的主峡谷和分支的交叉点附近。

奥杜威峡谷

1972 年，Zinj 遗址，图片显示的是路易斯·利基在 1959 年发现的 "东非人" 头骨（*Zinjanthropus boisei*，现在被称为 *Paranthropus boisei*，鲍氏傍人）的地点。

奥杜威100年
来的考古发掘
取得了丰硕的
成果,早期的
工作经常只是
收集表层堆积
物冲刷出来的
化石样品,后
来,更精细的
挖掘在咫尺之
地获得了几千
件化石样品。

69　称为奥杜威文化)到河床 4(在这里发现了很多加工复杂的手斧)出土的样本。
1935 年玛丽·妮可(Mary Nicol)来到这里,加入了利基,并嫁给了他。

　　探险队在之后 20 年的工作中,陆续发现了动物化石和石器工具,动物化
石和人工制品的模式变化暗示奥杜威年地层的漫长时间跨度。在地层底部,
沉积物主要是大盐湖堆积,沉积物随着湖泊大小和深度的变化而变化,最终
湖水消失,这个区域变成平坦的平原,流淌着季节性河流;最后,峡谷慢慢
变浅,平原扬起沙尘覆盖到堆积物的上部,附近的火山突然爆发形成的岩浆
70　和火山灰也覆盖到堆积物的上部。这里保存的动物化石包括大型动物如大羚
羊、水羚、猪、跳羚等,同时在早期的沉积物中也发现一些不同寻常的动
物,例如大象,长牙长在下颌骨上,向下弯曲,被称为恐象,其现代类型又出

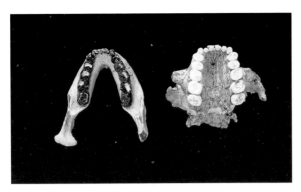

1960 年路易斯·利基在奥杜威发现的头骨上部，其年代距今 120 万年。最初以为其与奥杜威发现的阿舍利手斧（Chellean Hand-axes）有关而被命名为"阿舍利人"（Chellean Man）。巨大的眉脊、地平狭长的颅骨，和直立人（Homo erectus）非常相似，因而被归为后者。

（左边）鲍氏傍人不寻常的牙齿形态，发现于坦桑尼亚 Peninj 的鲍氏榜人下颌，（右边）奥杜威 5 号人骨上颌，门齿相对较小，前臼齿和臼齿较大，磨损痕迹较重。

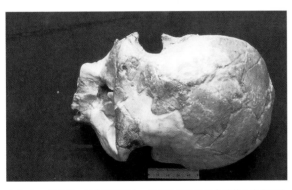

奥杜威 5 号头骨，被命名为胡桃夹子人（Nut-cracker Man），该头骨有巨大的臼齿。最初该化石被分类到东非人，路易斯·利基认为该化石可能是人类的祖先，现在重新将其分类到南方古猿粗壮种（robust australopithecine）中的鲍氏傍人。

奥杜威 24 号头骨，被分类到能人，是奥杜威地区最古老的人类化石之一，距今约 185 万年。

现在晚一些的地层里。

　　1959 年以前，路易斯·利基还没有发现任何好的原始人类化石。1959 年，玛丽·利基发现南方古猿粗壮种的头骨（见第 145—150 页）以及在河床 1 的奥杜威工具（见第 273 页）。最初，路易斯·利基命名该物种为 *Zinjanthropus boisei*（鲍氏东非人，名称源于他们的资助者之一查尔斯·鲍伊斯 Charles Boise），但是现在我们把化石分类到傍人。路易斯·利基起初以为他发现了制造工具的早期人类，但在随后的两年内，在同一层位的河床上，发现了更为接近人的物种，还有高出河床 1 的河床 2 沉积物中也有类似发现，这些遗骸包括部分头骨、颌骨、掌骨、腿骨、足骨等，在 1964 年被分类到一个新的人类物种，能人（*Homo habilis*，Handy Man）。这个有较小臼齿和更大的脑容量的物种，现在被认为是奥杜威河床 1 和河床 2 工具的制作者（此前与其同时期的南方古猿亲戚被错认为是工具的主人）。

钾氩法测年显示，奥杜威最古老人类遗骸和石器工具的年代距今大约180万年，接近上新世的末期。更加高级种类的人类遗骸直立人（Homo erectus）也从河床2到河床4的堆积物中发现，包括相关的手斧工具。路易斯·利基于1972年去世，但是玛丽·利基在奥杜威继续细致的发掘，一直到1984年，发现了关于早期人类行为的诸多重要证据，包括石制工具的生产，可能的石器结构，以及刮削器、狩猎和屠宰动物的证据。玛丽·利基离开遗址两年后，一个美国团队在河床1发现一具能人的部分骨骼化石。1996年，另外一个美国团队又发现了这个种类的上颌。奥杜威峡谷在人类进化史上将继续着它圣殿的地位。

通过大且粗壮的胫骨，复原了博克斯格罗夫遗址的男性个体，与其他考古遗址发现的海德堡人（Homo heidelbergensis）相似。在此遗址发现了有锐器刺伤的野马肩胛骨，更晚的地层则发现了矛，类似的材料也发现于德国遗址，可见这里的古人类已经装备了木质的标枪。

五 博克斯格罗夫：海岸悬崖下的猎场

博克斯格罗夫遗址（Boxgrove）位于英国南部赤彻斯特（Chicheste）的一个采石场，南距英吉利海峡约10公里（6英里）。博克斯格罗夫遗址系统地发掘工作开始于1985年，遗址在发掘后逐渐发展成为一个大的项目，先后有40多位专家和几十名发掘人员参与。直到1993年该遗址才发掘出土了距今约50万年的人类胫骨，这使该遗址变得世界闻名，随后于1995年发掘出2颗人类牙齿，这个遗址发现的人类化石是英国目前所知的最古老的，同时也发现了大量可以重建博克斯格罗夫人行为的数据。

在50万年以前，那时的海岸线比现在海岸线向北10公里，海水切出了巨大的悬崖，深入苏塞克斯的白色山丘。随着海平面下降，岩沼和海岸植被开始逐渐在砂质海滩生长，在这新的海岸平原上兽群开始出现，诸如马鹿、野牛、野马，甚至还有大象和犀牛，同时还有它们的捕食者也生活在海岸边，诸如狮子、鬣狗和狼。古代人类也在海岸边咆哮，

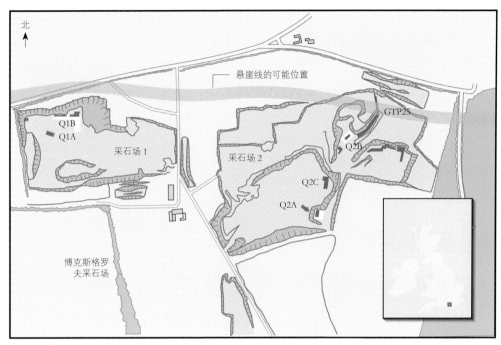

北

悬崖线的可能位置

GTP25

Q1B
Q1A

Q2B

采石场1

采石场2

Q2C

Q2A

博克斯格罗
夫采石场

博克斯格罗夫遗址位于英吉利海峡赤彻斯特附近，主要在一个采石场内，2 号采石场发现一个被屠宰的野马遗骸，1 号采石场则发现了屠宰的犀牛的遗骸和人类胫骨以及牙齿，这个遗址的沉积物现在已经被覆盖保护起来，以用于将来的研究工作。

这也是他们生活的家园。

　　古人类为开采白崖上的燧石（flint）而来，这种燧石是一种极好的制作石器的原料，在[73]博克斯格罗夫遗址挖出了 300 多件这类非常特别的石器工具。遗址的地表被流水反复浸没，覆盖上细致的泥沙。这些遗址表面堆积仅仅受到一些很小的扰动，至今保存的非常好，如古人蹲下制作石器工具的信息也被保存下来，在打制石器过程中敲下来的每片燧石，都留在那里，距今已 50 万年了。不仅如此，很多他们吃过的动物的骨骼也留在这里，周边都是工具，骨骼上面保留有被石器宰割过的痕迹。

　　这里出土的手斧主要形状是椭圆形或杏仁状，被古人用来屠宰大型动物，如马鹿，野牛、马、犀牛。但在小型动物骨骼上未发现手斧使用痕迹，如狍子的骨骼。我们认为这些小型动物的骨骼可能未被发现，或者拿到其他地方进行屠宰，非常明显的是，博克斯格罗夫人[74]在这里屠宰完整的大型动物，因为动物骨骼的绝大部分都出现在了屠宰地点。

　　博克斯格罗夫遗址显示当时的哺乳动物生活在一个比较温暖的时期，或间冰期。更新世中期，正处于众所周知的克罗默尔时期（Cromerian complex，更新世中期的一系列冰期

上图 博克斯格罗夫遗址一个主要的沉积层，分析这些沉积物，我们可以细化遗址过去的环境历史，描述从白崖海岸到生态丰富的海岸平原的自然环境类型。

下图 1995 年 1 号采石场的发掘，同年，该遗址出土了 2 颗人类下门齿，以及一些手斧工具，博克斯格罗夫遗址的沉积物 50 万年来几乎未受扰动。

与间冰期交错的阶段）即将结束时，距今约 50 万年。北美水田鼠的臼齿在这个阶段发生了演化，在博克斯格罗夫遗址发现的田鼠被称为水田鼠地种（*Arvicola terrestris cantiana*），连同一些其他的物种，与德国海德堡附近的莫尔遗址（Mauer）发现的动物种群十分相似，莫尔遗址就是 1907 年发现了海德堡人下颌骨的地方（见第 186—190 页）。博克斯格罗夫遗址发现的胫骨也被分类为海德堡人，这根胫骨是早期人腿骨中发现的最大的之一，推测该腿骨所属个体身高 1.8 米（5 英寸 11 英尺），因为腿骨的骨壁很厚，所以我们推测可能是一男性，体重较重且肌肉强健，体重估计大约有 90 公斤（200磅）。骨骼的强度也反映了此个体的生活应该非常艰苦，需要很好的体力才能承受。

博克斯格罗夫遗址发现的两颗下颌牙齿的大小并不特别，虽然严重磨损。在显微镜下观

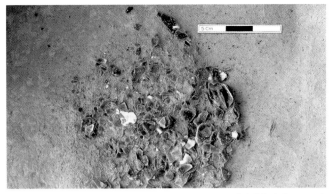

博克斯格罗夫遗址的一个案例（石器加工厂），打制石器的残余部分位置图。这是燧石剥离留下的，燧石残片区域的边缘显示石器制作者是 50 万年前蹲在那里制作手斧，石片碎片位置被统一计算，展示整个打制石器的制作过程。

博克斯格罗夫遗址一个保存非常精美的手斧。博克斯格罗夫遗址的手斧采用燧石精细加工，燧石应该采自附近的白崖，大部分手斧的外形是杏仁或者泪滴状。

1995 年 1 号采石场。展示了大量发掘者参与遗址的发掘工作，沉积物被非常仔细地刮掉，以便进一步筛选，这种发掘方法甚至可以发现很小的燧石石片和骨头。

博克斯格罗夫遗址发现的人类化石已经确认归类为海德堡人，根据是其年代和其他样本的相似性。这里是一个博克斯格罗夫人的门齿，将其与 1907 年德国海德堡莫尔附近发现的一个古人类下颌复制品相比照。

博克斯格罗夫遗址 1993 年发现的人类左胫骨，推测是一个非常高和强壮的个体，骨头结构的微体研究表明该个体（可能是男性）死亡时年纪较大。

察牙齿化石，发现牙齿表面有大量划痕和坑洼痕迹，这些痕迹多为古
人类在使用石器工具切肉或植物原料时，用下颌紧咬固定食物时留下
的，同时，骨骼上的石片切割方向都可以被确定，这也暗示使用工具
的古人类是右撇子。牙齿下面被牙结石覆盖，有些牙齿甚至已经延伸
到门牙的牙根。这意味着他的一部分门牙的牙根在活着的时候可能就
暴露在外面，在下巴咀嚼或者紧咬时，牙齿会前后活动。

六　直布罗陀：最后的尼安德特人

　　直布罗陀海岬的岩石千百年来都被地中海人民视为重要的地标，
一定为早期的定居者尼安德特人（距今 5 万年前）提供了最有利的位

置。直布罗陀是最早发现这种古人类的地方之一，也是他们在灭绝前的最后一个庇护所。

尼安德特人头骨化石最先是 1848 年在直布罗陀附近的福贝斯采石场（Forbes）被偶然发现的，这里的古人类探索以此为开端延续至今有 150 多年了，但是直布罗陀的尼安德特人头骨化石的最开始的发现被忽视了近 50 年，因为当时科学家们大多被 1856 年德国尼安德特峡谷发现的骨骼化石所吸引直到第二件极具意义的尼安德特人化石于 1926 年发现于直布罗陀魔鬼塔遗址（Devil's Tower），遗址在北面的石灰岩中，环绕着一条裂缝，西边不远处就是福贝斯采石场。遗址经过系统发掘，出土了动物遗骸、石器及木炭灰烬。发现的人类化石遗骸属于一个尼安德特幼童个体，包括上颌、下颌和头骨碎片（见第 45—49 页）。

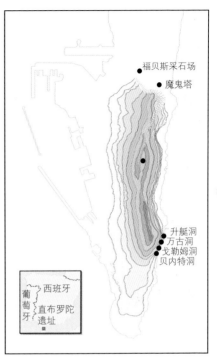

直布罗陀地区尼安德特人遗址分布图

复原图显示生活在直布罗陀岩洞的尼安德特人距今约 5 万年，同时期，地球冰盖较大，全球海平面下降，在沿海洞穴下面出现了肥沃的海岸平原，从洞穴内出土的证据可以看出，尼安德特人食谱中包括乌龟和贝类。

上图 戈勒姆洞，左边是贝内特洞（Bennett）。

下图 头骨化石，可能是一个女性，1984年发现。这块头骨比尼安德特人峡谷发现的尼安德特人化石早8年，不幸的是，该化石头骨的科学重要性在1863年才被认识到，然后又过了40年才得到正确的描述。

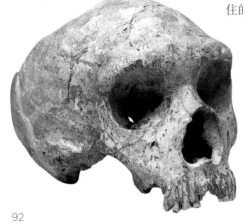

尽管在福贝斯采石场和魔鬼塔遗址发现的人类化石引起了科学家的兴趣，并且两个遗址发现的两件尼安德特人头骨是当时世界上保存最好的，遗憾的是现在这两个遗址的堆积物已经荡然无存。但是，在直布罗陀Governor's Beach海岸，又发现了一系列的海边洞穴，在直布罗陀海岬东南部的海岸，戈勒姆洞遗址和万古洞遗址（Gorham's and Vanguard cave）还保留有尼安德特人居住地丰富的化石证据，戈勒姆洞穴遗址非常特别，包含了很多人类居住的证据，年代跨度至少有10万年之久。

大约在距今12万年前，古海岸开始抬升，这时形成了遗址最底层的堆积，其上至少保留了尼安德特人居住的10米厚的堆积物，发现了典型的旧石器时代中期的工具，最上层3米厚的堆积物中发现了旧石器晚期的工具，这种工具同时出现在欧洲其他遗址中，是现代人种栖居地的典型标志，年代大在直布罗陀海岸边的万古洞（Vanguard），最近发现了一个确凿的考古证据证明，尼安德特人至少在10万年前已经开始利用海洋资源，他们在火上烘烤贝类，食用海豹和海豚。贝类应该是有目的采集的，而海洋哺乳动物很可能是死后被冲到海岸上的，然后被尼安德特人用石器刮割下来食用。

约距今3.5万年。在地层最上部的堆积物，已进入人类文明史的阶段，发现了陶器和金属制品，年代距今约几千年。古代的火堆灶台出现在洞穴堆积的不同层位上，特别是在旧石器晚期，动物骨骼则普遍出现在沉积物地层中。

79

戈勒姆洞沉积物深度，年代范围在 10 万年间。

1995 年，直布罗陀地区开始了一系列新的考古发掘，在戈勒姆洞挖掘的第一期就发现了丰富的石器、骨骼、烧过的坚果、种子和木炭。由此可知，尼安德特人在居住地已经开始使用火，并用于加工肉食和植物等食物，通过对木炭灰烬进行放射性碳测年得出时间是距今约 4.5 万年，这说明在这个地点可能会发现更晚近的尼安德特人。1997 年，从上述两个洞穴沉积物中所获取的木炭和动物骨骼化石，经过放射性测年，显示较小的万古洞在距今约 4 万年时已经堆满了沙子和沉积物，之后这里已经无法再给尼安德特人提供栖息地了，但保存了他们曾经生活的大量重要证据。

在戈勒姆洞，有几个旧石器晚期的地层，年代距今约 2.6 到 3 万年，这表

戈勒姆洞发现一个可能是尼安德特人的矛头工具，目前为止并不知道矛尖是如何安装到木头手柄上的。

明当现代人到达直布罗陀地区时，尼安德特人可能还生活在伊比利亚山区。更加特别的是，万古洞发现保存完好的地层中有确凿的证据证明尼安德特人利用海洋食物资源（关于尼安德特人食谱是否有海洋食物的争论已有多年）。一个不太连续的旧石器中期的地层里，发现了很多大小不一的贝类，并且混杂着灰烬和一些石器，其中一些工具边缘有明显的磨损，可能是用来撬开或刮削贝类的。此外，在更早的地层中发现被屠宰的海豹和海豚的骨骼，这可能是人类最早食用海洋食物的证据。

当直布罗陀地区的尼安德特人遇见第一个现代人会怎么样？他们遭遇的频率有多高？他们互动的方式是什么样的？

对此我们只能猜测，他们可能在遇见的时候暴力相对，也可能会躲避彼此，或者和平共处。从直布罗陀到伊比利亚南部的证据表明，当新的现代人到达该地并逐渐北上时，尼安德特人并没有改变生产技术，并且持续保留打制石器传统一直未有改变，直到他们完全消失在直布罗陀地区。

戈勒姆洞和万古洞发现的尼安德特人一些精美的史前工具，一般情况下他们会选择当地海岸边或河床边的砾石原料来制作石器，但是一些岩石工具的出现（如燧石），说明很可能制造地点是在西班牙更内陆的地区，之后被运到了这个地方。

II 从猿到人

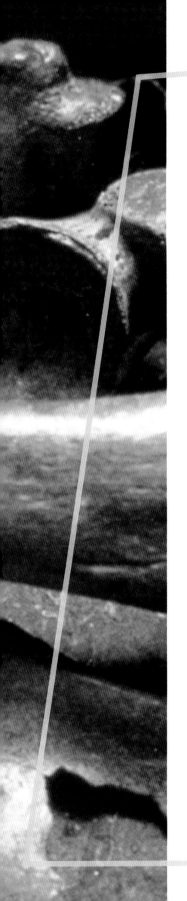

　　人类起源的化石证据可以追溯到灵长类的起源，人类和猿类都属于灵长目（Primates）。我们可以从进化历程中寻找人类如何逐渐获得其特征，先是由猴子和猿类组成的猿猴亚目类群（Anthropoids），接着是各种猿（包括人类）组成的人猿超科类群（hominoids）。猿猴类大概是 3000—4000 万年前和其他灵长目动物分化，而人猿和猴分化是在 2000 万年前。我们最先详细讨论早期的人猿类动物，他们的体型有小有大，生活在东非，时间大约是 1700—2200 万年前。但关于他们是否是猿类也还有争议，或许他们可能是现生猴子和猿类的共同祖先，接着是非洲和亚欧大陆都出现的化石猿类，时间大约是1600 万年前，他们基本可以肯定是人猿超科的动物。至少有一种猿类，即肯尼亚古猿土耳其种，最先出现在欧亚大陆，他们可能是第一次走出非洲的猿类，其非洲祖先现在还没有找到，在欧亚出现之后的 200 万年，他们又回到了非洲。1200 万年前，可能发生了第二次走出非洲的猿类迁徙（森林古猿），其中涉及的种类很可能与伟大的现生猿类和人类祖先有关。

　　距今 800—1200 万年之间的人猿类化石在非洲出现得很少，形成了一个断档，过去五年间，这一情况有所改观，发现了三个属五个种的猿类化石，都来自东非。但很难将其与之前的猿类与之后的人科动物联系起来。非洲的类人猿化石记录继续延伸到距今 700—800 万年，发现地点是乍得和肯尼亚，这两地的发现相互矛盾，似乎都有理由看作人科的祖先（Hominins），甚至是现代人类的祖先。400 万年以来，人科化石记录越发丰富，为双足直立行走的人科动物提供了诸多很好的证据。随着发现第一件石器，人属（Homo）的最早种类出现了，时间是 200 万年前，特征是巨大 的脑容量和食肉习性。不久之后，一种或数种最早的人属物种第一次走出非洲，此后人科的进化在非洲、亚洲和欧洲，在某种程度上独立进行着，直到最后一件人类进化史的大事件发生：那就是人属中我们（智人，Homo sapiens）这一种在非洲演化出来，并且迅速分散到世界各地。

　　1856 年德国 Neander 山谷附近的 Feldhofer Grotto 发现的骨骼化石，是人类进化史研究上的分水岭，之后人们知道了一种新的古人类，也是人们知道的第一个灭绝的人属物种，1864 年被命名为尼安德特人。

第一章 | 第一只猴子
灵长类的起源

　　灵长类主要是树栖的哺乳类动物，其中就包括猿类和我们人类，但它们刚出现的时候却非常不同——而是小型的夜行动物。直到今天一些灵长类，比如非洲的婴猴、非洲和亚洲都有的懒猴，还保持着祖先的小体型、夜行性，尽管它们的许多解剖学特征与原始灵长类已经不同。除了一些最基本的特征，也不能把它们当成原始灵长类来看。

　　灵长类常被认为没有任何明确的决定性特征，即使到今天，也还是不清楚灵长类跟哪一类动物最相近。对于现存的动物和化石该归属于哪一类也有争议。多年来，东南亚的树鼩一直被归为灵长类，但现在发现它们只是和灵长类有着共同的原始性状。这些争议是由定义灵长类所用到的特征而引起的，因此我们在开始讨论前先罗列出这些特征。下面是列出现存的全部或大部分灵长类所共有特征的简表，它是解读灵长类起源的化石证据的基础。

小小的蓬尾婴猴。注意其朝向前的眼睛，可以抓握的手，手指前端的指甲（而不是爪子）。它们的大眼睛和耳朵都是夜行性动物的主要特征。

灵长类的特征

1. 能抓握的脚，有着分得很开的大脚趾
2. 大脚趾上有指甲（而不是爪子）
3. 增长的足跟
4. 后肢在运动中占主导地位
5. 通常是有着对生拇指的爪形手
6. 指甲常出现在大部分的手指上；有些物种也可能继发地失去指甲
7. 眼睛略微前突
8. 眼睛靠得很近，直直地向前，有立体视觉
9. 脑容量增大，尤其是出生前的脑容量
10. 相对于身体重量而言，孕期时间长
11. 相对于妈妈的体重，胎儿的成长较慢
12. 寿命增长
13. 缺失一个门齿和一个前臼齿

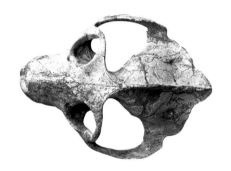

更猴的齿式和啮齿目动物很类似，图示咬合部位的牙齿。

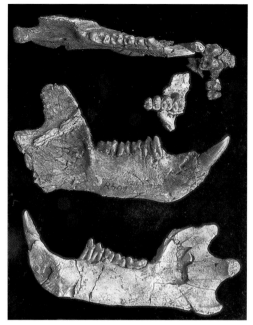

兔猴属的头骨，有着前突的眼睛和相对增大的脑壳。

更猴的下颌骨，很长一段时间被认为属于早期灵长类，但现在已基本排除这一可能性。它有着前凸的所谓门齿，和啮齿动物更相似，但有着像灵长类一样的臼齿。

　　化石记录是极其不完整的，在一些时间和地点上很有代表性，而在另外一些却完全不是这样。现存的灵长类至少有194种，这一数目还在上升，因为一些亚种相继被划分出来，成为独立的物种，比如婴猴。即使是在化石种类最完整的始新世，在假设那时的灵长类多样性与现今有可比性的情况下，灵长类的化石记录仍比预期的要少一半。在其他地质时段，世界上绝大部分地方都没有已知的灵长类化石的，即使是有，也是极其零碎的。

　　更猴目（Plesiadapiformes）是古新世的至少14个物种类群中的一个。它们常被认为属于灵长类，但却几乎没有任何注释框中列出的特征。其他古新世和早期的种类（5500万年前）也是如此，它们仍被认为可能是早期灵长类的原因是脑容量稍大（框中列出的第9条），还有着类似灵长类的臼齿。然而，它们与许多其他的早期哺乳动物共有这些特征，它们的门齿已非常适应于植食。这些古新世的许多动物现在来看和皮翼目动物或狐蝠关系更密切。

　　在始新世，大约距今5500万到3500万年前，灵长类开始长得像它们现在的样子了。开始是一段气候温暖期，热带环境一度延展到北欧和英格兰南部。灵长类的起源或许在某

83

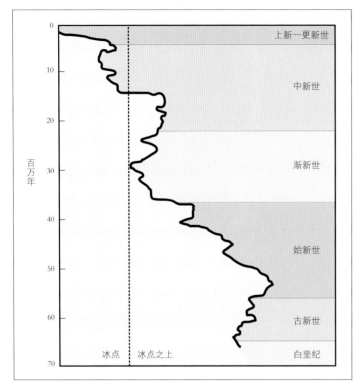

百万年

上新一更新世

中新世

渐新世

始新世

古新世

白垩纪

冰点　冰点之上

由海底有孔虫得出的氧同位素曲线。这为全球年平均气温变化提供了一个很好的参考，可以看出气温自始新世开始就或多或少地持续性下降。这正好与兔猴属等最早的灵长类出现的时间相吻合。

些方面与温暖的气候有关，但还不清楚具体是如何关联的，灵长类的几个重要的类群开始遍布整个世界（不过迄今，澳大利亚和南极洲还没发现灵长类化石）。

始新世灵长类里最复杂多样的一组被划分为兔猴科（Adapidae），包括分布在北美洲和欧洲的这两个差别很大的类群。兔猴科及其全部近亲都已灭绝了，但注释框中所罗列的灵长类的基本特征都已出现在了兔猴科里。这些特征在第二大类的跗猴型下目里就已经出现了，这一下目可能和现今东南亚的眼镜猴有关。兔猴和跗猴这两大类都是在始新世初期的同一时间开始多样化的，其中一些最早期的化石来自于中国，包括始新世的代表——眼镜猴。这一阶段中国是否有更高等的灵长类还存有争议。

跟兔猴科相比，跗猴型下目也可能与猴子和猿类更近。这些体现在跗猴型下目的眼眶、较短的脸以及大脑里与从嗅觉到视觉等与感觉行为的变化有关的部位所占比例上。这表明不仅灵长类，而且更高等的灵长类（真猴亚目，包括眼镜猴、新世界猴、旧世界猴以及猿类）也是在同时出现的，但它们的起源地现在还不能完全确定。

兔猴科和眼镜猴都能快速敏捷地跳跃、在树枝上奔跑。它们基本是食虫的且绝大部分时间在树上生活，许多也还是昼伏夜出的。它们都是生活在森林环境中，在始新世的温暖条件下有大量的森林，这些森林也和现今的特别是非洲的热带雨林很相似。在始新世晚期，气温开始下降，森林范围缩减，在始新世晚期进入渐新世时，灵长类动物群发生了很大变化。

第二章 ｜ 找出第一只猿

一 原上猿：猿与猴的共同祖先

我们已经了解了早期猿类在始新世的温暖环境下是如何多样化的。它们生活在美洲、欧亚大陆和非洲的广袤热带雨林里。大约 4000 万年前始新世晚期的气候逐渐变冷，给哺乳动物群，特别是灵长类，带来了巨大变化。此时它们的分布范围变小，兔猴和跗猴类更是濒临灭绝，跗猴类仅在亚洲东部的热带雨林中攀缘生活。然而，北非的猿猴类（anthropoid）猿在始新世晚期却有过群体扩张，缅甸和泰国也存在有争议的猿猴类。

埃及法尤姆地区（Fayum）的灵长类化石非常丰富，我们关于始新世和渐新世的灵长类的知识大部分来自于此。至少有四种灵长类存在于法尤姆的早期沉积层中，其中渐新猿类生活在 3600 万年前，这些灵长类还都非常原始。但后续又出现九种灵

一组古生物学家在埃及的法尤姆洼地寻找化石

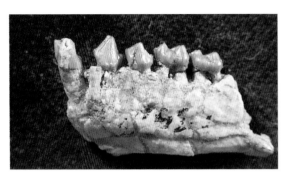

法尤姆发掘出的渐新世最晚期的渐新猿（*Oligopithecus savagei*）下颌骨。这一物种的前臼齿减少为两排，这是判断狭鼻类的依据。

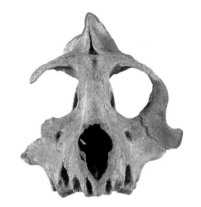

法尤姆发掘出的渐新世早期的宙克西斯原上猿的五个下颌骨，展示出变异范围。

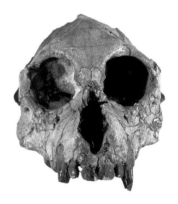

法尤姆洼地发掘出的渐新世早期的宙克西斯原上猿的两个头骨，左边的有着粗壮的矢状嵴，因为很可能是雄性，右边的很可能是雌性。

长类，其中原上猿类（Propliopithecids）有着与猿类相似的牙齿；而副猿类（Parapithecids）长着与猴子相似的牙齿，如副猿、夸特拉尼猿以及其他几种未能明确种系的猿类，比如非洲眼镜猴、阿尔西诺猿（Arsinoea）以及来发现于阿尔及利亚的阿尔及利亚猿。这些种系广布于渐新世时期的法尤姆的森林中，这一丰富的灵长类动物群一直延续至 3100 万年前。

　　法尤姆地区的灵长类化石最早是在 20 世纪初由一个专业收藏家理查德·马克格拉夫（Richard Markgraf）发现的，但我们今天所熟知的大部分化石却是由艾尔温·西蒙斯（Elwyn Simons）在过去 30 年中找到的。在法尤姆的几个采石场里不断有化石被发现，野外工作持续的时间越长，所发现的化石就越多。首先是因为大家对该遗址区越来越熟悉；其次是由于这些区域因寻找化石而被清理出来，岩石表面更容易受到风化风蚀，所以下一季的采集会发现更多的化石。这是一个不同寻常的但却是非常有效的寻找化石的方式，绝大部分遗宙克西斯原上猿的复原图。这一早期猿类是相当粗壮的，可能在树上移动缓慢，由埃及当时可能的环境推断它们生活在热带雨林高高的林冠层里。

基于宙克西斯原上猿的颅后骨特征，这种狭鼻类动物的形态特征与图示中的吼猴很相似（除了盘卷的尾巴），也可能有着类似的运动方式。

法尤姆灵长类生活在湿热的热带雨林中，根据是生活在这一地区的渐新世的动物的类型以及遗址中发现的大部分森林树木。

址被发掘的时间越长，能发现的化石就越少，而法尤姆则相反，这可是不多见的。

出自法尤姆的最著名的化石是原上猿属中的两种与猿类相似的物种，海克尔原上猿和宙克西斯原上猿（以前叫埃及猿）。它们都很小，体重在 2—6 公斤（4.4—13.2 磅）之间，就像小型和中型的狗一样大，它们也有着和狗类似的较前凸的脸以及长而大的犬齿。它们的牙齿和猿类相似，这也是当它们第一次被发现时被归入猿类的原因，我们现在知道了它们的牙齿其实更原始。我们以后也会发现单纯靠牙齿来区分猿是很困难的。它们的骨架特征鲜明，有着粗壮的骨骼，尤其是粗壮的前臂。上臂也很粗壮，且有肘关节可以保持稳定，但不能完全伸展开（参见第 105—106 页对肘关节重要性的讨论）。手指和脚趾也又粗又壮，适于有力地抓握，全部这些解剖学特征都揭示出，在树上手脚并用、缓慢攀爬是这些灵长类的主要的生活方式，很可能非常像现今生活在南美热带雨林中的吼猴。

从原上猿的颅骨和牙齿的适应性特征可看出它们是以水果为生，而且还很可能是软质水果。这与考古学证据揭示的其所处的环境状况是一致的。在化石的出土地点发现了许多大树的树干，说明这一地区当时有着茂密的森林，很可能是热带到亚热带的气候。该地区丰富的动物群也印证了上述观点：除了这两种原上猿之外，这里还发现了其他几种灵长类，尤其是前面提到的与猴子相似的副猿，还有至少 4 个属和 5 个种的灵长类动物与南美和中美热带雨林中现存的松鼠猴非常相似。最大的一种能有 2 公斤（4.4 磅）重，与现在的卷尾猴差不多大。其他的哺乳动物包括各种各样的蹄兔和相近的长鼻目动物（象科），较大的很像犀牛的埃及重脚兽、小的象鼩以及啮齿动物和一些有袋类动物。还有生活在环礁湖中的海牛类动物，这一切展示给我们的场景是：在炎热潮湿的热带气候下，这里分布着靠近海边的低洼环礁湖，

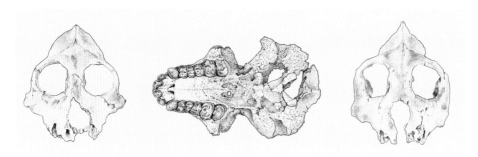

宙克西斯原上猿的三幅图，展示出头骨的形态。

海边和河边森林翁郁，其间水池和湖泊星罗棋布。

　　原上猿，可能还有副猿，是和猴子与猿有亲缘关系的，它们为这一类群的起源提供了强大的证据。这表明这一类群是非洲起源的，但这一证据仅来自北非、埃及和阿曼（在渐新世时期，阿拉伯半岛还是非洲大陆的一部分）。然而，来自缅甸的极少数化石却有点模棱两可使起源问题又不那么清晰了。最早的猿类也支持非洲起源，因为它们只在非洲出现，尽管区分早期的猴和猿有较大难度。树猿、湖猿和细猿也属于这一类群，大多数考古学家认为虽然它们的颅骨和牙齿和猿类很像，但其实还是属于原上猿，它们实际上是小型灵长类由渐新世直到中新世中期的演化扩张而来的，延续了 2400 万年（3600 万—1200 万年前）但却没有留下还活着的后代。

二　尾巴与肘：辨认一只猿

　　不要说描绘早期的猿类，单单是区分它们就已经很困难了。困难之一是这些猿类与同时期的类似猿类的灵长类并无大的区别。最简单来讲，猴子有尾巴，但猿类却没有，而对化石来说，却难以用某部分缺失来作为鉴定标准。在前面的化石埋藏学部分（第 50—55 页），我们已经知道动物遗骸的保存和石化经常是一个破坏性的过程，所以我们很难找到完整的骨架。当只找到没有尾骨的部分骨架时，我们能确定其本来就没有尾巴，还是一些饥饿的动物吃掉或叼走了它的尾巴？譬如，有科学家声称鲁辛加岛上的一类原康修尔猿（康修尔是伦

雌性大猩猩和幼崽很容易辨认，因为它们没有尾巴。

敦动物园的一只很出名的黑猩猩）应该是没有尾巴的（参见第 66—72 页），证据来自于其脊骨尾端的骶椎的形状，原康修尔猿的骶椎非常小。然而，最近有报道称鲁辛加岛上出土的原康修尔猿中有一具是有几段尾椎骨的，这说明它确实是有尾巴的。如果这被证实，那么这整个类群能否归入猿类就要存疑了。这个事仍是需要解决的，但它也确实说明了回答看似简单的进化问题其实并不容易。

尽管有这一困难，解决问题所依据的原则还是合理的。也就是我们先看现存的某类群与其他类群相比有哪些共性，比如说猿类没有尾巴，而其他灵长类有尾巴，那么没有尾巴

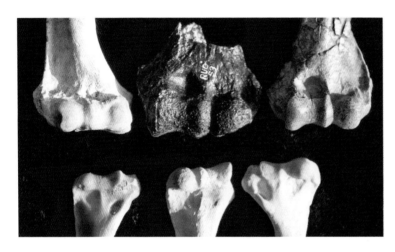

左图 原上猿和其他灵长类化石的肘部相比较，可以看出极大的相似性。自左上起按顺时针方向：赤道古猿（*Equatorius*）、森林古猿（*Dryopithecus*）、西瓦古猿（*Sivapithecus*）、上猿（*Pliopithecus*）、原康修尔猿（*Proconsul*）、原上猿（*Propliopithecus*）。

下图 对人类（左）、黑猩猩（中）和狒狒（右）的肱骨进行比较，展示出它们不同的形态特征。

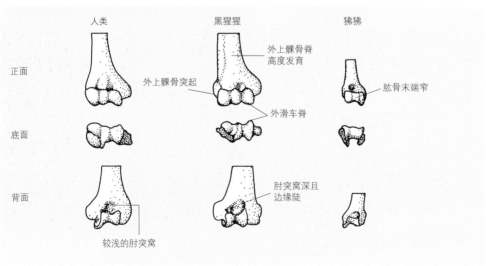

这一特征就可以用来识别猿类。另外，我们还在做的是给进化过程添加方向，因为从其他高等灵长类以及哺乳动物来看，它们大部分都是有尾巴的，所以有尾巴是哺乳动物的普遍特征。对猴子和猿类而言，有尾巴是一项原始特征，猴子还保留有尾巴是保留了一项没有进化意义的原始特征，而对猿类来说，没有尾巴是进化出的新特征，是种群的识别标志。因为现在所有的猿类（包括人类）都没有尾巴，所以这一特征在现有猿类（包括人类）的最近共同祖先那里就已经具备，这一特征定义了人猿超科这一类群。若一个化石属于人科，那它应该有这一特征，如果它没有，那它肯定是在人猿最近共同祖先之前。这就是为什么原康修尔猿有没有尾巴会这么重要，以及为什么尾巴有无的不确定性会引发它和人科物种有何种关系的诸多疑问。

有没有尾巴在这里被用作程序化的判断标准，但实际情况却并不像这样的非黑即白。现存的猿类有很多共同特征，从行为的相似性到解剖学相关细节，但它们显然不是一次同时产生的，也就是说这有个中间阶段，化石灵长类作为现存猿类的祖先会有一些现代猿类的特征，但不会具备全部这些特征。这一中间阶段的化石灵长类有一个特定的名字，叫做源头猿（Stem apes），意思是它们虽然实际上与猿类有关，且被归入人猿超科，但它们只有猿类的一部分特征。

在现存猿类那一节（第 12—15 页），我们已经提到肘部的结构是人科物种进化中的关键特征之一。猿类（以及人类）有着高度灵活的手臂：如果你直直地伸出手臂、高举手掌、扭动前臂，你会发现你可以把你的手臂几乎旋转 360 度，我们在日常生活中的方方面面都 89

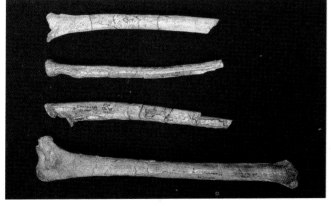

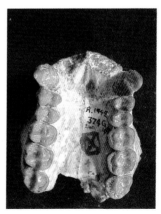

树猿（*Dendropithecus macinnesi*）的臂骨。这些骨头细长纤弱，表明树猿有着类似长臂猿的悬挂运动方式。

树猿的上颌骨，有着类似猿类的牙齿。

左图 狒狒的上犬齿非常锋利，有着和树猿相似的牙齿打磨机制，这在猿类中是罕见的，即使有，也常常会磨碎犬齿，而不是使其更锋利。

右图 树猿（*Dendropithecus macinnesi*）的上犬齿很长且呈刀状。在其生活中，上犬齿被下方第三臼齿打磨而保持牙齿前端表面上有锐利的边。大部分化石和现存猿类都没有这一打磨机制。

会用到这一功能。另外，我们可以用手支撑我们的身体或者用手臂抓着头顶上的支撑物把身体悬吊着，所以除了靠肘部关节有了极大的灵活性外，我们也还有很强的体力和稳定性。有时我们需要费很大力气才能做到的事情，猿类却能更容易做到。因此，这是猿类的一个普遍特征，是由于肘关节的结构使其有着双重功能。

肘关节指的是肱骨（上臂）和桡、尺骨（下臂）之间的关节，肱骨与桡骨的连接处是圆的，所以桡骨可以绕着它转动；然而，肱骨和尺骨相连的部位却高高地突出和隆起，所以尺骨被架在一个类似单行线的位置而只能向一个方向动。因此，猿类的肱骨有着很容易识别的形态，桡骨和尺骨上端的头分别是圆形和脊状的，也易于辨识，若化石能有这些特征就说明其与现存猿类有关系，因为其他灵长类没有这些组合特征。正是由于原康修尔猿的肘部有这一复杂的功能性组合结构，它才被归为人猿超科（hominoid），而更早的类似于猿的灵长类，比如原上猿

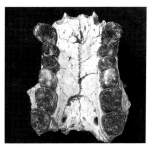

让瓦古猿（Rangwapithecus gordoni）的上颌骨，这一物种与原康修尔猿有关，但它臼齿上的齿尖又能将其与原康修尔猿明确地区分，这表明它是食叶的，与以水果为食的原康修尔猿不同。

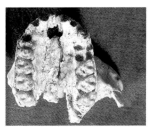

细猿（Micropithecus bishopi）的上颌骨，细猿是可能与树猿有关的一类小型物种。

树猿的复原图显得它跟长臂猿很像。没有证据显示它像长臂猿一样用臂吊荡前进，它看起来也不像长臂猿，但从它的形态来看很明显的是它有着细长的四肢，适于在树间悬挂。

（Propliopithecus），或者相近时期的灵长类，比如树猿，因都没有这一肘部结构而被排除出人猿超科。

三 鲁辛加岛的原康修尔猿

我们已多次提到（第 66—70 页），猿类出现的最早最直接的证据是来自于鲁辛加岛一具化石的肘关节结构。一些原康修尔猿的部分骨骼也有肘部，它们都有类似猿类的生活条件，但它们也有许多其他不像猿类的特征，再加上对其尾巴有无的解读也是模棱两可，所以对这些早期中新世灵长类的分类还是有疑问的。

和原康修尔猿同时同地，也就是在 2000 万年前的中新世早期，类似猿类的灵长类动物开始大扩张。有一种猿类在体型大小和原康修尔猿类似，但却有非常不同的适应性状。这就是让瓦古猿（Rangwapithecus gordoni），它和原康修尔猿的体型差不多大，也是出自肯尼亚西部相同的遗址，特别是松霍尔和科鲁（Songhor and Koru）。从它的下颌和牙齿可看出

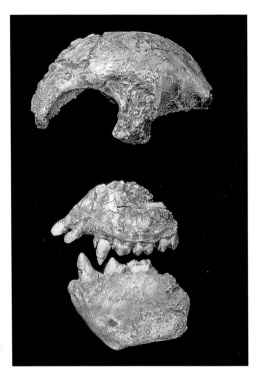

91

这残存的未命名的头骨是最早期的人猿科物种之一，出土于肯尼亚科鲁（Koru）地区 Meswa Bridge 遗址。

其有着和原康修尔猿不同的食性，因为它的牙齿上有更多的尖点和更大的突起来切削坚韧食物。这一适应性状在以植物为食的现今的哺乳动物中也很常见，就像今天的大猩猩一样，它们需要咬碎坚韧的树叶来获得营养物质。让瓦古猿看起来是以树叶为食，而原康修尔猿的全部支系已和现存的黑猩猩一样适应了软质果实类食物。让瓦古猿其他部位的骨骼显示它和原康修尔猿一样都是树栖的，但和原康修尔猿比起来，它更不像猿类。

有趣的是，这些化石猿类的食谱和现存种系比起来显示出了不同的适应性。当所有中新世猿类合起来与现存猴和猿类进行比较，中新世猿类更喜欢取食软果。在中新世没有种系能像现存的猿类一样有着很强的食叶适应性状，更比不上食叶的猴类。因此，在灵长类的进化过程中，食性上有过适应性转变：全部种系都逐渐适应了坚硬的果实，其中有些种系则走得更远，适应了吃树叶之类的坚韧食物。

其他与原康修尔猿同时存在的是常被称为小型猿的猿类。它们中的一些与原康修尔猿很相似，只是体型像湖猿（*Limnopithecus legetet，Limnopithecus evansi* 等）。它们的体型和原上猿（*Propliopithecus*）相似，下颌和牙齿的形态也很相近，但没有锋利的犬齿和突出的前白齿。它们还有更宽的门齿，门齿是前排用来吃水果的牙齿，就和我们啃整个苹果时是一样的。在中新世早期还有另外两类和原上猿相似的猿类，它们是细猿（*Micropithecus*）和树猿（*Dendropithecus*）。它们的后牙和湖猿的类似，但它们有突出的犬齿，树猿的犬齿和狒狒的很相似，非常像尖刀。雄性狒狒用它们长突的犬齿来炫耀，吓走其他雄性，还可以用来打斗，真的用起来的话，犬齿是非常厉害的武器。在非洲，狒狒是豹子最普通的猎物，但如果一群雄性狒狒一起来攻击猎豹的话，它们可以扭转战局而把猎豹撕成碎片。由此来看，树猿可能有和狒狒类似的行为，在有多个雄性的群体中，它们有着高度结构化的社会

古生物学家在鲁辛加岛
寻找化石。

体系和很强的统治等级。

　　这些大部分源头猿都只剩下颌和牙齿，但鲁辛加岛所发现的树猿所幸
还留下了其他部分骨骼。路易斯·利基在一个遗址里找到了四具化石。前
后腿都有，且看起来纤细修长。地面生活的动物更可能有粗壮的骨骼来支
撑它们的体重，树栖动物也是如此，如果它们要在树枝顶上来回活动而不

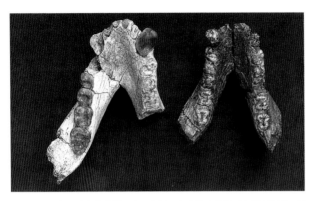

松霍尔出土的原康修尔猿的两个下颌骨。右边的大部分牙齿都丢失了，但从牙根大小和下颌骨的外形来判断，它属于一个雌性个体，而左边较大的那个下颌属于雄性。

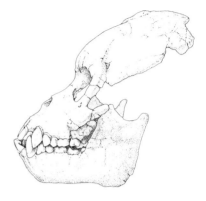

典型的原康修尔猿何塞隆种（P.heseloni）化石，由利基夫妇于 1948 年在鲁辛加岛发现。

是仅仅悬挂在树枝下的话。树猿的纤细骨骼恐不足以支撑它们的体重，所以有推测说它们是像现在的长臂猿一样挂在树枝下的，长臂猿也有着类似的长而纤细的腿和手骨。这一相似性让早期的科研工作者们认为树猿是长臂猿的祖先，但树猿没有猿类的任何显著特征，特别是肘关节，所以树猿化石纤细的骨骼更像是反映了其与现代长臂猿有相似的生活方式，但并无任何进化上的关系。

这些谈及的种系都属于 2000 万—1800 万年前的中新世早期。"小型猿类"在后面也有出现，特别重要的是肯尼亚北部凯洛迪尔（Kalodirr）遗址发现的"小猿"（Simiolus），因为它在适应性上和树猿很相似，但却晚了一两百万年。这些后面发现的小型猿类都和树猿比较像，其中最知名的是西欧的上猿，即"原始猿"（Pliopithecus），东欧的山猿（Anapithecus）以及中国的池猿（Laccopithecus）。我们后续章节会涉及这里面的一些种系，现在我们只要知道它们都有着纤细的四肢且可能过着树栖生活就可以了。

92　四　原康修尔猿的困惑

人猿超科（Hominoidea）最早的化石是肯尼亚北部发现的卡姆亚古猿（Kamoyapithecus hamiltoni，以化石猎手 Kamoya Kimeu 来命名）。虽然它并没有很好的测年数据，但从放射性测年和伴生动物来看，它应是属于渐新世，大约距今 2600 万—2400 万年。它只有一些下

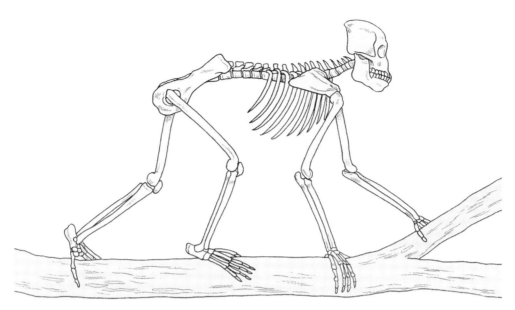

原康修尔猿何塞隆种（*P.heseloni*）骨骼复原图。

原康修尔猿何塞隆种的新复原图。这张图显示它是树枝上灵活的攀爬者，四肢等长且并用，但它可能无法像现今的猴子一样在树丛间跳跃。因有证据显示它是生活在更季节性的环境下，在它由一棵树换到另一颗树上或者由一块林地转到另一块林地的时候，它也可能会来到地面上。

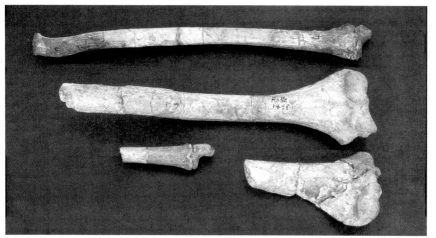

1951 年在鲁辛加岛发现的何塞隆种四肢骨化石。包括两根肱骨，一段尺骨下端（底左），一段桡骨顶端（底右）。

颌残片存留至今，也仅基于其牙齿和人猿科的相似性而把它归为人猿科，但这些牙齿也和那时包括原康修尔猿在内的大部分其他高级灵长类很像，所以牙齿的分辨力并不高。与之类似，在肯尼亚西部 Meswa Bridge 遗址出土的 2200 万年前的更完整一些的骨骼材料也存在这一问题，也是仅基于其与原康修尔猿有一些共同的原始性状特征而把这些骨骼就归为原康修尔猿，因此这分类并不怎么可靠。

最早的较确切的原康修尔猿的证据是来自肯尼亚西部一组 2000 万—1800 万年的遗址。其中之一是鲁辛加岛，原康修尔猿何塞隆种（*P. heseloni*）和尼安萨种（*P.nyanzae*）（基于 18 具成年个体计算的体重分别是 11 公斤 /24 磅，36 公斤 /79 磅）就是在那里被发现的，另外的重要遗址有松霍尔和库卢，发掘出了原康修尔猿大型种（*P.major*）和非洲种（*P.africanus*）（前者体重从三个个体来看能达到 76 公斤 /168 磅，而后者大约为 11 公斤 /24 磅）。原康修尔猿非洲种（*P.africanus*）是最早由伦敦自然历史博物馆的 A.T. 霍普伍德（A.T. Hopwood）发现并命名的，但大部分化石是由路易斯·利基在二战后的二十多年里发掘出来的。经过四十多年的搜集和研究，原康修尔猿现在已是世界上最著名的猿类化石。

遗憾的是原康修尔猿的头骨，现在只有玛丽·利基于 1948 年在鲁辛加岛发现的一具，尽管已付出大量努力试图去找到更多头骨化石。这枚头骨和猴子的很像、窄鼻、脸部轻巧、眉骨不发达、鼻口距离短。这一头骨可能是雌性的，雄性的头骨会更大些，主要证据是来自于牙齿的大小，在原康修尔猿这类小的物种里，雄性约是雌性的 1.3 倍大，这一比例与雄性和雌性黑猩猩的相近。对大型种来说，这一比例要更大一些，更接近大猩猩的雄雌比例。

现在看来，原康修尔猿有着猴子似的躯干，躯体长而窄，类似于猫、狗和其他四 ⁹⁴足动物。这与现存的猿类不同，现存猿类体型是扁平的，胸部和人类一样，是左右宽而前后窄。原康修尔猿的背很长，特别是背的下部（有六个腰椎的腰部），肩关节是直接的背向（而不是现存猿类的横向），原康修尔的肩胛骨在身体一侧而不是和猿类一样在背部。所有这些特征都显示原康修尔猿是四足俯身的姿势行走的，就像猴子和其他哺乳动物，比如猫和狗。

原康修尔猿的后肢显出其在运动上很局限，它在四足行走和攀爬中可以很好地承重。特别是股骨的前端，也就是大腿和臀骨相接处，并不像猿类是圆的，而是扁的，这就使臀部很难前后活动，难以像现存的猿类一样横向活动。但另一方面，它又比猴子灵活一些，所以在这一性状上，原康修尔猿是介于猴和猿之间的。

就像现今的猿类一样，原康修尔猿的大脚趾分得很开且有强有力的抓握肌肉，所以它的脚很有力且适于抓握，它应该能够用脚和手来抓握树枝。这些使得原康修尔猿能够灵活地爬树，但它们不能在树丛间迅速跳跃。这其中的一些性状特征可能是现存猿类悬吊式运动所需的基本适应的前奏，在悬吊中，身体是悬在树枝下的而不是四足站在树枝上。我们将在森林古猿（*Dryopithecus*）和山猿（*Oreopithecus*）相关的章节中再详细讨论。

比较有趣的是，原康修尔猿的手的各部分比例与人类的很相似。现存猿类的手极 ⁹⁵其细长，拇指很短，所以当一只黑猩猩要想去捡起一个小物体的时候，它需要用拇指和手掌夹起物体，而不像我们可以用指尖。原康修尔猿的手各部分比例和人类的非常相近，拇指关节也和人类的相似，所以它应该可以非常准确地抓握小物体。

就目前而言，我们难以准确判定原康修尔猿是否属于猿类。如果是的话，那它们肯定是人猿超科里最原始的，从总体形态和行为来看，它与现存的任何猿类都不一样。它们生活环境多样，有些生活在热带森林，特别是松霍尔遗址的原康修尔猿大型种（*P. major*）和非洲种（*P. africanus*）；而鲁辛加岛的一些遗址则显出这里的环境更干燥且有季节性，尽管其中的何塞隆种和尼安萨种仍生活在封闭的林地环境。

第三章 | 树冠与地面之间

原康修尔猿之后的中新世非洲猿类

有已知的两组古猿来自距今 1700 万—1500 万年之间的非洲。其中一组是最近发现于肯尼亚北部的纳乔拉古猿（*Nacholapithecus kerioi*），与原康修尔猿非常相似。它也与同一地区发掘出的赤道古猿非洲种（*Equatorius africanus*）相似，它们可能与肯尼亚北部凯洛迪发现的非洲古猿属于同一类，尽管晚了约两百万年。这一遗址作为"小猿"的发现地已被提及过，图尔卡纳猿（*Turkannapithecus*）也是在这里被发现的，所有的这些化石都距今大约 1700 万年。

非洲古猿（*Afropithecus*）和莫罗托古猿（*Morotopithecus*）

非洲古猿的头骨是我们已知的所有已灭绝的猿类中最为复杂的，它的面部、上颌以及头骨的前半部分看起来很像大猩猩，而尺寸也和幼年时期的大猩猩相近。非洲古猿和现代猿类一样有着非常长并且突出的面部，但是它的鼻子和眼睛的形状跟现代猿类相比则要更

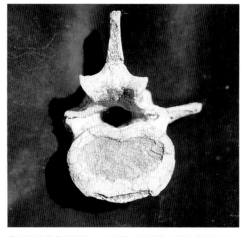

莫罗托古猿的腰椎在一些方面与现存的人猿科动物相似，比其他中新世早期的猿类比如原康修尔猿的要高等得多。

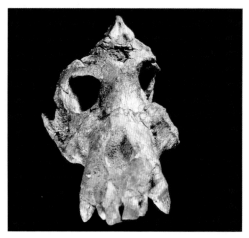

非洲古猿加厚的头骨。沿着颅骨顶部中线的脊状的骨头被称为矢状脊，可以起到固定与加强颚肌的作用，颚肌与牙齿特别是门齿和前臼齿相连。

窄一些。它的门牙和门牙的牙槽都很大，前颌骨也同样很长并且突出。所有这些特征再加上厚牙釉质说明，非洲古猿已经适应了异常坚硬的食物，因为这些食物的咀嚼需要大而粗壮且被厚厚的牙釉质保护着的牙齿。

在肯尼亚和乌干达也发现了和非洲古猿相似的猿类化石。其中之一 1966 年被定名为莫罗托古猿（*Morotopithecus bishopi*），早先是归为原康修尔猿大型种（*Proconsul major*）。这一样本来自乌干达年代较为久远的沉积层，但研究人员认为它们与非洲古猿的头骨和牙齿有着相似的适应特征。正如非洲古猿一样，莫罗托猿也有着较大的门牙和臼齿以及较长的面部，而它的下颌也似乎非常适合咀嚼坚硬的食物。最为重要的是它与现今存活的猿类拥有一部分相似的脊椎，这也是与猴子的区别所在。

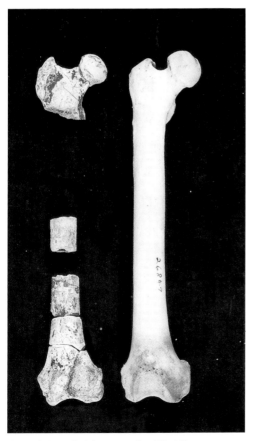

莫罗托古猿股骨的残片与黑猩猩的股骨相比较

肯尼亚古猿威克种的上颌骨和下颌骨。这一物种曾被认为是人类的祖先，这些化石间的联系为这一物种在进化谱系上的重要意义作出了新的阐述。

赤道古猿非洲种的代表性化石，最早是在鲁辛加岛被发现的。化学分析表明它在时间上比鲁辛加遗址稍晚，现在被认为来自马博科岛。

肯尼亚古猿威克种（*Kenyapithecus wickeri*）

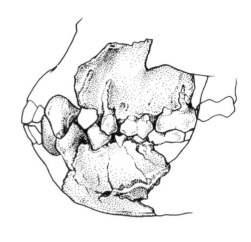

上文提到的赤道古猿非洲种和纳乔拉古猿比非洲古猿要晚将近 200 万年，而一些科学家认为它们都是非洲古猿的后代。它们保留了很多从原康修尔猿那里继承来的原始性状，然而仍然没有足够的证据能够确定它们之间的关系。对于它们与随后发现的肯尼亚威克古猿（由弗雷德·威克在肯尼亚发现的古猿）之间的关系同样也有争议，因为它们缺少威克古猿所具有的关键性的共同衍征。1962 年路易斯·利基为这一物种命名，而与此同时艾尔温·西蒙斯（Elwyn Simons）正在积极的推动一个叫做腊玛古猿（以

基于上面的上下颌骨而重构的肯尼亚古猿威克种的下半边脸。它明显不同于现存大猩猩的长脸。

97

肯尼亚特南堡的 1974 年的发掘现场，是在先前路易斯·利基发掘时所挖的大量沟渠的后面。下图是在沟渠后面清出一个工作台来拣取含有样本的化石。

最近在肯尼亚的科普萨拉曼（Kipsaramon）发掘出的赤道古猿非洲种化石。

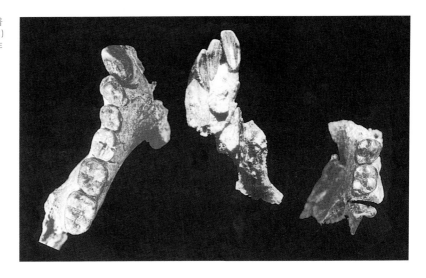

日猿利基种（*Heliopithecus leakeyi*）的图样，在沙特阿拉伯的 Ad Dabtiyah 发现。它与非洲古猿相似，是目前所发现的在古人猿超科物种还仅出现在非洲时候的最靠北的古猿。

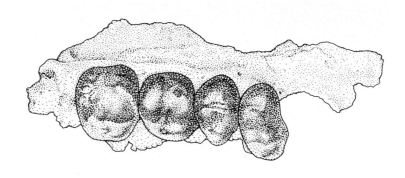

印度 Rama 神的名字命名）的亚洲猿与人类亲缘关系的研究。利基和西蒙斯之间逐渐发展为一种竞争的关系，他们都希望能找到更为古老的人类祖先。因为他们两个都是目标明确并且积极主动的研究人员，他们的竞争使得很多学生对猿类的进化产生了兴趣。他们都有各自的追随者，有时候会有非常激烈的竞争。

大卫·皮尔比姆（David Pilbeam）是西蒙斯最杰出的学生，1965 年他们一起发表了对古猿研究有着革命性作用、可能是这一课题有史以来最具影响力的论文。西蒙斯和皮尔比姆将肯尼亚威克古猿与亚洲发现的腊玛古猿旁遮普种（*Ramapithecus punjabicus*）联系在了一起。当时认为腊玛古猿是早期人类的祖先（这一观点现在认为并不完全正确，参见第

日猿利基种的复原图。我们不清楚中新世早期的沙特阿拉伯的气候是怎样的，但据推测应该是丛林密布的。

130 页），而威克古猿的牙齿也与人类相似，它们的牙齿上有一层厚厚的牙釉质，这就使得牙冠圆润而光滑。相比其他的猿类，威克古猿的牙齿更像人类。此外它们的颌骨都非常的强壮，门牙相对较小，面部也相对较小，这些也与人类非常相似。但另一方面，它们的下颌骨则更像猿类，特别是在两半下颌交汇处有着大而搁板状的支撑。结合这一证据以及已知的上颌形态，威克古猿的面部得以重构，事实证明，它的所有特征都是更像猿类的。

99　　　从肯尼亚特南堡（Fort Ternan）发现的一条单个的肢骨，是属于威克古猿的上臂骨或肱骨。这与从马博科岛（Maboko）发现的化石非常相似，说明特南堡的猿类也会到地面来活动，用四肢行走。跟现在的猿类相比，这些类人猿都没有完全在地面生活（山地大猩猩除外），但是有可能它们来到地面在其领地晃悠，是由于它们没有生活在热带雨林，没有茂密的树冠，在树木比较稀疏的地方，体型较大的物种是很难从一棵树移动到另外一棵树的。猿类能够部分地在地面生活这一证据，出现在猿类进化的早期阶段，这对于我们认识人类的进化历程有着非常重要的作用。

此外，除了特南堡，在肯尼亚还有其他许多遗址可以为肯尼亚古猿提供另外的证据，但是遗憾的是现在还没有完全发表。在南非也发现了一个有趣且非常诱人的化石，这是已知的唯一一个超出了东非的中新世人猿科动物。这就是奥塔维古猿纳米比亚种（*Otavipithecus namibiensis*），看起来与非洲古猿是近亲。对于这些新化石的关键问题在于，能否证明它们是属于肯尼亚古猿或者赤道古猿，或者换句话说，它们是否有类似非洲古猿进化了的特征，或者像之后肯尼亚古猿、赤道古猿的原始特征。当考虑了非洲以外的证据时这一问题就显得非常的重要，这将在后面讨论。

第四章 | 走出非洲

要说的是，所有的古猿都来自非洲。

始新世末期，全球气温逐渐降低，北美以及欧亚大陆的热带森林也逐渐减少，结果导致灵长类动物到渐新世末期至中新世早期几乎已从这些北方大陆上消失了。在大部分时间里，非洲与欧亚大陆之间的联系是被完全切断的，但由于板块运动，非洲大陆不断向北漂移，在渐新世晚期至中新世早期，非洲大陆第一次与欧洲接触。有证据表明大约在 2 千万年前陆地崛起，将波斯湾与地中海分开，以前这两部分海域连接在一起，是分隔非洲与欧洲的特提斯海的一部分。这一时期与长鼻象从非洲迁徙到欧亚的时间不谋而合，这很可能也是醉猿（*Dionysopithecus*，希腊神话中的酒神狄奥尼索斯的猿），一种与非洲细猿（*Micropithecus*）非常相似的小型猿类，从非洲迁徙到亚洲的时间。中国、越南在大约 1700 万年前遗址里就发掘出过细猿。

土耳其古猿（*Griphopithecus*）

在距今大约 1700 万年前，非洲与欧洲再次被大陆桥连接，而古猿也第一次出现在了现在的德国和土耳其，这次还有啮齿类动物（小鼠和大鼠）、牛科动物（羚羊）以及其他灵长类动物的大迁徙。欧亚大陆最早的古猿化石是来自德国南部的属于土耳其古猿的一颗牙齿，其后还有出土自捷克和土耳其的化石材料。与此同时，另一组类猿的灵长类动物上猿（pliopithecine）也出现在欧洲中部，它们是一类来历不明的非常原始的种群。这里我们重点关注土耳其猿，土耳其的帕萨拉尔（Paşalar）和坎迪尔（Candir）遗址有大量的该类样本，帕萨拉尔遗址是前面介绍过的三个中新世遗址之一，至少有 1600 万年，要比特南堡（Fort Ternan）遗址早了两百万年。

土耳其古猿最早是在 1970 年由海恩·托宾（Hein Tobien）在帕萨拉尔发现的少部分零碎牙齿而为人所知。自那以后，又先后发现了将近 2000 件样本，其中包括 15 件上颌骨和下非洲板块和欧亚板块融合的三个阶段。在 2100 万—2300 万年前的阿启塔（Aquitanian）时期，没有任何接触；1700 万年前的波尔多阶（Burdigalian）晚期，只有有限的接触，一些哺乳动物包括醉猿迁徙到欧亚大陆，但此阶段没有人猿科物种的迁徙；1400 万—1500 万年前的塞拉瓦勒期（Serravalian），有着大规模的接触，这时人猿科物种第一次出现在欧亚大陆上。

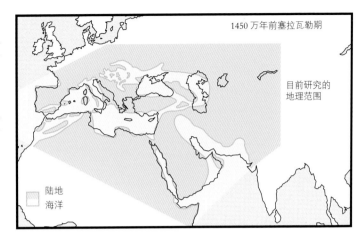

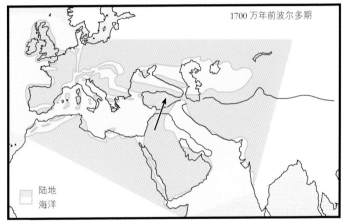

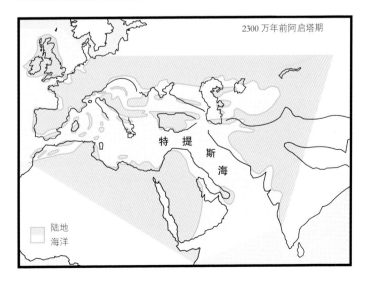

颌骨，以及 17 件手部和脚部骨骼，但是迄今为止最为常见的样本依然是单颗的牙齿。如前所述，这是由于该遗址高度破坏性的埋藏方式所导致的。除非碰上特别好的运气，想要在帕萨拉尔找到一个更加完整的头骨或者骨架几乎是不可能的，即便这样，现在已有的这些样本也足够用来回答土耳其古猿究竟是什么样了。土耳其古猿的下颚非常强壮，像肯尼亚威克古猿化石，下颚的前部似乎有巨大的支撑，但其上颚却并不强壮。

　　如前所述，土耳其古猿的臼齿类似于赤道古猿非洲种，都同样有着前牙、门齿、犬齿以及臼

土耳其帕萨拉尔遗址发现的两颗门齿，这是两种形态的化石人猿类共存的例子。右侧的是土耳其古猿阿尔帕尼种，一个原始但厚牙釉质的物种，左边是一个新物种——肯尼亚古猿土耳其种，代表着非洲猿类和欧亚大陆新演化出的古猿的最早期的联系。

齿，但这并不能表明其进化关系，因为这些许多的特征都出现在早期猿类的身上。

然而，在帕萨拉尔发现的第二个物种，最近被命名为肯尼亚古猿土耳其种（*Kenyapithecus kizili*），它也有类似于土耳其古猿和赤道古猿非洲种的臼齿，而且它门牙上有一系列与肯尼亚威克古猿共有的衍生特征，而不是与赤道古猿和土耳其古猿阿尔帕尼种（*Griphopithecus alpani*）所共同的原始特征。这是能很好地说明帕萨拉尔的

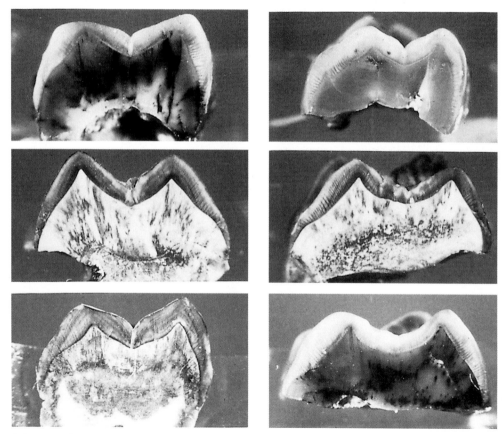

很多中新世早期的古猿和原始的狭鼻灵长类的牙齿上有着薄牙釉质，现今的黑猩猩和大猩猩也是如此，但很多中新世中期的猿类，包括这里展示的帕萨拉尔遗址的猿类有着厚牙釉质，这被认为是为适应更硬、更粗糙的食物而强化了的牙齿。

根据碳同位素和地层学所得出的帕萨拉尔遗址丰富的动物群信息，可以重构土耳其古猿阿尔帕尼种的生活环境。这一古猿很可能部分时间在地上生活，尽管它是生活在亚热带森林环境中，但这森林还没有浓密到能使如它这样大的动物可以在树间穿梭的程度。

肯尼亚古猿土耳其种和特南堡的肯尼亚威克古猿关系的证据，这证据足够强硬，所以它们现在被归于同一个属。相反地，土耳其古猿和赤道古猿之间的很大的相似性除了表明它们都有着中新世中期猿类一般化的且很可能广泛分布的形态之外，并不能进一步说明其具体关系。

帕萨拉尔遗址的土耳其古猿化石可以为那个特定的时间窗提供太多太多的信息了，通过对土耳其古猿的研究表明，它习惯以坚硬的水果为食，这与非洲猿类不同，而类似于红毛猩猩。颅后解剖学特征表明，土耳其古猿是树上和地面生活相结合的，但是其适应的方式与之前谈到的早期非洲古猿仍有不同。

这两种行为方式与重建的中新世帕萨拉尔的环境相吻合。沉积物表明，帕萨拉尔当时是季节性气候，雨季和旱季相互交替。哺乳动物动物群与现今的热带和亚热带林地的动物群相似。中新世中期居住在欧洲的最早的猿类的生活环境也类似于今天印度中部和东北部的季风雨林。如今这些地区大部分变成了草地，只在其中点缀分布着一些林地，而那时土耳其古猿在这亚热带森林中所占据的生态位也与在东非热带森林中的中新世早期猿类一样。中新世中期的气候比现今温暖，因此许多地中海周围的亚热带土地可供猿类生存栖息，而在今天这是不可能的。

加泰罗尼亚皮尔劳尔猿（*Pierolapithecus catalaunicus*）

最近发现了另一个来自于中新世的西班牙古猿。这一加泰罗尼亚皮尔劳尔猿生活在距今 1250 至 1300 万年间。它在时间上比土耳其古猿阿尔帕尼种略晚，并且在形态上也有很大的不同。它的臼齿细长，这在人猿科灵长类中是非常罕见的，它的头骨与非洲古猿一样都有一个较长的倾斜的面部，它同样拥有一些大型猿类高等的特征，例如深上颚和高颧骨。然而最重要的是，它的颅骨与颅骨后的骨架有一部分相关联（尽管没发现四肢骨），同时这些也显示出原始和衍生特征的混合。手指较短，与其他的古猿相似，而不同于现存的猿类（以及森林古猿，参见第 135 页），这表明其缺少在树枝间悬挂的能力。另一方面，其锁骨、肋骨和脊椎骨的特征也表明其较为扁平的胸部更像那些现存的大型猿类，这说明其直立的姿势与猴子以及其他大多数中新世的猿类有很大的不同。加泰罗尼亚皮尔劳尔猿似乎因此一直是直立的攀爬者，就像今天的黑猩猩一样，但是缺少现存猿类的树上悬挂能力。这让许多人开始怀疑目前公认的猿类的进化理论，这一理论假定猿类直立行走的发展与其在树枝间悬挂的能力有关。然而，正是这些许多大型猿类的特征的存在，使得加泰罗尼亚古猿在进化上占据着现存猿类以及人类（人科）祖先的位置，并且由它可知，早期的原康修尔猿、非洲古猿以及土耳其古猿并不在人类祖先的谱系上。

第五章 | 安卡拉古猿
亚非之间

1996 年，在土耳其新发现的一枚猿类头骨化石颠覆了许多古人类学上的认识。该头骨是在 1995 年发掘距今 900 万至 1000 万年前的沉积物时被发现的，同时出土的还有许多哺乳动物化石。这枚头骨被归类为安卡拉古猿，因为它和一个 1980 年发现的更大但不完整的猿类面部化石有些相似。在本书的第 263—266 页将有关于安卡拉古猿生活习性的描述，但在这里我们主要来谈谈该头骨的发现如何改变了我们对猿类和人类进化的认识。

安卡拉古猿头骨保存了大部分的面部和头骨正面。头骨主人的体重约有 29 千克（64 磅），相当于一个雌性倭黑猩猩（矮黑猩猩，生活于非洲刚果河以南）。下颌骨非常发达，牙釉质看起来

土耳其的斯纳普（Sinap）遗址，这是早先的安卡拉古猿化石出土的地方，1994 年这里开始了更大规模的发掘，第二年就发现了下页的头骨。

很厚，并且下颌骨的形状和现存的雌性猿类相同。该安卡拉古猿是雌性，而 1980 年发现的面部化石属于雄性，有趣的是，两者的犬齿都小于现存猿类。雌性和雄性都拥有小犬齿从前被认为是人类特征而用于区别人类与猿类，因为雄猿通常有大而突出的犬齿。

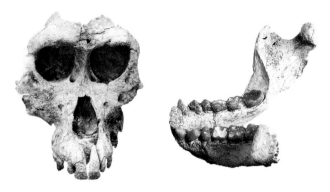

（左图）安卡拉古猿的颅骨，迄今保存最完整的化石猿类的头骨之一；（右图）同一遗址出土的下颌骨，可能与颅骨属于同一个体。

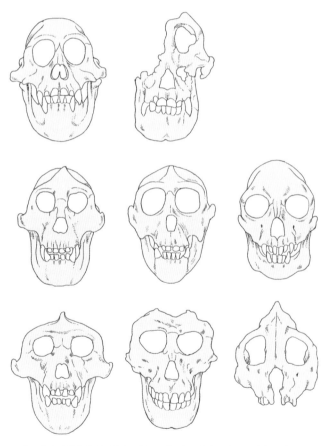

化石猿类头骨的差异：最上一排显示的是红毛猩猩（左）和安卡拉古猿（右，参见下一部分）的相似性；中间一排是森林古猿（左）和山猿（中）的粗壮的头骨与原康修尔猿（右）纤细得多的头骨进行比较；最下一排是希腊古猿（左）和安卡拉古猿（中）进行比较，最右的是更早的原上猿头骨。

安卡拉古猿的前牙（门牙）尺寸差别很大，这一点与现存红毛猩猩（生活于东南亚）相符，但与现存非洲猿类不同。而另一方面，安卡拉古猿眼睛的宽度和高度差不多相等，这更类似非洲猿类而非红毛猩猩和西瓦古猿（以印度湿婆神 Siva 来命名的猿，见下一章）。从侧面看，安卡拉古猿的脸垂直且有非常发达的眉骨。总体看来，它的侧面与希腊古猿（见第135—136页）和森林古猿相似，而与红毛猩猩及西瓦古猿凹陷的面部不同。

此外，安卡拉古猿与红毛猩猩还有一点相似之处——它们都有狭窄的眼间距。但从其他方面来看，安卡拉古猿却更像非洲猿类以及更早的中新世化石猿类。鼻底略呈梯状且人中较长，与非洲猿类相同。前颌骨（支撑上门牙的骨头）细长且朝向前方，这与早期化石猿类（如原康修尔猿）和晚些时候的森林古猿等不同。这些混合特征提示我们：这

些猿类并不像我们曾以为的那样在人类进化史上紧密相连，也就使得如何明确安卡
拉古猿的进化地位成为难题。

安卡拉古猿与希腊古猿也有一些相似之处：宽且低的前排牙齿，眼睛形状；而
上文提过的小犬齿区别于非洲猿类而与人类相似，但明显的眉骨又不同于人类而与
非洲猿类更相近，甚至与非洲猿类的眉骨也还是有所不同。安卡拉古猿和希腊古猿
看上去也有明显不同的地方，比如一个眼间距窄一个眼间距宽，但这点差异与关系
密切的倭黑猩猩和大猩猩之间的差距比起来不算显著。

安卡拉古猿的头骨特征集不同化石猿类所特有的头骨特征于一体。其中一组
特征指向东方的猿类，如西瓦古猿和红毛猩猩，而另一组特征却指向西方的猿类，
如希腊古猿和森林古猿。要搞清楚代表中新世猿的这些多样的猿类之间确切的关
系，就需要对这些特征的细致清晰的分类。但是现在看来还没有这样的明确分类，
没有一项和红毛猩猩有关的东方形态特征，也没有可能和非洲猿类相关的西方特
征。这两组形态特征都部分体现在安卡拉古猿身上，因此安卡拉古猿若只和其中一
组古猿后代相关，那么不符合这组古猿后代的那些特征就必须被解释成趋同进化，
但从进化角度看意义并不大，况且，这样一来那些相同的特征就不能用于区分其他
化石猿类了。

比如说，窄眼间距是西瓦古猿和红毛猩猩的共同特征，因此两者被认为存在
进化上的关联。安卡拉古猿也具有这个特征，因此也被认为和红毛猩猩有关联。然
而，如果安卡拉古猿和红毛猩猩并没有关联，那么安卡拉古猿的窄眼间距被解释为
祖先猿的特征会更为准确。同理，森林古猿与希腊古猿被认为和非洲猿类相关，
因为他们都有明显的眉骨；安卡拉古猿也有明显的眉骨，所以貌似安卡拉古猿和
它们也有关。然而如果安卡拉古猿实际上是和红毛猩猩相关，那眉骨明显这一特
征也得被解释成进化趋同。其实，我们可以先不进一步研究安卡拉古猿在谱系和
进化上的重要性而更多地从功能的角度来分析它的诸多特征，何况，安卡拉古猿
看起来和现存的任何猿类族群都没有联系，所以趋同进化的解释似乎更为合理。
本书随后将以安卡拉古猿为例来诠释功能和进化史之间的相互作用（系统演化，
phylogeny）。

第六章 | 西瓦古猿

红毛猩猩的祖先？

　　20 世纪初，在印度北部西瓦利克山（Siwalik）大量的化石发掘工作中发现了两具猿类化石。19 世纪的大部分时间里，发掘工作其实都在进行，但却一直没有什么进展，而在这次发现之后，各种化石就如雨后春笋般地冒出来，近几十年，随着哈佛考古人员到巴基斯坦边境上的西瓦利克遗址进行探险和发掘，这一地区的化石又继续高产起来。化石是不知道政治上的区域概念的，而事实上西瓦利克山是喜马拉雅山脉向南延伸的丘陵地带。

　　1930 年，美国的一位古生物学家爱德华·刘易斯（G. Edward Lewis）发现了自认为与现代人类非常相似的新化石。这些化石有许多独一无二的人类的特征，例如圆润的下颚、

西瓦古猿印度种生活环境复原图。该种猿类的颅后骨骼显出其有着部分地面生活的适应性，它也是生活在亚热带季风雨林和开阔地带的混合环境中。

较小的犬齿以及扁平的面部。腊玛古猿（*Ramapithecus*）就此诞生了。几十年来，腊玛古猿一直被认为是早期人类的祖先，这就把人类的起源回溯到了 1200 万年前。然而 1960 年至 1970 年发生的三件事情证实了这一推断是错误的。第一是用分子生物学的方法来研究物种之间的关系，结果发现非洲猿类与人类的亲缘关系要比红毛猩猩更近一些，而它们的分离时间比腊玛古猿更晚。第二则是已被确定为腊玛古猿的非洲化石并没有上述腊玛古猿的三个特征。第三也是最为重要的是，新发现的保存更为完好的化石显示，首先腊玛古猿应该是西瓦古猿的一个分支，其次就是西瓦古猿与红毛猩猩的亲缘关系更近，而不是与人类。

西瓦古猿西瓦种（*Sivapithecus sivalensis*）的上颌骨，西瓦种是这一个属的小型猿类，之前被称作腊玛古猿。

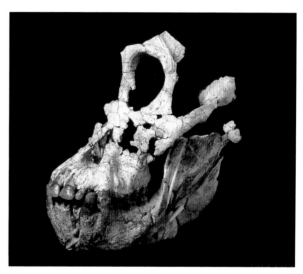

西瓦古猿印度种（*Sivapithecus indicus*）的头骨，显示出其与红毛猩猩的相似性：凹陷的面部，眼间距窄，增大的颧骨（面颊）区。

与红毛猩猩的关系

这一西瓦古猿的新化石有着显著的类似于红毛猩猩的特征。它们的颅骨是相同的碟状，从侧面观察时能看到向内凹陷，两眼之间的间距较小，这一点与大多数的猿类不同（安卡拉古猿的眼间距也同样较小，这就导致在一段时间内其被误认为是西瓦古猿）；面颊很宽且朝向前方而不是像大部分猿类那样部分侧向（森林古猿的面部也是朝向前方的，这就使得一些人类学家会认为其与西瓦古猿和红毛猩猩有联系）；它们鼻与嘴的底部之间被称为鼻唇的区域的精细形态跟红毛猩猩更为相似，与其他的古猿和现代猿类都不同。

107

红毛猩猩展示它的敏捷身手，它用一只手臂悬挂着，同时用双脚和另一只手稳稳地拿住一个榴莲。

108　　　在其他很多方面，西瓦古猿就和同时期的其他类人猿一样。它的牙齿与肯尼亚古猿（*Kenyapithecus*）、土耳其古猿（*Griphopithecus*）和安卡拉古猿（*Ankarapithecus*）有一点细微的差别，实际上基于这样的相似性，所有的这些化石在同一或不同时期都被划分为西瓦古猿这个属。西瓦古猿的臼齿很大并着很厚的牙釉质，下颌骨非常粗壮。它的头骨轻巧，虽不重但与现代的巨猿一样有骨嵴。这些特征不能将它与其他的猿类区分开。它手臂的骨骼显示它

109　们仍然可适应在树上的生活，虽然它们大部分时间都在地面上。所有的这些特征与现存猿类的一系列共同特征都不同，可能存在于它们共同的祖先身上。

　　　红毛猩猩的祖先还可能是来自于泰国的两类呵叻古猿（*Khoratpithecus*）。呵叻古猿仅有的化石是一个下颌以及几颗牙齿，就特征来看，西瓦古猿具有的而红毛猩猩没有的特征可能是与这个亚洲的猿类所共有的衍生特征。最

早发现的西瓦古猿化石已经距今1200多万年，这就告诉了我们，西瓦古猿与非洲猿类在这一时间点之前就已分化，而人类祖先支系与非洲猿类的分化则要晚于这一时间。一直到距今 700 万— 800万年前，巴基斯坦仍然有西瓦古猿，这差不多正是皮氏呵叻古猿（以其发现者 Piriyai Vachajitpan 来命名）生活的时间。而这一古猿

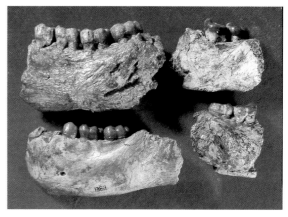

西瓦古猿属的四个下颌骨展示出由左边的西瓦古猿印度种（*Sivapithecus indicus*）到右侧的西瓦古猿西瓦种（早先被划分为腊玛古猿）的大小差异。

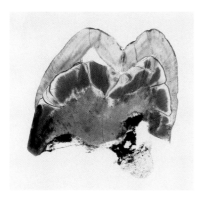

西瓦古猿西瓦种一颗牙齿的剖面，显出厚厚的牙釉质。

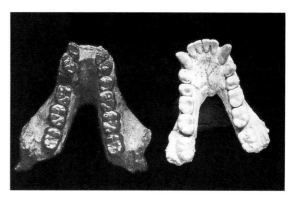

巨猿比拉斯普尔种（*Gigantopithecus bilaspurensis*）的下颌（左），它与西瓦古猿生活在同一时期，可能是后来的巨猿的祖先。这里将它的下颌与希腊古猿（*Graecopithecus*，见下一章）的进行比较。

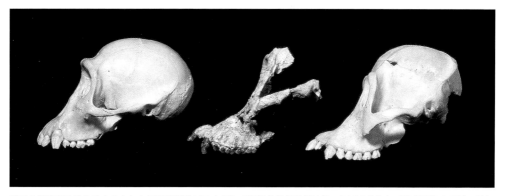

西瓦古猿印度种的头骨（中）与左侧黑猩猩的以及右侧红毛猩猩的头骨进行比较。西瓦古猿和红毛猩猩都没有眉骨且脸部凹陷。

无论是在年龄和形态上都与后来的西瓦古猿类似。而这两个生活年代与形态不同的
西瓦古猿非常的相似。与此相反的是，与西瓦古猿生活在同一时期的来自中国的禄
丰古猿（*Lufengpithecus lufengensis*），发掘出了大量单独的牙齿、头骨碎片和下巴，
但它与红毛猩猩却几乎没有什么相似之处。

地面生活与树上生活

西瓦古猿所生活的环境并不是现存猿类所适应的典型的林地。而是一个由亚热
带森林、开阔的林地，甚至一些没有树木的地形组成的混合的环境。这与非洲的肯
尼亚古猿和土耳其古猿的生活环境非常相似，尽管后来土耳其的安卡拉古猿可能更
为适应开放的环境。

西瓦古猿的生活方式与其他厚牙釉质的猿类相似，它们以水果为食并且一部
分时间生活在地面上，而四肢骨也证明了它们是部分适应于地面生活。这里存在一
个问题，如果把西瓦古猿作为红毛猩猩的祖先，可现在的红毛猩猩更愿意生活在树
上，这令人费解，难道红毛猩猩的祖先生活在地面上，且没有现存猿类都有的适应
在树上悬吊运动的特征？几乎没有证据能够证明西瓦古猿有在树枝间悬吊的适应性
状，而这也引起了一些人类学家对西瓦古猿与红毛猩猩之间亲缘关系的怀疑。这一
疑问至今仍然没有得到解决。

这里值得一提的是巨型古猿——巨猿（*Gigantopithecus*），它很可能是源出西瓦
古猿。巨猿的一个支系确实与西瓦古猿被发现于印度的同一遗址，后续也在中国的
东部以及东南亚发现其化石。巨猿将巨大的牙齿和强壮的下颌发展到了极致，并且
它的体型比现存的雄性大猩猩要稍大一些（尽管这里没有直接证据），而牙齿则比大
猩猩大得多。原始部落记忆中的"雪人"（生存在喜马拉雅山高处似人或似熊的巨大
长毛动物）可能就是巨猿，因它有着庞大的体型且一直存活到更新世晚期。

第七章 | 现存猿类的祖先

两类古猿与后来人类的进化有很大的关联。它们分别是希腊古猿（*Graecopithecus*，有时也称为欧兰猿 *Ouranopithecus*）和森林古猿（*Dryopithecus*）。这两类被分进了前文所述的两种截然不同的古猿组别中：厚牙釉质猿类季节性地半地面生活；而薄牙釉质的猿类生活在亚热带森林，在树上生活，用上肢在树枝间悬挂移动。希腊古猿属于前者，它的化石有几副下颚骨和上颌骨，以及一个相当完整的头骨（参见第 138 页）。它有很多特征能使其与非洲猿类和人类联系起来，尤其是相对垂直的面部、鼻子的形态以及鼻与口之间的鼻唇沟。虽然它的躯干骨骼只残留有两个指骨，不足以用来确定希腊古猿的行为方式，但它们的形态表明其有很强的地面适应性。虽然目前还不清楚希腊古猿与其他古猿的关系，尽管之前将它与安卡拉古猿（*Ankarapithecus*）和森林古猿两者相关联。它与现存的人亚科（hominines）的相似性表明它可能与人亚科的祖先相近。

神秘的森林古猿

自 19 世纪森林古猿化石首次在法国的圣高登斯（St Gaudens）发现，人们对它的了解仅仅来自于几个下颌骨以及几颗零散的牙齿。20 世纪中叶，新的发现极大地充实了样本的数量，特别是西班牙 Can Ponsic 的 Can Llobateres 遗址，以及匈牙利的鲁道巴尼亚（Rudabanya）遗址。这些遗址距今大约 900 万至 1000 万年，在时间上稍晚于圣高登斯遗址（距今 1100 万至 1200 万年）。这些遗址都发现了森林古猿的头骨，前者还发掘出了部分骨架。有了这么多新的发现，大家可能认为森林古猿既是最为人所知的猿类，又是一个有着最清晰的近缘关系的种类。前一个观点是无疑是正确的，而后一个——对于森林古猿的进化地位的判断却还是存有分歧。

森林古猿（*Dryopithecus hungaricus*）的复原图，该化石出土于匈牙利的鲁道巴尼亚（Rudabanya）遗址。这一种类的化石总是发现于富含有机质的沉积物中，潘诺尼亚湖（Pannonian Lake）退缩后留下的浅浅的带有沼泽林的溪谷，而这可能是这类古猿生活的地方。

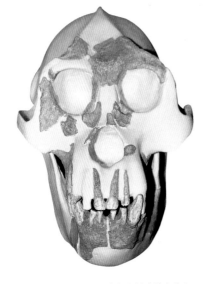

112

在西班牙的 Can Llobateres 发掘出的森林古猿（*Dryopithecus laietanus*）头骨复原图。这一较好的头骨是和数不清的零碎骨骼一起被发现的，这使之成为了现今最完整古猿化石之一。

与其他的古猿一样，森林古猿的头骨非常轻，且与安卡拉古猿一样有相当发达的眉脊。这一特征与西瓦古猿的头骨有差别，其他方面的差异主要是鼻子相对较窄以及两眼之间的距离相对较宽。然而像西瓦古猿一样，森林古猿的脸颊区域也是平的，并且与安卡拉古猿一样向前倾斜。森林古猿的鼻子和嘴的底部有原始猿类的特征，与原康修尔猿和土耳其古猿没有什么差别。它的牙齿相对较小，牙釉质也没有同一时期猿类的那么厚，事实上，就牙齿来说与原康修尔猿也只有极细微的差别，例如缺少原康修尔猿的齿带（cingulum）。

森林古猿（*Dryopithecus fontani*）的代表性化石，在达尔文《物种起源》发表的 1856 年的三年前发现于法国南部的圣高登斯。直到 20 世纪中叶有更多化石被发现之后，科学家们才着眼于去研究这一物种。

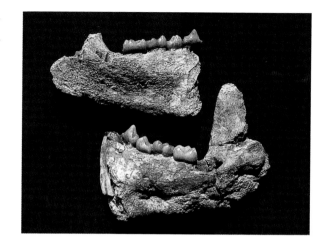

希腊发现的三副希腊古猿下颚化石。中间的一副损坏严重，只有一颗臼齿还在牙床上，旁边两副同类的化石也被一些科学家分类为欧兰猿（*Quranopithecus macedoniensis*）

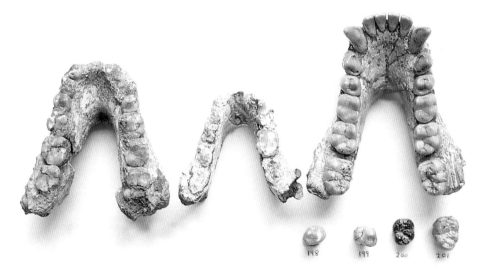

树栖生活

　　森林古猿的一系列特性使得人们对其进化关系充满了困惑。它有些特点很像红毛猩猩，有些又像非洲猿类，更有一些是与两者都不一样的原始特征。然而在一个方面，森林古猿一点也不原始，并且与其他的猿类不同。森林古猿的四肢骨非常适合悬挂在树上，就像现存的猿猴一样，而这种特性在其他的古猿中非常少见。特别是，它的双腿与红毛猩猩一样，非常灵活，它的手也非常大而有力，它的手指能够很好地拉伸，并且有强壮的肌 113

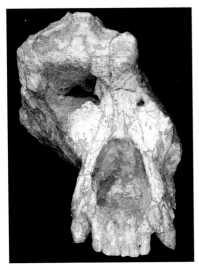

希腊古猿的头骨。头骨的上部因受压而扭曲了，头骨表面也有相当大的缺失。与大部分现存的猿类和古猿相比，它头骨下半边脸更垂直，鼻子和前颌骨与人亚科的类似，这可能表明希腊古猿与现存的非洲猿类和人类有关。

肉能够紧紧地抓握住树枝。这些特征都表明森林古猿生活在树上，很少或几乎没有机会在地面生活。这与我们已知的森林古猿生活在茂密的亚热带森林环境相一致。

一些科学家认为，从肢骨的这些特性可知，森林古猿可能是古猿中与现存的大型猿类关系最为密切的，但是仍有一个问题，这些特征在西瓦古猿身上并不存在，而有很好的证据表明西瓦古猿与现存的大型猿类红毛猩猩是有关的。如果大型猿类的共同祖先像森林古猿一样有这些在树枝间悬挂移动的特征，如果西瓦古猿是红毛猩猩的祖先，那么它也应该有这些特征。然而事实并非如此。

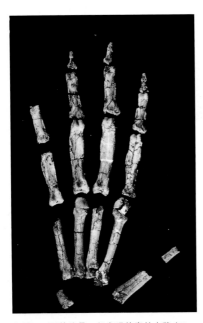

与第 136 页的头骨一起发现的森林古猿（Dryopithecus laietanus）的近乎完整的手骨。手骨的比例很值得一提，与掌骨相比，它的手指很长。在现存灵长类里还没有与之类似的，但在古猿中可看作是能强有力抓握的特征。

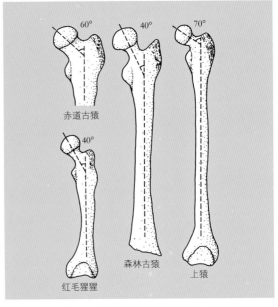

森林古猿的股骨与红毛猩猩和其他两种化石比较，这两种化石是在鲁道夫（Neudorf）发掘的上猿（Pliopithecus vindobonensis）和从马博科岛发掘出的赤道古猿非洲种（Equatorius africanus）。森林古猿的股骨头部的垂直走向是与红毛猩猩相似的，表明其下肢有着高度的灵活性。

山猿，一个岛屿物种

一个叫做山猿（*Oreopithecus*）的古猿可能也有一些和森林古猿一样的悬吊运动的特征。这种晚中新世初期的猿类仅生活在意大利和撒丁岛，但却因一具几乎完整的骨架以及一些牙齿和下颌而为人们所熟知。它有着修长的手臂和灵活的腿部，和森林古猿一样适应在树上的生活，但最近有人声称，它们也同样适应地面生活。此外，还有人指出，当在地面上生活时它像人类一样双足行走，而不是像猿类那样四肢行走。山猿的牙齿也非常有特点，它们不同于任何一种古猿，这种特点可能是由于其生活的环境是一个与欧洲大陆隔绝的岛屿。当时意大利还是一个岛，化石遗址覆盖了整个茂密的亚热带沼泽森林。它牙齿的特殊性可能是由于这种隔离效果而导致的，岛屿上缺少捕食者对其牙齿的进化可能有影响。如果不是因为这些，山猿应该是与森林古猿更相近，或者说紧密相关。

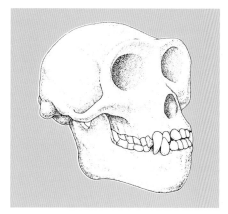

意大利发掘出的山猿的复原图。脸部相对较短，不像现存猿类的长脸，这使得早先有观点认为山猿是人类的祖先。如今已知山猿是其他古猿相近，而与人类祖先无关。

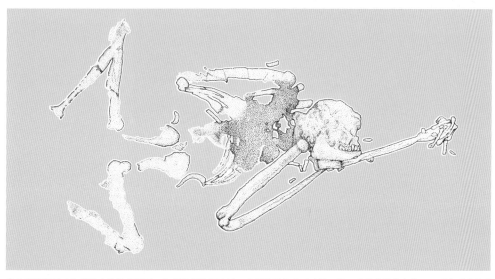

意大利的煤层中复原的山猿的骨架图。这具骨架被压扁过，大部分骨头是破碎的，但一些肢骨足够完整，可看出手臂比腿长得多，这是现存猿类适应树栖生活的主要适应特征。

第八章 | **最先站起来的猿**

在中新世晚期的猿类中寻找人类祖先

　　一直到最近，人们对于非洲中新世晚期的猿类依然知之甚少，但是现在已对其中一些种类有了一定的了解。

　　桑布鲁古猿（*Samburupithecus kiptalami*）是在肯尼亚桑布鲁山的距今 950 万年的沉积岩中发现的，仅有一个上颌骨的化石，虽然这个化石看起来像是猿类，但是却与现存的猩猩（或者人类）没有任何共同的特征。来自埃塞俄比亚的脉络

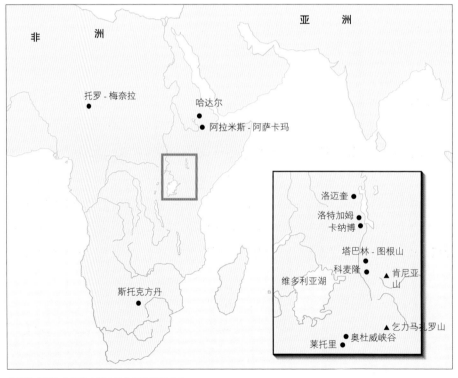

中新世晚期和上新世非洲人族化石的地理分布

猿（*Chororapithecus abyssinicus*）与桑布鲁古猿非常相似，它们都与大猩猩有共同的特征，例如白齿顶部的凸起更大，不过这也可能是为了适应更加纤维化的饮食结构，而不具有进化上的分类意义。脉络猿可追溯到距今 1000 万年前，主要是证据是九颗孤立的牙齿化石。这两种古猿与早期古猿有许多相似之处，它们都有许多原始的特征，桑布鲁古猿的厚牙釉质与强壮的下颚与中新世中期的化石相比要稍微高等一些。在肯尼亚北部纳卡里山谷距今 980 万的沉积中发现的仲山纳卡里猿（*Nakalipithecus nakayamai*）与欧洲的厚牙釉质猿类有着些许相似之处，特别是那些长而轻巧的下颌骨，当然这也可能是其共有的祖先特征。

这些中新世晚期的猿类的栖息环境，现在已经很难复原，然而它们有一个显著的特征就是都有很厚的牙釉质。来自非洲和欧亚大陆的有相似特征的猿类都能适应在季节性林地到开放的森林环境中生活，并且能够适应一定程度的地面生活。而另一组猿类居住在潮湿、弱季节性的森林中，它们生活在树上，采用在树枝上悬挂荡跃的方式运动。它们的下巴更加轻便灵活，牙齿也相对较小，因此它们的食物肯定是相对较软的水果。目前仅在欧洲和亚洲发现它们生活的痕迹。

认出人类的祖先

从猿类中区别出最早的人类祖先的关键问题是哪些特征可以将人类与猿类区分开？有各种可能的猜测，例如脑容量的增加、两性差异的减少、双足直立行走、牙釉质增厚、白齿磨损的减少等。前两个猜测可以被立即排除掉，因为脑容量增加发生在人类进化的后期，在距今 200 万之后，两性之间的差异依然很大。厚牙釉质的特征在原始人类中非常常见，但正如我们所看到的，这一特征也普遍存在于古猿中。同样地，白齿磨损减少在古猿的几个支系中也确实存在。我们唯一能够用来区分人类祖先的特征就是双足行走，但是我们要问一句，这就足够了吗？是否有一些与人类没有亲缘关系的猿类也是双足行走呢？这是否让它们也成为了人类的祖先？有一些猿类部分地适应了地面的生活，这被视为逐渐演变为双足行走的前提。现在我们将带着这些疑虑来考察已有证据。

115

最早的原始人类?

最近已发现了最早的人类化石之一（距今 700 万—600 万年之间），它不是来自于东非大裂谷，而是来自于乍得湖附近的托罗—梅奈拉（Toros-Menalla）遗址，被命名为乍得沙赫人（*Sahelanthropus tchadensis*）。这是一个非常完整的头骨，头骨和牙齿较小，脸部较短，有较凸起的眉脊以及厚厚的牙釉质。这种组合特征在古猿中非常少有，古猿通常都有较长的脸部、较为扁平的眉脊以及很大的臼齿和犬齿。同样，如我们所见，这样的组合特征也不存在于后来的人类中。

与其年代相近的是新近发现的另一类化石，肯尼亚北部的图根原人（*Orrorin tugenensis*）。这些距今 600 万至 580 万年的牙齿和四肢骨向我们展示了图根原人与乍得沙赫人一些有趣的区别。图根原人有着较厚的牙釉质，这一特征也出现在乍得人以及后来的古人类（以及许多古猿）中；但是图根原人的犬齿大而尖，与猿类相似，而乍得人与后来的古人类则与此相反。图根原人的股骨头要比上新世晚期的人猿类更大，这被认为是双足行走的证据，即使有这样的特征，它依然很像与它体型相似的猿类以及现存的黑猩猩。

在此之后，在埃塞俄比亚（阿瓦什第三地点）发现了卡达巴地猿（*Ardipithecus kadabba*）的化石，距今 580 万至 520 万年。它有小而突出的犬齿，能与第三颗臼齿配合，很好地磨碎食物，这一特征与图根原人相似，而与人猿类不同。它与图根原人一样都有相对较小的臼齿，但是目前仍不清楚这是否是保留了猿类祖先的特征，因为厚牙釉质的猿的臼齿都相对较大。随后发现的距今 440 万至 420 万年的始祖地猿（*Ardipithecus ramidus*，地猿的始祖种）与卡达巴地猿很相似，特别是小臼齿。此外，卡达巴地猿与猿类非常相似的小乳牙在后来的原始人类身上也变大了。新近发现的始祖地猿的零碎头骨以及部分骨架显出其有着有趣的组合特征（参见下页图示）。跟所有的猿类一样，它脚部也有大脚趾，而就其身体结构而言，其盆骨上部与人类相似，而盆骨以下窄而细长，跟现存猿类一样。相对于手臂来说，它的腿部较短，像巨猿那样。与猿类和人类相比，一个较为显著的特点就是，其四肢骨相对较为短小强壮。然而，应当强调的是，地猿的这两个种类的许多特征很可能是保留着的祖先原始特征，但这并不能说明他们是属于猿类而非人类。另一方面，由于缺少与后来的古人类共有的明确的特征，特别是双足行走的证据有限，因此必须对地猿在人类进化中的位置持谨慎态度。

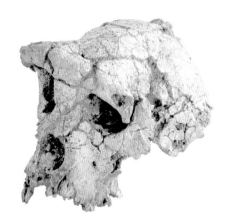

乍得的托罗－梅奈拉遗址的沙赫人头骨。目前尚不清楚该种类能否双足行走。

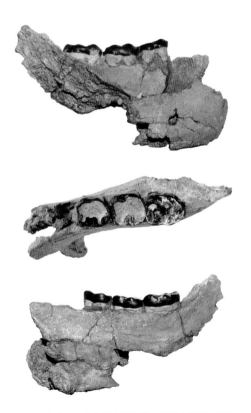

2007 年，在肯尼亚北部纳卡里山谷中新世晚期遗址所发现的仲山纳卡里猿（*Nakalipithecus nakayamai*）化石。它的年代是在 990 万到 980 万年前，那时候只有少数古猿。该化石包括一个下颌骨和 11 个孤立的牙齿，但它们与现存猿类几乎没有相似处。

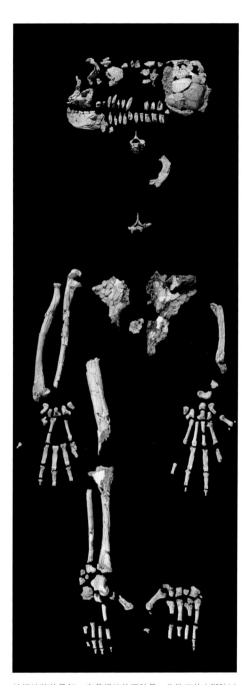

始祖地猿的骨架，有着粗壮的四肢骨，分散开的大脚趾以及相近比例的腿和手臂。将零碎的髋骨复原之后发现其上部较宽，类似于人科物种，而下部和猿类一样比较长。

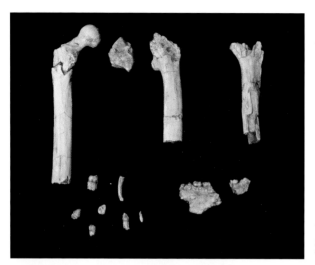

图根山的图根原人化石。股骨头内侧的形态表明图根原人可能已有适应双足行走特征，尽管外侧形态仍和四足行走的中新世猿类相似。

下图　现在被划分为一个单独的地猿物种的卡达巴地猿化石，目前尚不清楚该种类能否双足行走。

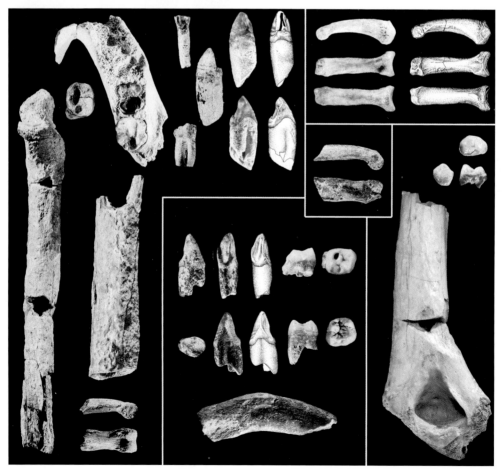

第九章 | 南方古猿

最早的人类

一 "初具人形"

在肯尼亚的卡纳博（Kanapoi）发现了一些较为完整的下颌骨以及一个较为年轻的头骨。下颌骨与那些来自欧洲和非洲的中新世晚期的厚牙釉质猿类非常相似，但是四肢骨，包括肘关节和小腿的一部分骨骼表明卡纳博化石猿是双足行走。这一遗址距今大约 420 万至 410 万年，基于解剖学上的差异，将这一化石命名为新的物种：南方古猿湖畔种（*A. anamensis*）。这些南方古猿是非洲最早人科物种，他们中最早的一个是发现于 1925 年的南方古猿非洲种（*Australopithecus africanus*）。虽然它们的牙齿和下颌类似于中新世猿类，这块化石却为双足直立行走提供了最早的确切证据，但即便如此，这些早期遗址的证据依然零星，难以解释。

另一个头骨来自于肯尼亚图尔卡纳湖西岸的洛迈奎（Lomekwi）遗址。该头骨属于肯尼亚平脸人（*Kenyanthropus platyops*），同时还发现了许多其他的牙齿和头骨碎片。它的历史可以追溯到大约 350 万年前，并且它与较晚期的人科物种的面部特征有许多相似之处，特别是来自图尔卡纳东部的头骨编号为 1470 的鲁道夫人（*Homo rudolfensis*）。现阶段尚不清楚这种相似性的谱系进化意义。

迄今为止最好的证据显示上新世的人科物种出现于距今 400 至 200 万年间。在撰写本书的过程中，一个迄今为止发现的最完整的化石仍处于挖掘过程中。这一原始人科化石被称为"小足"（Little Foot），这是极为偶然并且排除万难才发现的。1994 年，人类学家罗恩·克拉克（Ron Clark）发现了许多原始人科的脚骨，这是以前在南非斯托克方丹（Sterkfontein）收集材料时被忽视了的。这些骨骼有着猿和人类特征的组合，这些特征表明该物种既能在地上行走也能爬树。三年之后，他发现角砾岩中突出的骨头与 65 年前收集的脚骨是一样的。"小足"是一种近乎完整的四肢较为短小的（未命名的）早期原始人科的骨架，与现代人非常相似。它显然是双

肯尼亚平脸人的扁平头骨。除扁平脸之外，它与南方古猿阿法种有很多相似处，现在还不清楚它是否真的与阿法种有很大差异。

足行走，但其大脚趾是与其他脚趾分开的，这使得它能很好地握住树枝。

此外，还有许多来自坦桑尼亚和埃塞俄比亚的同一时期的重大发现即南方古猿阿法种（*Austrolopithecus afarensis*）。最早是在埃塞俄比亚的哈达尔（Hadar）发现了一个膝关节，虽然只有股骨下端和胫骨上端的两段骨头得以保存，但由于有着双足行走的人类膝盖的特殊结构，足以表明这一化石是来自于一位双足行走的人类早期祖先。在接下来的五年中，在哈达尔发现许多其他的化石，其中包括非常著名的绰号为"露西"的骨架，以及可能是由于灾难事件而一起死亡的 13 人的遗骸。虽然有几个化石碎片的年龄超过 400 万年，但哈达尔的大多数的化石都距今 280 万至 330 万年。当时这一区域是沼泽与湖泊，河流让这里郁郁葱葱，与今天干旱和恶劣的环境非常不同。

在此之前，在坦桑尼亚有一个叫莱托里（Laetoli）的遗址。在 20 世纪 30 年代发现了最早的南方古猿化石，此后又发现了许多。在莱托里遗址距今大约 350 万至 400 万年，靠近奥杜威峡谷，当时的环境很可能与今天类似，有着季节性林地、茂密的河谷林地和森林。在莱托里遗址一个非常独特的发现是火山灰中保存的脚印，该脚印现今被认为是南方古猿留下的。奥杜威和莱托里都靠近裂谷的西部边缘，其中一排火山中的一座在那时候喷发形成了火山灰。其中

118

146

有一些火山灰与雨水一起降落，火山灰中富含的盐类使它遇水时迅速变硬，从而保留了许多生活在该地区的包括南方古猿在内的动物的一些足迹。虽然莱托里遗址没有发掘出成人四肢骨，使我们不能肯定它们完全适应了双足直立行走，但这些数据毫无疑问地表明，南方古猿是双足直立行走的。

　　南方古猿阿法种的其他样本包括在肯尼亚北部洛特加姆（Lothagam）发现的一个下颌骨，可以追溯至中新世晚期，距今 500 万至 550 万年。这一物种最初被归类为南方古猿非洲种，但随着南方古猿阿法种被发现，它基于年龄而被划为阿法种。它身上体现出的南方古猿的特征有强壮的下颌骨以及大牙齿，这两者都是我们已知的中新世晚期的一类古猿中所具有的特征。数年之后在塔巴林（Tabarin）遗址发现了另一个下颌骨，距今大约 410 万年，也是基于同样的年龄原因判断其为南方古猿阿法种，在南非的斯托克方丹发现的一组脚部骨骼与东非的南方古猿阿法种生活在同一时期，大约距今 350 万至 330 万年。这块化石与猿类一样，大脚趾与其他脚趾分开用来抓住树枝，而目前斯托克方丹正在发掘更加完整的化石，应该能够为我们提供更加有价值的信息。

　　这些发现丰富了我们对生活在距今 600 万至 300 万年的上新世的人类祖先的认识。他们主要生活在非洲东部，但显然，他们也在非洲中部和南部地区生活，他们是一个广泛分布着的成功的群体。在下一节中，我们将介绍人类进化的后期阶段，包括南方古猿的多样化和智人的起源，但首先，为了划定人类起源的时间和地点，我们有必要对一些上新世化石在解剖学上进行较为详细的说明。

二　早期南方古猿的解剖学特征

　　肩关节：肩关节并没有留下多少化石记录。这是因为肩部的骨头都相对较弱，且肩部周围发达的肌肉是对食肉动物非常有吸引力的。这样一来，肩部几乎是死后首当其冲被破坏的身体部分，只有那些没有被杀死或被肉食者吃掉的才能保留相对完整的骨架，肩部也才能保存下来。有一个上新世的标本，也就是在埃塞尔比亚的哈达尔出土的属于南方古猿阿法种的露西的骨骼就保留有肩部。它具有猿类和人类的混合特征；与人类相似的特征是与肩部相连的上臂关节欠圆形，表明手臂在肩部

119 运动的自由度少；与猿类相似性体现在肩关节点的方向上，在猿类中是向上的，而在人类里是侧向的，这表明当猿类悬在树枝上时手臂是要经常向上举起的。

肘关节：卡纳博的南方古猿湖畔种化石包括了肘关节、上臂（肱骨）下端的一部分。猿类的肘关节有特殊的隆起，这与它们靠指背行走的运动方式有关，而卡纳博化石并没这一特征。并没有证据能够表明这一上新世物种指背行走的特征来自于某种类似黑猩猩的祖先。事实上，这块肘部化石与现代人类的手肘非常相似，最初也是将它归属于智人。卡纳博化石古老的年代让人非常惊讶，这一超过 400 万年的样本比其他任何已知的关于智人的记录都要久远得多。可能主要是由于其距今年代较远的原因，这一标本目前与在卡纳博发现的其他化石一起归于南方古猿湖畔种这一类型。

手部：手骨是另外一个不太容易以化石形式保存的身体部分。然而，南方古猿露西有许多手部骨骼保存了下来，它的手骨有一些与现代人相似的适应特征。大拇指与其他手指之间的比例是其与人类的手部主要的相似点，但在其他方面，露西的手更像猿类，虽然并没有黑猩猩和大猩猩那样特化的指背行走功能。她的手指长而弯曲，非常适合像猿类一样大力地抓握，虽然不及红毛猩猩。露西的手虽然不适合非常精确地抓握，但因为拇指相对长度更长，她的手指会比猿类更加灵活。总的来说，南方古猿阿法种的手仍然非常适应于强有力的抓握，而且来自同一个骨架的肩关节的证据表明其手臂习惯性地朝上举起超过头部，这表明经常在树枝间悬挂移动是它生活的一部分。

直立行走的髋骨证据：如果说手臂为早期南方古猿的攀爬能力提供了证据，那

重构南方古猿阿法种的栖息环境和生活方式。他们可能喜欢生活在森林和林地的环境中，他们在地面上和树上寻找食物，就像今天的黑猩猩一样，但他们也当然会冒险双足行走到更开阔的地方去。

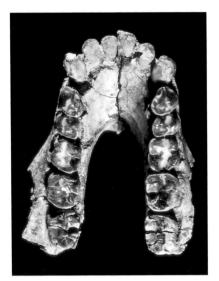

卡纳博南方古猿湖畔种的下颌骨。这一种类的牙齿很大，且有着厚牙釉质的古猿非常相似，但它们的四肢骨显示它们是双足行走的。

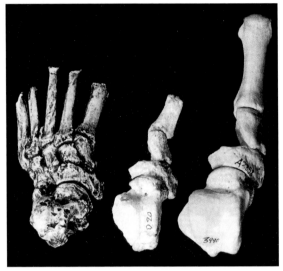

与现代人的脚上的直脚趾和奥杜威峡谷的能人相比较，斯托克方丹化石的脚（中）有着明显不同的大脚趾。

么腿骨也为其直立行走提供了证据。然而证明其直立行走最好的证据却是髋骨。由于人类独特的行走方式，人类与猿类的髋骨有着很大的差别。猿类的髋骨高而窄，朝向前方；人类的髋骨则向身体的左右两侧弯曲凹进，为直立行走提供着支撑，这使得它比猿类的髋骨要宽得多，也要短得多。南方古猿露西的骨架为人类进化的这一早期阶段提供了证据，露西的髋骨就像人类的一样宽而短。事实上露西髋骨以上的胯骨片也要比现代人类更宽，但并没有包绕体侧而是像猿类那样位于后部且朝向前。人类的胯骨向两侧张开为臀肌和一些保持人体直立的肌肉提供附着区。而它在南方古猿阿法种中的缺失表明阿法种在站立的时候保持直立会有困难。始祖地猿的髋骨细长，保持直立会更难。

其中，髋关节的两侧与背椎骨连接区域，称为骶骨，它能揭示古猿的另一个类人特征。对于猿类来说，此关节窄并且位于髋关节的前面，从而使上半身的全部重量落在髋骨前方。这就是为什么我们所知的猿类等动物都靠四肢来行走。然而，对于人类来说，骶骨关节背后的脊椎较宽并且在髋关节的后面，以便直立时上身是平衡的。南方古猿也具有人的特征，除了髂骨之外，骶骨比人类的甚至更宽。这表明虽然南猿阿法种能够站立起来，但仍然较难保持平衡，因为髋部两侧过宽。

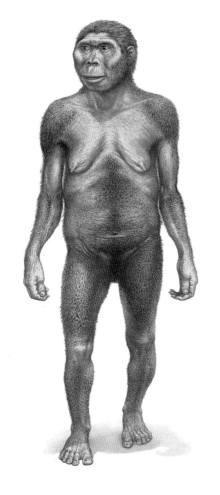
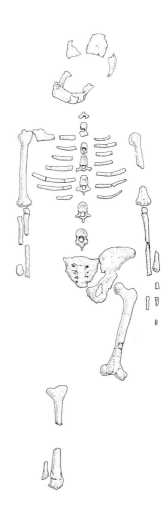

在埃塞俄比亚哈达尔发掘出南方古猿阿法种的部分骨架，她的发现者唐纳德·约翰森给她取名"露西"，并复原如左图。体型显示露西无疑是双足行走的，但她的腿较短，不太可能如现代人一样行走。

大腿骨：对于南猿阿法种来说，大腿骨的颈部也较长，这可能是由于其较宽的髋骨所决定的。腿骨的颈部是大腿骨连接着髋骨的部分。猿类与人类的股骨上部有着相似的比例，而后来的古猿无论是腿骨颈部的长度还是连接髋关节的骨头的直径都不相同。南猿阿法种处于它们之间的中等水平，早期的图根原人其股骨颈部较短而关节头部较大，与中新世的猿类更加相似。后来的南方古猿非洲种以及强壮的傍人，它也同样有着较宽的髋骨以及较长的股骨颈部。但他们都非常相似的是腿部相对较短，像大型的猿类那样。

膝关节：膝关节是另一个能对双足行走起到显著作用的关节。通过膝关节还确定了南猿阿法种是第一个双足行走的猿类。由于人类是依靠脚部和膝关节的支撑得以站立，大腿骨需要大角度的扭转，因为大腿的顶端在髋部处被分得很开。因此，大腿骨与小腿骨在膝关节处以一个尖锐的角度相连，这与猿类的膝关节是完全不同的。猿类在走路和站立时，双脚和双膝分开，使得大腿和小腿在一条直线上，但是南猿阿法种的膝盖却有着与人类相同的角度。在其他方面，它的膝盖保留着猿类的基本特征，因此它的关节更像是猿类的，与其树上生活相适应，但同时又在不断适应双足行走。然而有趣的是，这些适应树上生活的特征通常只是在小型南猿阿法种化石样本中表现得较为明显，而大型的样本都是更像人类的。这是否意味着南猿阿法种的男性和女性的行走方式是不同的？

　　脚部：南猿阿法种的脚部也是兼具猿类与人类的特征。与直立行走的人类一样，南猿阿法种小腿与脚之间是垂直的，并且逐渐进化出了足弓。另一方面，脚趾长而弯曲，如手指一样，并且有一些迹象表明，大脚趾与其他脚趾分开有利于抓握。南猿阿法种大脚趾的骨头遭到了损坏，是不完整的，这就导致了最后结论的不确定性，在南非的斯托克方丹有一相同年龄的脚部骨骼，绰号"小足"，似乎也反映了同样的问题。与之相比，地猿骨架中的大脚趾分得更开。

　　树上生活以及直立行走并存的证据：这一证据有力地表明，南猿阿法种保留了对树栖生活强烈的适应性，特别是其膝关节和髋关节的灵活性以及脚部的抓握力，而与此同时，它的膝关节、髋关节以及脚部又必须适应直立行走的需要。而这些适应，却与在我们现代人类身上的特征并不完全一致。已经部分适应地面生活、居住在季节性林地或者森林中的猿类，大都有这样的适应特征。换句话说，我们不能把双足行走当作判断这些上新世古猿是否是人类祖先的决定性证据。我们也可以进一步质疑，这些适应了双足行走的早期古猿与后来的人类并非是同源的（同源即是遗传上来自一个共同的祖先），因为显然这些类似的功能都可以解释为一种趋同进化。

　　颌骨和颅骨：到目前为止，我们还没有提到头骨和下巴，虽然这些是目前为止发现的化石中最常见的身体部位。地猿的下巴较为轻便，牙齿也不大，不像中新世晚期的猿类化石，但与现存的黑猩猩相似。其他早期原始人类，如乍得沙赫人和图根原人的牙齿也同样很小，但很难说究竟有多小。牙齿大小与身体的大小相关，但这些早期的原始人保留下来的部分过于残缺，很难对其身体大小进行准确的估计。早期的南方古猿，如湖畔种，却有着很大的不同，它们强壮的下颌以及巨大的牙齿

122

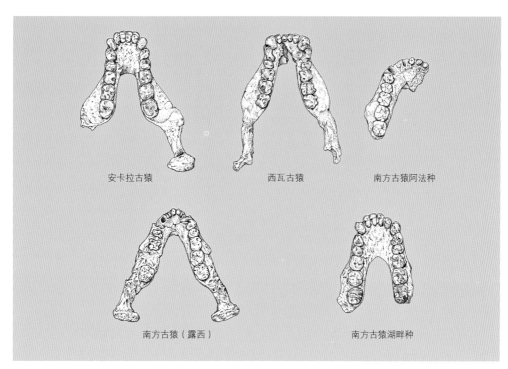

安卡拉古猿　　　西瓦古猿　　　南方古猿阿法种

南方古猿（露西）　　　南方古猿湖畔种

从中新世到上新世人科物种下颚形状和结构的细微变化。安卡拉古猿和西瓦古猿下颌强壮牙槽较直，其他三种为南方古猿的。

与猿类非常相似。南猿阿法种的颌骨和牙齿与之相似，而它的头骨小，相对于身体尺寸其牙齿和颌骨也不比猿类的大，牙齿大小是其根据其身体所预期的尺寸的 1.7 倍。后来的南方古猿牙齿的持续变大，能达到预期大小的 2.5 倍。后来的南方古猿也发展出了一个复杂的系统来缓冲咀嚼食物时巨大的牙齿对头骨产生的压力，但显然这些在南猿阿法种（以及其他上新世的猿类）身体上都不存在。

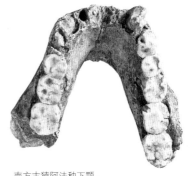

南方古猿阿法种下颚。

中新世晚期似乎有两组平行进化的猿类化石，可以作为上新世人类的祖先。一类拥有较小的牙齿、较轻的下巴；另一类下巴较重，牙齿较大且牙釉质很厚。

后一类，主要是南方古猿，既具有双足直立行走的特征，也有树上悬挂的特征。而前一类，则缺乏直立行走的证据。图根原人的腿骨和中新世中期的猿类化石相似，而地猿的分开的大脚趾排除了它能够直立行走的可能性。

我们已经落后了，我们能回答的远少于我们提出的问题：地猿是南方古猿的祖先吗，湖畔种是阿法种的祖先吗？湖畔种和阿法种会是后来南方古猿的祖先吗？这些人猿会制造石器吗，或许他们制作石器的材料都不坚固，不能保存到现在，就像今天黑猩猩选择的材料一样。这些种类中到底哪一种才是后来人猿甚至是智人的祖先？我们还没有证据来回答这些问题，不过东非和南非的田野工作仍在不断增加新的化石，或许有助于解答这些令人困惑的问题。

命名的含义

这一节，上新世的人科物种南方古猿阿法种显得非常重要，但是对其命名则充满争议。这是一个典型的例子，可以说明对化石物种的命名暗示了它们在进化史上的关系。阿法种是南方古猿属的一个种吗？或许他是南方古猿和傍人的祖先（那将是一个不同的属）？阿法种和湖畔种是同一种类吗？阿法种到底和后来的人科物种，如智人、傍人、南方古猿是什么关系？这些问题都会因为命名而在某种程度上得以暗示性的回答。

南方古猿这一属，是雷蒙德·达特在 1925 年命名的，而阿法种是唐·乔纳森在 1978 年命名的。阿法种的标准样本是在坦桑尼亚的莱托里发现的，但此前这个遗址已经发现了一个同类的样本，但命名不同。这个此前的样本是德国人类学家汉斯·韦纳特 1950 年发现的，命名为 *Praeanthropus africanus*。后来人们发现 1978 年发现的化石和韦纳特发现的化石是同一种类的，但是达特 1925 年已经把南方古猿中的一种命名为 *africanus* 了，于是这个新发现的种类只好杜撰了一个名字，阿法种。

124　三　南方古猿非洲种

达特的惊天之论

上个世纪初，并没有发现任何化石证据能够证明达尔文关于人类非洲起源的推论。早期的人类化石大多出土于欧洲和爪哇，而在非洲并没有任何重要发现。1921年，在布罗肯山附近，也就是当时的北罗得西亚（现在赞比亚的卡布韦）的一处矿山发现的人类头骨化石，终于改变了这一现状。接着在 1924 年的年末，在南非汤恩（Taung）的一个石灰石采石场又发现了一枚化石头骨。一位名叫雷蒙德·达特（Raymond Dart）的澳大利亚解剖学教授研究了这一枚头骨，他的研究成果于 1925 年发表在《自然》杂志上。这枚化石头骨包括了头骨的前部以及面部，从他的下颚里发现的乳牙和恒牙可以看出这枚头骨的主人还未成年。因头骨的内部完全被石灰石的沉积物所填充，和头骨一起的是近乎完整的颅腔的副本。

达特指出这一化石头骨兼具猿类和人类的特征，而它的牙齿和头骨的形态却更

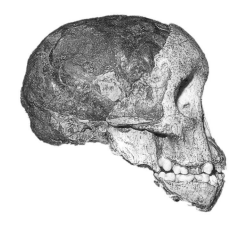

上图　1924 年，达特在南非汤恩发现的一枚未成年的灵长类的头骨，他发表了这一结果，称这一头骨代表了一新的物种，称为"南方古猿非洲种"。许多世界知名的科学家并不认可达特声称的南方古猿是人类的近亲，而认为南方古猿是一类跟大猩猩和黑猩猩更近的已灭绝的猿类。达特的观点在后来被证明基本是对的。

下图　南非斯托克方丹（Sterkfontein）遗址已被列为世界遗产。它是非洲化石最丰富的遗址之一，出土了众多 200 万到 300 万年前的化石，包括南方古猿。尽管达特认为南方古猿生活在洞穴里，但它们的化石更可能是由于自然环境变迁（流水搬运等）或肉食动物的活动而出现在洞穴中。

像人类。他认为这枚头骨的主人大脑应该很发达，很可能他的头部与脊椎在一条直线上，这就意味着他像我们一样直立行走。达特将其命名为非洲南方古猿，并认为他可能与我们人类的联系非常紧密，甚至可能是我们人类的祖先。并且他认为，南方古猿是肉食性的，他们将猎物带回其居住的石灰石洞穴中。

达特的观点遭到了以英国为首的科学界的质疑，一部分原因是由于达特过于年轻，相对而言缺乏经验，另一部分原因则是由于化石本身是未成年的，而未成年的猿类看起来要比成年的猿类更像人类。因此，尽管达特提出了人类的非洲起源学说，但更多的科学家仍然认为亚洲才是人类的摇篮。其他人则认为"皮尔丹人"（Piltdown Man，现在已知是造假的）在欧洲早期人类进化中扮演了最重要角色。最后，汤恩化石被认定仅仅只有 50 万年的历史，因此年代太晚而无法认定其为人类的祖先。相反，科学家们认为他是一种某些方面与人类相似的奇特的猿。

达特的观点被大部分证实

达特希望找到更多的化石来支持他的结论，但南非的石灰石遗址再有更为重要的发现时已是十年之后了。他们从一个叫做斯克方丹（Sterkfontein）的石灰石洞穴中发掘出了一枚成年的南方古猿的头骨。开始人们将这枚头骨命名为其他的物种，但随后人们意识到这枚头骨跟当初达特命名的南方古猿是同一个物种。虽然汤恩没有发现更多的人类化石，但是斯托克方丹却发现了数以百计的化石，在随后的几年，在这一个洞穴另外的部分发现了距今 200 多万年的几乎完整的南方古猿的化石。随即，另一个叫做马卡潘斯盖（Makapansgat）的遗址出土了大量下颚骨和牙齿，对斯托克方丹的发现有所补充。而这么多的发现也证明了达特关于南方古猿的观点有些方面是正确的。早期的人类就是通过他们的下颚和牙齿来表现他们的人类特征的，例如，他们的门牙和犬齿都要比猿类小很多。胯骨和腿骨则显示出他们虽然体型较小，但是已经可以跟人类一样直立行走。然而在有些方面，达特的学说却与发现的证据相距甚远。虽然科学家们在南方古猿的大脑是否已经出现与人类更加相似的结构这一问题上有分歧，但事实上，南方古猿的脑容量也仅是猿类水平。而且从他们的体型来看，他们仍然属于猿类，他们的腿部较短，从手臂、手和脚的骨骼来看他们大部分时间仍然是生活在树上的。

125

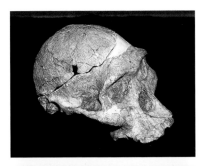

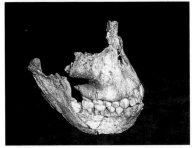

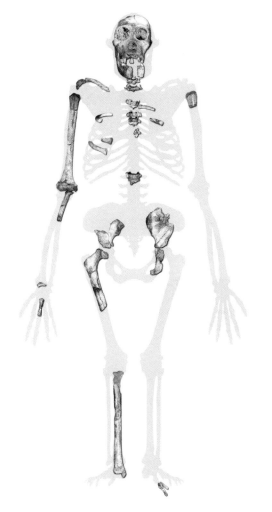

斯托克方丹出土的两具保存较好的南方古猿化石。上图是普莱斯夫人（"Mrs Ples"，原名是德兰士瓦迩人，*Plesianthropus transvaalensis*）的头骨；中图是 Sts53。

2008 年，在斯托克方丹附近新发现了马拉帕洞穴（Malapa Cave）。在那里发掘出了几具成年和未成年的被划分为南方古猿源泉种（*sadiba*）的部分骨架。这里图示的是发现的第一具骨架，一个未成年的男性（左下图是它的头骨特写，仍有部分被包裹在石头里）。

猎人还是猎物?

南方古猿看起来仍然以素食为主，他们并不是活跃的猎人。相反，有证据显示有时候南方古猿不是猎人，而是猎物。他们的骨头集中出现在洞穴中，很可能并不是因为他们住在洞穴里，而是因为他们的身体碎片作为豹和鬣狗等真正的食肉动物的猎物而掉落到了洞穴里。而且据我们所知，南方古猿不会制作工具也不会使用火。从他们的族群结构、生长模式及生活方式也能看出他们与猿类更为相似。通过将他们周围发现的动物化石与其他有测年的遗迹进行比较，我们发现南方古猿要比我们认为的古老许多，他们距今已超过 200 万年，而不是先前认为的 50 万年。尽管对于现在的研究者来说，对于为什么南方古猿兼具猿与人的特点这一困惑，已经不像达特和他的团队那个时代那么多了，但即使是 80 多年后，非洲南方古猿在人类进化谱系上的位置仍是不确定的。虽然现在许多专家对 1925 年提出的疑问做出了回应，认为这些神秘的生物可能仅仅是人类进化史上已经灭绝一个旁支，一个最近被命名为源泉种的南方古猿（*Australopithecus sediba*）的部分骨架在斯托克方丹附近的一个叫做马拉帕的洞穴（Malapa Cave）被发现。虽然距今只有 190 万年，但是这代表着迄今发现的与人类最为相似的南方古猿，同时也可能证明了达特关于南方古猿是人类祖先的猜想是正确的。

四 南方古猿粗壮种

达特所命名的南方古猿不断出现在南非新发现的遗址中，不断积累的证据表明南方古猿有着多条分支。从斯瓦特科兰斯（Swartkrans）和科罗姆德拉伊（Kromdrai）遗址中找到的化石与达特所描述的非常相似，但是这些头骨看起来似乎更为粗壮，而且它们的臼齿要比南方古猿非洲种更大一些。事实上，某些新发现的头骨中间有一条骨质凸起一直延伸到颅骨顶部（矢状嵴），这与我们发现的大猩猩和黑猩猩的颅骨很相似。矢状嵴为颞肌提供了最大的附着面积。许多科学家认为这一特征差异主要反映的是性别上的差异，换句话说，达特发现的矢状嵴较小的南方古猿是雌性，而这个矢状嵴较大的个体是雄性；另外的一些科学家则认为这种差异并非是雌雄的差异，而是种类差异，即它们属于南方古猿不同的分支。

第二种观点完全占了上风，因他们有着粗壮的骨骼，这一新的物种被称为南方古猿粗壮种，以此来与那些纤细型的南方古猿相区别。跟那些纤细型的南方古猿一样，从南方古猿粗壮种的骨骼来看，他们也同样经常直立行走。他们不仅体型大于纤细型南方古猿，脑容量也要更大。纤细型南方古猿的脑容量大约 400 毫升，与黑猩猩脑容量相当，而粗壮型南方古猿的脑容量则有 500 毫升。在过去的几年间，南非一些新的遗址又出土了南方古猿粗壮种的化石，在德里莫伦（Drimolen）遗址中出土了该物种的一枚几乎完整的头骨。

由于这两种类型的南方古猿是在不同的洞穴中被发现的，因此很难判定他们是否生活在同一时期。然而有证据显示，南方古猿非洲种生活在距今 250 万年左右，而粗壮种则生活在距今 200 万年到 130 万年之间。由此引发了推测，粗壮型南方古猿也许是由纤细型南方古猿进化而来，这也许是由于环境日益干燥导致南方古猿需要适应食物中越来越多的坚果、种子、块根和块茎。虽然达特认为南非的南方古猿是猎食性动物，但是有证据表明事实上他们是食肉动物的猎物。一个年轻的粗壮型南方古猿的头骨后面甚至有猎豹牙齿咬穿的痕迹。然而，通过对他们的牙齿做化学物质组成可以看出，南方古猿粗壮种的食物可能也包括了肉类，或者是白蚁之类的昆虫，他们在获取白蚁时也许会使用骨头做成的探针。

研究人员在东非大裂谷也同样发现了南方古猿粗壮种的化石。玛丽·利基在坦桑尼亚的奥杜威峡谷古老的沉积层中发现了一枚头骨。最初它被称

这张地图给出了非洲许多早期人类化石的主要发现地。大部分遗址要么是位于北起埃塞俄比亚向南延伸至马拉维的非洲大裂谷的沉积盆地及其左近，要么是发现于南非石灰石洞穴，比如斯瓦特科兰斯（Swartkrans）。

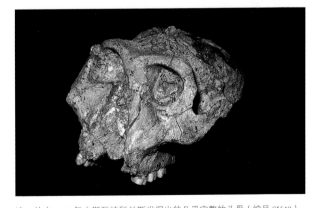

这一枚在 1952 年由斯瓦特科兰斯发掘出的几乎完整的头骨（编号 SK48），与其他化石一起最终确立了南非洞穴遗址中有两种不同种类的南方古猿。这两种包括达特最初发现的南方古猿非洲种（"轻巧型南方古猿"）以及粗壮型南方古猿，粗壮型现在经常被划分为一个单独的属，叫做傍人。SK48 有着矢状峭的头骨、大而扁平的脸以及大的臼齿，这些都是傍人属的典型特征。

128

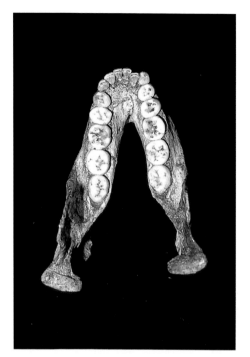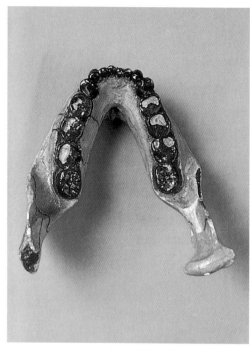

南非和东非的南非古猿粗壮种的下颌骨比较，这些化石有着独特的厚厚的骨头、小门牙以及大臼齿。左边被略微压扁的下颌骨来自于斯瓦特科兰斯，被归为罗百氏傍人；右边的来自坦桑尼亚的佩宁伊，被归为鲍氏傍人。

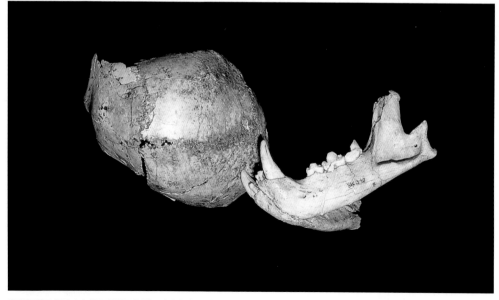

这张图展示的是来自斯瓦特科兰斯的一个年轻粗壮的南方古猿的头骨（SK54），在后面有凹窝，从大小和间距来看像是豹的犬齿留下的。这一比较从同一遗址的豹的下颌骨化石得到了印证。

在斯托克方丹附近的斯瓦特科兰斯洞穴遗址，自1948年开始出产重要的化石，当时罗伯特·布鲁姆（Robert Broom）找到了像是人类的部分颌骨，随后又发现了头骨部分，现在知道这些化石代表了南方古猿粗壮种。这一洞穴自1965年起又由布莱恩 [C.K.（Bob）Brain] 进行了更系统性地发掘，他研究了洞穴里化石遗存积累的全过程。

为"鲍氏东非人"，因为这一新的物种比南非的粗壮型南方古猿（即傍人）更为强壮，并有着更厚的下颚和更大的臼齿。这一类型的古猿同样还在埃塞尔比亚的奥莫（Omo）等遗址和肯尼亚的库比福勒（Koobi Fora）等被发现。最近，许多科学家开始意识到纤细型和粗壮型南方古猿的区别是更决定性的，并开始认同他们之间的差异已经超出了种的水平。对于南非的粗壮型古猿，他们重新采用了一个古老的名字"傍人"，于是粗壮型南方古猿就变成了"罗百氏傍人"（*Paranthropus robustus*）和"鲍氏傍人"（*Paranthropus boisei*）。南非和东非的粗壮型傍人生活在距今大约200万年到130万年之间，并且东非的这一支牙齿进化得更加完善，能够更好地咀嚼食物。有很多专家推测，这两支傍人是由更古老的共同祖先进化而来的，目前已经有更原始的粗壮型南方古猿在肯尼亚、埃塞俄比亚和马拉维被发现，被称为"埃塞俄比亚傍人"。他比后来的南非和东非的傍人脑容量更小，面部也更加突出一些，但是头骨顶部的矢状嵴已经进化得非常好了。

1959 年路易斯·利基在伦敦与奥杜威 5 号人类样本（利基把它称为 "亲爱的孩子"，但也给它起个别名叫 "核桃夹子人"）的合影。在那时，他还是深信鲍氏东非人（*Zinjanthropus boisei*）是遗址中的最古老的石器的制造者，是人类的祖先。之后不久，在奥杜威发现的能人化石（*Homo habilis*）使得他要重新思考这一问题。

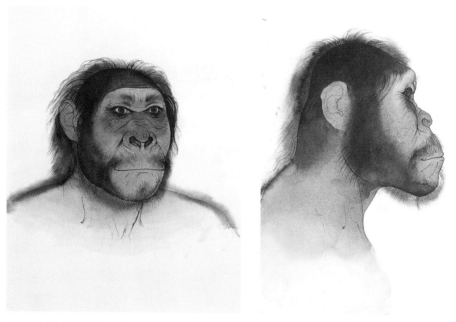

基于奥杜威和佩宁伊的化石材料复原的鲍氏傍人脸部。虽然耳朵和头发是推断出来的，不过非常扁平的鼻子、脸和巨大的颌骨无疑是正确的。

　　粗壮型南方古猿到底是不是早期人类的祖先，这个问题依旧讨论得沸沸扬扬。傍人的这两支在时间上与非洲的能人和直立人重叠，随后粗壮型傍人这一支就灭绝 了。有观点称，一旦直立人成为猎人，粗壮型傍人就可能会成为猎物，直到被直立人们猎食至灭绝。这是非常有可能的，但环境的变化也同样可能导致了傍人的灭绝，另外，猪或猴子的成功扩张而与粗壮型傍人竞争食物也可能是促使其灭绝的原因之一。无论事情的真相到底如何，南方古猿粗壮种是人类进化史上非常重要并且有标志意义的一环。

第十章 | 人类的起源

"人类"（human）这个词究竟意味着什么，其实并不好简单解释。例如，从行为上来看，人类要比其他的动物复杂得多，而这其中人类区别于其他动物的最大特征就是能够制造并使用工具。其他动物也会借助外物，或可以根据特定用途来改造外物（例如，海獭利用岩石砸碎贝类的壳，鸟儿用树枝来修建自己的巢），但大多数情况下，这只是简单的甚至是出于本能的行为。人类常常被定义为是"工具的制造者"，而史前石器被认为是人类属性出现的关键性证据。然而，之后发现，我们的近亲黑猩猩有时会将改造一下草茎，用它伸入白蚁的巢穴中去钓白蚁，自此许多科学家就接受了一个妥协的定义：人类和猿制造工具的区别仅是程度上的而非质上的差别。

语 言

其他的一些行为学证据也同样被用来鉴别最初的人类。语言是一个用于交流的复杂系统，它同样也是定义我们人类的重要特征之一。虽然动物们可以通过动作或是声音来与对方交流，这些动作和声音通常不能进行复杂多变的组合，仅仅能够应对眼前的情况。有许多人曾尝试去教猿说话，但是都没有成功，现在我们知道他们没有成功的原因是由于猿的咽喉结构与人类的不同，他们无法发出一系列人类的声音。然而，我们随后发现，黑猩猩能够通过学习而使用符号或者键盘来与人以及其他黑猩猩"交谈"。他们能够学习超过 200 个词汇，并且能将这些词汇简单地排列，来表达一些简单的意思，例如讨要食物或者描述事物。但是，没有猿类能够像人类这样，学会较多的词汇，理解比较抽象的概念，或者谈谈遥远的过去和未来。

对野外黑猩猩的观察显示它们使用工具来威胁别人、捕捉白蚁、撬开坚果等。这些行为在群体之间是不同的，说明黑猩猩可把这些行为作为"文化"在群内传递。

黑猩猩的声带并不像人类一样能发出各种声音。

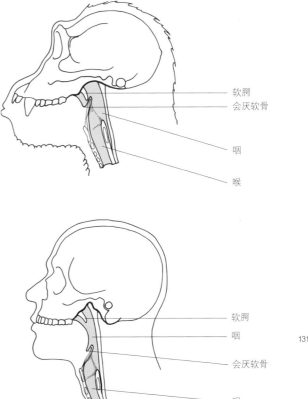

软腭

会厌软骨

咽

喉

软腭

咽

会厌软骨

喉

因此，人类的语言是独一无二的，确认语言是何时起源的，对了解人类历史上的这一重大进展是至关重要的。在人脑的表面的确有一些特殊结构对语言的产生起到了重要的作用，如果这些结构受到损伤，那么语言功能也会受到损害甚至丧失。然而，从颅内模（颅骨化石内表面得到的脑的外部形态）来识别出类似的脑表面结构是很难的，且仍存争

131

虽然黑猩猩不能模仿人类的声音，但有着惊人的使用文字的能力，当这些文字被以物体、电脑信号或者手势来表达的时候。这表明他们的大脑有不同结构（可能）来创造和使用大量的词汇。

议。可能更具可操作性的方法是从考古材料所推测的行为的复杂程度来看语言的有无，基于此，很多科学家现在认为语言在人类的进化史上出现得并不早。

身体特征

行为不会变成化石，故而许多科学家更愿意通过身体特征来定义人类，因为这些特征确是可以保留下来的。直立行走是人类的独特适应特征，但我们知道这发生在人类进化的早期阶段，而当时人类的很多其他特征仍在不断地进化中，因此大多数的专家并不通过直立行走这一特征来定义真正的人类。我们长腿的体型也同样极具特色，但是这一特征似乎起源得比较晚——大约 180 万年 前。较大的脑容量同样也是人类的一大特征，颅腔的尺寸可以通过化石准确地测量。大脑的尺寸也与身体的体型大小相关，在其他条件相同的情况下，大型动物通常都拥有较大的大脑。因此大猩猩的大脑尺寸通常大于黑猩猩，尽管并没有证据表明更大的脑容量带给了大猩猩更高的智商，事实上，黑猩猩的智商却是要高于大猩猩的。

脑容量看起来确实是一个更好的指标，以此为标准，在我们进化历程中最早的人类的脑容量应该不会比现在的猿类的大。一直到大约 200 万年前，相对较大的脑容量才首次出现在我们的进化谱系上，对于很多科学家来说，这标志着人类的真正的起源。现在很多其他的特征都被提出用来标志真正的人类，例如，面部的大小以及突出的程度，鼻子高低的进化，或者作为现今人类特征的延长的生长期和延迟的成熟期。事实上，这其中的许多功能在以不同的速度逐渐地演变，而不是一蹴而就地出现在我们面前。因此，认定最初的人类，就如 20 世纪绝大部分时候一样，可能仍将是争议不断。

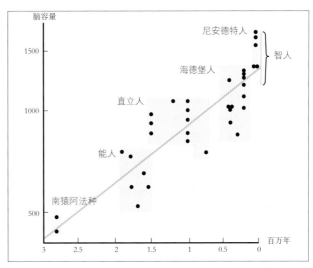

在过去 300 万年的人类进化过程中，脑容量几乎增大了三倍，但考虑到人类的体型也在随时间变得更大，这意味着脑容量实际上并没有增大这么多。

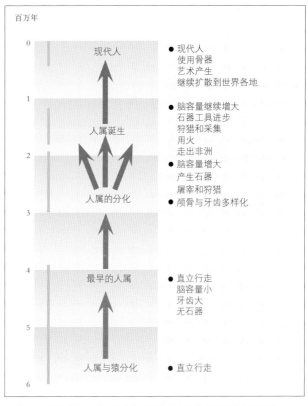

在过去 600 万年的里，人类进化的历程及各个阶段所出现的人类特征。

第十一章 | 制造第一件工具的能人

　　正如我们在第 81 页所讲的，有迹象表明，比奥杜威峡谷的古老淤泥中发现的粗糙石器还要久远的时期，就已经存在制造的工具了。经过许多年寻找，终于在 1960年，利基找到的化石表明了第一件石制工具是在奥杜威制造的。在后来的几年中收集到的化石材料证明，早期人类与强壮的南方古猿无疑是存在着明显不同的。这些化石包括上颌骨和下颌骨的碎片，部分颅骨、手骨和脚骨骼以及腿骨。其中牙齿的比例就与南方古猿存在明显的不同，其前部的牙齿相对较大而后面的牙齿相对更小些，这些特征与人类更为接近。他们的头骨很薄，没有任何的骨脊凸起，其头骨的大小足以表明，其脑容量是明显大于任何古猿的。路易斯·利基认为现有的这些证

能人的一个屠宰遗址的复原图。可追溯到 200 多万年前的大型和中型哺乳动物的部分骨架和石器工具一起被发现于坦桑尼亚、肯尼亚和埃塞俄比亚的遗址里。动物骨头上常有可能由于屠宰留下的砍削的痕迹以及可能由于吸食骨髓造成的破损。现在还不清楚这些遗骸是人类捕猎的遗迹还是人类清理其他捕食者吃剩下的。然而在一些情况下，砍削的痕迹确实是在鬣狗等动物的食腐之前留下的，表明确是人类先搞到了这些死亡的动物。

据和资料足以证明这一新发现的古人类是与现代人类同源的，他称这一新的人种为"能人"（*habilis*），灵巧的意思，因为他们具有制造工具的能力。他和他的合作者认为，这一人种代表了最古老和最原始的人类。

在库比福勒发现的化石

能人的发现并没有立刻得到科学家们的认同。一些科学家认为，现有证据还不足以证明这一观点，而另一些科学家则认为，这些化石只代表了一种新的南方古猿，还有另外一些人认为，这些化石是掺杂不纯的：是南方古猿和一些真正的早期人类化石的混合。

不过，能人逐渐获得了科学界的认可，新的化石也在奥杜威和其他的一些地方被发现。路易斯·利基之子，理查德·利基，在肯尼亚北部图尔卡纳湖的东边一个叫库比福勒（Koobi Fora）的地方开始了一个新的研究项目。他很快就发现了一些石

制工具，跟早期在奥杜威峡谷发现的很像，还发现了距今将近 200 多万年的粗壮型南方古猿遗骸，所以有人猜测在这里是否也能发现能人。

₁₃₄ 目录编号为 KNM-ER1470 的化石头骨的发现似乎满足这些期望，因为这颗头骨的脑容量显然较大（与古猿的 400—500ml 的脑容量相比，该头骨的脑容量有 750ml），而且没有那些粗壮古猿颅骨顶部的矢状嵴的痕迹。他还有一个大而平坦的面部，虽然其牙齿都已脱落且难以找到了，但牙槽显示了他的牙齿也一定是很大的。

是一个还是两个物种？

在库比福勒出土了可能的早期人类化石之后，接下来的发现却使得事情变得更加扑朔迷离了。这些发现包括，有着与现代人类相似面部与牙齿的头骨，但是该头骨的尺寸比现代人小，跟那些古猿的头骨大小基本一样，甚至一个明显是能人的头骨顶部上却有着猿类或南方古猿一样的矢状嵴。

能人的内部变异有多大一直是存有争议的。此处图中右侧是脑袋较小的原始人（编号 KNM-ER1813，来自于肯尼亚国家博物馆遗址，原名是东鲁道夫人），左侧是脑袋较大的原始人（编号 KNM-ER-1470）。这些头骨仅仅是同一物种内的大（雄性）小（雌性）变异吗？还是它们代表了不同的物种，比如说能人（1813）和鲁道夫人（1470）？

所以，一些科学家就提出，划分到能人的化石其实代表了不止一个物种。他们提出，那只较大的编号为 1470 的头骨称为"鲁道夫人"，那只较小的头骨则沿用"能人"这个名字。因为这一增加的复杂情况，我们更不清楚这些早期人类哪个才是后来的人类的祖先以及制造工具者。也有专家认为生活在 250 万年前的被称为南方古猿惊奇种（*garhi*）的可能是人类的祖先。南方古猿惊奇种化石是在埃塞俄比亚的布里（Bouri）发现的，包括部分头骨和下颚，手臂和腿部的骨头与人类的比例相似，而动物骨头上有划痕，这说明在这一早期阶段惊奇种已会使用石制工具并且以肉为食。

尽管在布里找到了有意义的证据，但是目前仍不清楚这些早期的类人物种的骨

上图　马拉维是在非洲大裂谷的最南端，它被一直认为是早期人类的栖居地。这一猜测在 1993 年得到了证实，当时德国古人类学家弗里德曼·施莱克（Friedemann Schrenk）带领的小组在 Uraha 发现了一个厚厚的下颌骨。它的发现编号是 UR501（如图所示），时间约为 240 万年前，与肯尼亚发现的一个下颌很像（KNM-ER-1802），都被归为鲁道夫人（*Homo rudolfensis*）。随后，一个粗壮的南方古猿的颌骨在马勒马（Malema）遗址被发现。

下图　右侧编号为奥杜威人 24 号的头骨是由 Peter Nzube 于 1968 年在坦桑尼亚的奥杜威峡谷发现的。这一头骨在发现时几乎是已被压扁的，它被戏称为"苗条"（Twiggy，现在看起来是政治不正确的举动），这名字从当时一个著名的但胸却非常平的模特而联想出来的。最近，这一化石被归入能人。这里把它和更大些的鲍氏傍人的头骨——奥杜威 5 号进行比较（左侧）。

135

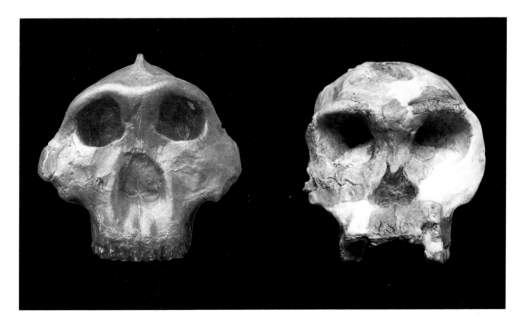

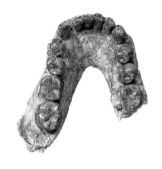

能人的个体之间也有着下颌骨上的差异。这里比较的是来自肯尼亚的 KNM-ER 1802 号（上）和编号为奥杜威 7 号的能人的下颌骨。前者现在常被归为鲁道夫人，后者仍是归属于能人。

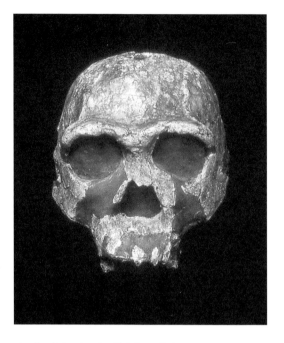

对一些工作者而言，真正的现代人只是在匠人（Homo ergaster，会制造工具者）里产生的（对另一些人而言，是早期直立人），这里以 KNM-ER 3733 号头骨来示例说明。他们觉得头骨、颌骨、牙齿和体型方面的人类特征只有以这样的形式才算第一次出现。在这一观点下，能人和鲁道夫人确实和南方古猿更相近，而非与现代人更近。

骼形态。与鲁道夫人同层位发现了一些相当大的腿骨，表明其有着与人类类似的体型和身体比例，但是最近在奥杜威的发现却与能人有极大的不同。奥杜威人 62 号的上颌骨具有和人相似的比例，但是其骨架却非常小，这一比例决定了他并非现代人类的祖先。与腿骨相比，手臂显得相当的长，这一早期人种的身体比例与猿更加相似，甚至比露西更像猿类，露西是出土于埃塞俄比亚的著名的南方古猿骨架，距今至少有一百万年。这种小型能人在人类进化中所处的位置关系仍不清楚。同样，宽大的面部，突出的牙齿，厚颌的鲁道夫人看起来并不是很像人类，一些科学家认为鲁道夫人与 350 万年前的被称为肯尼亚平脸人之间有着进化关联，这意味着他们可能代表一个完全独立的并且已经灭绝了的人族支系。因此，能人在牙齿、面部或脑部大小上不同于人类，他们是否可归为"人"仍然是一个有争议的话题。

第十二章 | 直立人，亚洲人的祖先？

　　19 世纪，德国生物学家恩斯特·海克尔（Ernst Haeckel）认为长臂猿是现存的与我们的猿类祖先关系最近的物种，并由此提出了人类进化的一系列假定的阶段。海克尔坚信达尔文的进化论是错误的，亚洲才是我们人类的起源地，而不是非洲。他将假设的"前人类"的众多阶段之一命名为"没有语言的猿人" 时期，并且认为这一阶段的猿人应该生活在东南亚。1889 年，一位名叫尤金·杜布瓦（Eugene Dubois）的年轻荷兰医生去寻找"没有语言的猿人"的实质性证据，想证明海克尔的观点是正确的。他以军医的身份前往荷属东印度群岛中的爪哇岛，而令人惊讶的是在两年之内他找到了人类进化原始阶段的化石证据。他的发现包括一个厚而扁长的头盖骨，有着较

地图上给出了直立人的发现地

大的眉脊，以及一个和人类的非常类似的大腿骨。按照海克尔的观点，杜布瓦将自己发现的化石命名为"没有语言的猿人"（*Pithecanthropus*），但他从化石腿骨的形态推断出来这些猿人已经会直立行走，所以尤金·杜布瓦给他们取了一个不同的物种名字：直立人（*Homo erectus*）。我们现在知道这一物种是直立人（直立行走的人），是因为人们普遍认为他确实是人类。

爪哇和中国

到 1940 年，更多的直立人化石在爪哇以及一些新的地区被发现，比如中国。在中国北京附近的周口店地区出土了大量的直立人的化石，这些化石最初被称为"北京人"，但是后来与"爪哇人"一起合并称为直立人。直立人的特征目前已经非常清晰了。头骨相对较长但却低

这里展示的是来自非洲和泛澳洲地区的直立人的头骨顶部。下边是印度尼西亚爪哇发掘出的桑吉兰 2 号头骨，上边是来自于坦桑尼亚的奥杜威 9 号的部分头骨。在大小和粗壮程度上的差异可能反映的是时间和空间上的变异，也还有性别上的差异（爪哇头骨比较年轻，可能是雌性，坦桑尼亚头骨很可能是雄性）。

138

爪哇直立人头骨（右）与常被归为匠人的早期非洲头骨（左）、晚近的常被归为海德堡人的佩特拉罗纳（Petralona）头骨进行比较。

174

平，额头也较低平。有一条异常隆起从眉间起沿左右眶上缘延伸（眶上圆枕），还有一条分布在头后（枕骨圆枕）。与早期的人类相比，他们的颅容量更大，能达 1000 毫升，占到了现代人的平均脑容量的 75%，但颅骨壁较厚，还常有其他骨头对颅骨起到加固作用（龙骨突）。这副骨架其他的骨头也很粗重，有着厚厚的骨壁，这表明直立人的生活方式对骨骼的要求较高。牙齿很大，但与人类的相似，虽然他们长在没有下巴的厚厚颌骨中。

杜布瓦对爪哇化石的古老程度并没有太多的认识，但是现在我们知道最古老的化石距今至少有 150 万年的历史，而最年轻的可能要晚于 10 万年。中国的直立人化石时间跨度跟爪哇的很像，从 100 万年至大约 25 万年前。在这个时间跨度内，远古人类虽然平均脑容量有了适度增长（由颅内计算出的），或许一定程度上与身材尺寸相关，但是并没有其他显著的变化。然而，一些科学家认为，亚洲的直立人逐渐进化成了现代人，这一观点是多地区起源模型的基础（参见第 177—181 页）。

周口店复原场景，图示的是竹子和石英岩的精制工具以及在火上烤肉。背景是危险的鬣狗被驱赶走了，看起来像是人类和鬣狗经常争抢居所和食物。然而，近期的研究却质疑周口店是否有人工用火。

龙骨山，这是周口店洞穴的所在地，在中国北京市附近。这些化石被当做是中药中的"龙骨"而采集起来。

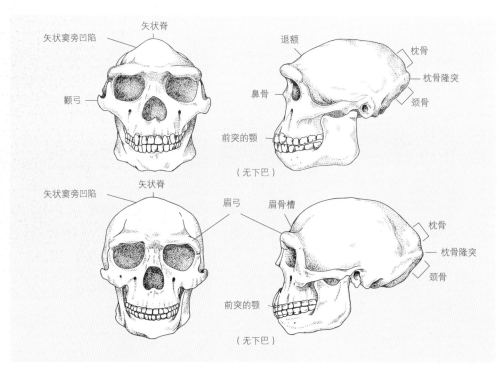

图示的是在德国古人类学家魏敦瑞（Franz Weidenreich）的指导下对中国和爪哇的直立人头骨所做的复原图。上方的复原图是基于在爪哇的桑吉兰发现的非常古老的化石，很可能是雄性；下方是基于中国周口店发掘出的年轻一些的化石，很可能是雌性。爪哇化石一般更粗壮，有着更厚更强的头骨，后面的中国化石更轻巧，脑容量稍大。魏敦瑞认为爪哇的头骨与澳洲土著有关，而周口店的化石可能代表着晚近东方人的祖先，当然这种观点的前提是"多地区起源论"。

直立人的起源

直立人的起源问题至今仍然没有定论。在高加索地区（格鲁吉亚地区的德马尼西）也有极具争议的非常早期的非洲以外的直立人样本，那里发现了一些头骨、下颚和部分的骨架，距今大约有 180 万年。一些学者认为这些样本属于早期的直立人中的一种，而另一些学者则认为与非洲的甚至包括能人在内的更原始人种有着关联。最近，这些样本甚至被认定为是一个新的人科物种——"格鲁吉亚人"。然而，在德马尼西收集到的人类化石也有相当大的内部差异，当然这也许是男人和女人之间体型大小的差异。爪哇的火山岩可能与早期的直立人化石一样古老，大约距今 180 万年，但是许多学者都对其年代以及关联性持谨慎态度。大部分专家认为，直立人大约在距今 190 万年前起源于非洲。被归为这一人种的有利基家族在奥杜威峡谷的发现的一个大约距今 120 万年的头盖骨，但更古老的样本是在肯尼亚北部的图尔卡纳湖发现的。在图尔卡纳湖东岸的库比福勒发现了与这些直立人相似的头骨，大约距今 170 万年至 180 万年，最为引人注意的是，在图尔卡纳湖的西边的纳利奥克托米发现了一具几乎完整的男孩的骨骸。

纳利奥克托米男孩

这个男孩的骨骸距今大约 150 万年，是目前为止发现的最完整的古人类骨骸。以现代人类发育的

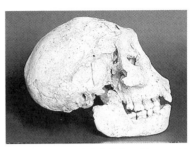

这一个小的类人的头骨的编号是 D2700，于 2001 年在格鲁吉亚的德马尼西遗址发现的。它测定的时间是 180 万年前，向我们展示了这些最早期亚洲人类是多么原始。它的脑容量仅有 600—700 毫升，使得大家认为德马尼西的古人和非洲的能人或鲁道夫人更相近，甚至还有可能说明直立人是起源于非洲之外。

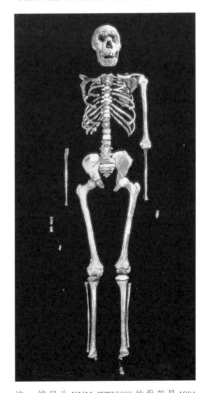

这一编号为 KNM-WT15000 的骨架是 1984 年在肯尼亚图尔卡纳西部的纳利奥克托米（Nariokotome）遗址发掘出的。它的年龄被测定约 150 万年，被归为匠人或者早期直立人。这副骨架确实有一些不同寻常的特征，从脖子以下来看，基本上属于人类，有着高大细长的身材，能很好地适应炎热干燥的环境。脖子以上，头骨和颌骨已经有了匠人／直立人的典型特征，尽管他在去世的时候可能仅 9 岁。

标准来看，这个男孩去世的时候大约是 12 岁，但对他牙齿的微观生长线进行研究发现，他发育得很快，去世的时候大概是快 9 岁。那时他的已经远远超过 1.5 米（5 英尺）。估计他成年后的身高可能接近 1.83 米（6 英尺），而他的体形也与现今在该地区的非洲人较一致，他身材高大，腿部修长，臀部和肩膀较窄。这是人类在炎热干燥的环境下理想的体形，因为这能使人体的表面积最小化，避免体温过高。他的脊椎有些奇怪，一些人认为这是疾病或者受伤引起的，而且他的肋骨的形状也与我们的有一些差别。他的头部已经显现出一些直立人的特征，几乎没有下巴，扁平而凸出的脸，大鼻子，正发育但粗壮的眉骨，脑容量大约 900 毫升（现代成年男性平均大约 1350 毫升）。然而，一些专家指出，非洲的这一支早期人种因与其他人种化石有足够多的差别而可以将其归为一个单独的种类"匠人"，因为跟后面的亚洲直立人相比，他们的特征并不是那么显著。

由此看来，"匠人"是由类似"能人"的人种，在非洲最先演化而来的，然后迅速地扩散到亚洲的热带以及亚热带，他们的后代直立人在此进化出了更健壮的体征。

第十三章 ｜ 人类进化模型
非洲起源与多地起源

　　要探讨我们人类起源的问题，就需要理解现代人所共有的一些特征的进化过程，比如说，与其他人科物种相比，我们现代人的骨骼更轻盈，脑容量更大，脸部较为扁平，眉脊更小而下巴更加突出。但我们也需要考察可区分现今不同地区人群的区域性或者"种族性"特征的进化过程，比如许多欧洲人更突出的鼻子，或大多数东方人的扁平化的脸。关于我们现代人是如何从直立人进化而来的，有两种截然不同的观点，在这之间还有一些折中的观点。这两种极端的观点的根本区别在于：在何时何地我们进化出了一些特有"现代的"特征，以及我们何时开始产生了地区性差异。

多地区起源模型

　　多地区起源论（现在只有很少人坚持这种观点），这个极端观点的支持者认为，在大约 100 万年前，直立人在包括非洲、中国、印度尼西亚甚至欧洲在内的多个地区都进化成了智人。根据这个观点，在 100 万年前，直立人扩散到了旧世界的各个地区，他们逐渐开始演化出了现代的特征以及地区性差异，而这种地区性的差异则奠定了现代人类"种族"差异的基础。一个给定地区的特殊性状由来已久，且一直在当地的现代人群中存在着。例如，50 万年前的中国的直立人（如北京人），与现代东方人群都同样具有脸部扁平、颧骨突出的特征。70 万年前的印度尼西亚的直立人高而宽大的颧骨以及扁平的面部这些特征同样出现在现代的澳洲土著人身上（印尼和澳洲邻近）。在欧洲，另一条进化的路线产生了尼安德特人，根据这个观点，尼安德特人是现代欧洲人的祖先，这一欧洲谱系连续性的特征表现在高挺的鼻子和面部中间区域上（midfaces）。米尔福德·沃波夫（Milford Wolpoff）和阿兰·索恩（Alan

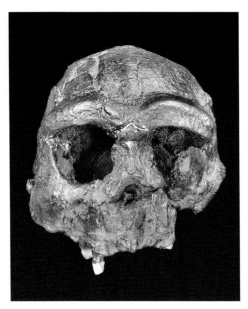

爪哇桑吉兰遗址的 17 号头骨的面部有着亚洲直立人的典型特征：一个相对较小、低平而有棱角的颅骨，粗壮而连续的眉脊，大而突出的脸上有低阔的鼻子。

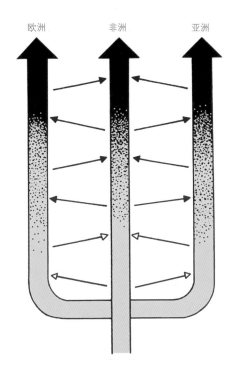

Thorne）等多地区起源论的最近的支持者们强调地区之间的基因流动（杂交）的重要性，基因交流弱化了不同地区人种的各自分化，而且使得新的遗传特征在世界范围能从一个群体扩散到另一个群体。事实上，他们认为不同地区的直立人种群与他们在当地的现代人后代在时间和空间上是如此完美的连续，以至于他们认为，这些后代都代表了同一个物种，那就是现代人。

"走出非洲" 模型

与多地区起源论相反的观点是，现代人的起源是在特定的时间和空间内的。这一观点的现代支持者，例如冈特·布劳尔

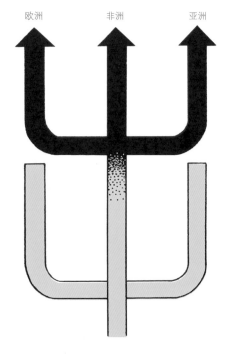

这些图表说明的是关于现代人进化的两种不同模型。上面的是多地区进化，强调智人这唯一物种在过去 200 万年里的进化；下面是走出非洲模型，指的是智人在非洲的晚近进化和走出非洲，并取代了非洲以外的更古老的人类支系。

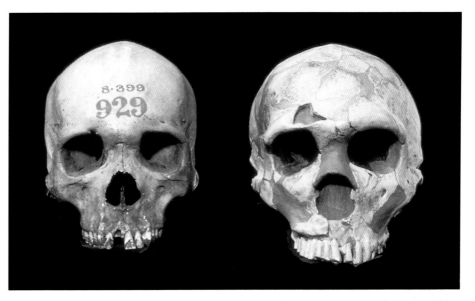

现代人（左）和法国（La Ferrassie）的尼安德特人头骨的比较，与直立人相比，可以看出他们共有一些高等的特征：更高更圆的头骨，脑容量更大，更窄更轻巧的脸部。然而，这两个头骨在眉脊（在尼安德特人头骨上还是很大）和面中部的形态上还是不同：尼安德特人有着高颧骨和大而凸起的鼻子。

（Gunter Brauer）和克里斯·斯特林格（Chris Stringer），认为非洲是现代人起源最重要的地区。有些人认为在人类进化的后期阶段，就像进化初期一样，其特点是进化上的不断分支，不同物种的共存。他们将存在于直立人和现代人之间的一个人科物 ₁₄₂种称为海德堡人。这是由于60多万年前在非洲和欧洲一些直立人群体的颅骨产生了很大的变化，以至于可以将其划分为一个新的人科物种，海德堡人是由德国海德堡附近的莫尔发现的一个50万年前的下颚骨而得名的。海德堡人面部更为扁平，鼻子更加高挺，而他们的脑容量也比直立人的更大。大约距今60万至30万年前，海德堡人生活在非洲、欧洲甚至在中国。

根据"走出非洲"的观点，经过大约40万年，海德堡人繁衍出了两个后代人种，智人和尼安德特人，前者在非洲演化，而后者则在欧洲和西亚。大约10万年前，非洲的一支早期现代人（即智人）开始在非洲大陆不断扩散，蔓延至邻近的地区，甚至到达了澳洲（大约50000年前），欧洲（大约45000年前）和美洲（大约15000年前）。 ₁₄₃明显的地区差异仅在人群扩散以及扩散之后才开始逐渐出现，因此，同一地区的直立人与现代人之间并没有特征的区域延续性。就如多地区起源模型一样，这一观点承认，直立人进化出了新的人科物种，并且迁徙到了非洲以外的地区，但是他们认为，这些迁徙到其他地域幸存下来的人科物种并没有进化为现代人。例如尼安德特

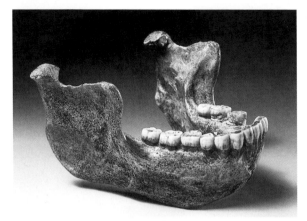

莫尔下颚是在 1907 年出土于德国海德堡附近的莫尔（Mauer）地区的采砂场。一年之后，它被命名为代表了一个新的物种：海德堡人（*Homo heidelbergensis*）。多年来，这一巨大的无下巴的颚骨被认为是代表了欧洲直立人，但最近它的原名逐渐被重新使用来代表约 50 万年前的欧洲人群。

这里比较两具知名的法国化石来看他们各自群体的特征。他们是上边的圣沙拜尔（La Chapelle-aux-saints）的"老人"（"Old Men"）（晚期的尼安德特人）和下边的克罗马农人（早期现代人）。与"走出非洲"模型认为的尼安德特人被现代人替换掉相比，在多地区起源附带杂交的模型下，这些群体应该有着频繁的基因交流。

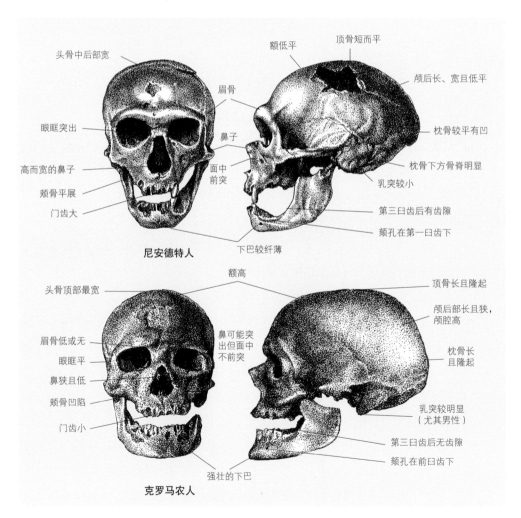

尼安德特人

- 头骨中后部宽
- 眉骨
- 眼眶突出
- 鼻子
- 面中前突
- 高而宽的鼻子
- 颊骨平展
- 门齿大
- 下巴较纤薄
- 额低平
- 顶骨短而平
- 颅后长、宽且低平
- 枕骨较平有凹
- 枕骨下方骨脊明显
- 乳突较小
- 第三臼齿后有齿隙
- 颏孔在第一臼齿下

克罗马农人

- 额高
- 头骨顶部最宽
- 眉骨低或无
- 眼眶平
- 鼻狭且低
- 颊骨凹陷
- 门齿小
- 鼻可能突出但面中不前突
- 强壮的下巴
- 顶骨长且隆起
- 颅后部长且狭，颅腔高
- 枕骨长且隆起
- 乳突较明显（尤其男性）
- 第三臼齿后无齿隙
- 颏孔在前臼齿下

人，就被迁徙扩散到他们所在区域的现代人
所取代。布劳尔认为，这样的替代可能并不
是完全的，从非洲迁徙出的智人人群会或多
或少与当地的土著居民发生混血，例如，迁
徙到欧洲的现代人与尼安德特人，或者迁徙
到爪哇的现代人与当地直立人的后代可能发
生杂交。

折中观点

正如上文提到的，关于人类的起源同样
有折中的观点。一些科研工作者，例如弗雷
德·史密斯（Fred Smith）和艾里克·特林考
斯（Erik Trinkous）就认为非洲是人类进化
最主要的地域，通过与相邻地区人群的基因
交流，现代人的诸多特征逐渐扩散出去。例
如，北非的现代人人群与中东地区的直立人

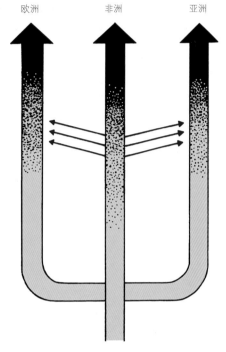

除了极端的多地区起源和"走出非洲"学说，还有其他
的人类近期进化模型。这张图说明的是美国古人类学家
弗雷德·史密斯（Fred Smith）提出的杂交模型，认为
现代人的特征是自非洲逐渐扩散出去的，并伴随着与欧
洲和亚洲本土人类支系的杂交。

人群进行了基因交流，然后他们又与小亚细亚的直立人人群混血。由此，可与欧洲的尼安
德特人有基因交流。然后，自非洲扩散出的新基因与那些土著的尼安德特人的基因发生混
合，推动了其向现代人类的演化，而并没有大规模的入侵或者替换。

有些观点认为在非洲以外的某些地区存在人种的连续性演化，但并不是全部地区。因
此，尼安德特人可能完全灭绝，但古人类在中国或印尼的后代可能演变成这些地区的现代
人。折中观点涉及非洲以外的基因流动与同化，检验其正确与否要比单纯而极端的多地区
起源和纯粹的走出非洲理论困难得多。

第十四章 │ 欧洲最早的定居者

一 抵达欧洲之路

　　人类最早是在什么时候到达的欧洲，至今仍不确定。正如我们所知，直立人（或者一些学者所说的匠人）在 175 万年前出现在亚洲，但是这一人种最初是只能生活在热带或是亚热带的环境中的。他们向欧洲和北亚的迁徙必定充满了挑战，越往北极靠近，昼夜长短变化更大，四季更加分明，冬季变得更加漫长而寒冷，而植物的生长周期则更短。以上的种种不利因素对热带的猿类构成了威胁，只有他们成为了比较专业的猎人后，才能够在植物资源匮乏的寒冷北方的冬天生存下来。不过，大约 150 万年前，人们已开始进入南欧。火的使用肯定为他们适应寒冷的环境提供很大的帮助，但是早期用火的证据最近遭到了质疑；然而，在以色列地区的盖谢尔·贝诺特·雅各布（Gesher Benot Ya'aqov）遗址发现了大约 80 万年前的使用火的证据。

　　我们假设有三条古老的线路到达欧洲：最有可能的一条就是通过黎凡特——它是连接北非与西亚的走廊，现如今这里是以色列和黎巴嫩。第二条可能的路线则是由北非经现在的地中海从而进入南欧，如从突尼斯通过西西里岛进入意大利。第三条路线是靠近西边的这条路线，是从现如今的摩洛哥进入西班牙或者直布罗陀。

　　可是古人如何跨越大海呢？如果海平面被冰封的时间较长，则能降低地中海的海平面高度，从而露出更多的陆地，那么后面这两条线路则相对更加容易进入欧洲。然而，并不是一直有大陆桥将非洲与欧洲相连，所以早期人类开拓者想要开启这样的旅程，木筏是必不可少的。然而，人类这么早使用木筏渡海的唯一证据（约 100 万年前，由爪哇岛到邻近的弗洛雷斯岛）也是有争议的，大多数专家认为经由西亚到欧洲的东部路线更有可行性。而且，这一地区确实有人类在至少一百万年前就已迁居的证据。在以色列，有 150 万年前的尤贝蒂亚遗址（Ubeidiya），而在更北的地方，我们在格鲁吉亚地区的德马尼西遗址看到了保存完好的更古老的人类化石。

迄今为止，来自欧洲的有可比性的早期证据
是几乎没有的，如果算有的话，也是极具争议性
的。据称，来自法国、意大利和西班牙遗址的文物
距今超过 100 万年，现在看来，这是比较可信的。
此外，现在有直接的证据表明，在 80 万年以前人
类确实出现在了欧洲南部。在西班牙北部一个叫阿
塔普埃尔卡山（Sierra de Atapuerca）的遗址发现了
一些距今 80 至 120 万年的零散的人类骨头。阿塔
普埃尔卡山是一个被铁路分割开来了的石灰岩的山
头，也正因为修建铁路使得阿塔卡普尔的一些旧的
洞穴和被泥土与沉积物掩埋的遗址重见天日，而在
其中的两个叫做埃拉芬特和格兰多利纳（Elefante,
Gran Dolina）的洞穴中发现了古人类的遗骸。这些

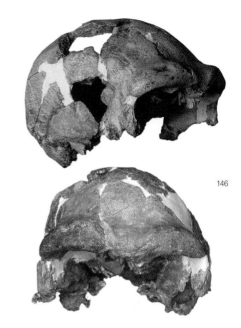

146

意大利的距今约 40 万年的西布兰诺人头骨。他
和直立人和海德堡人都很像，但还是被命名为
了一个新的物种：西布兰诺人（*H. cepranensis*）。
另一种可能性是他代表了晚期存活下来的先驱
人（*H. antesessor*）。

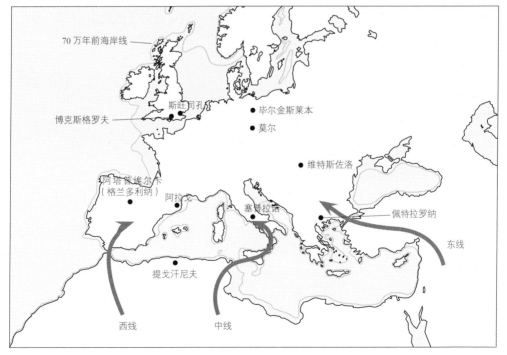

这张地图是地中海和欧洲的早期人类遗址分布。尽管有学者认为动物和人类能跨过直布罗陀海峡或者经由非洲和西西里岛
之间的古老大陆桥从非洲进入欧洲，但最可能的人类迁徙方式还是经由西亚。

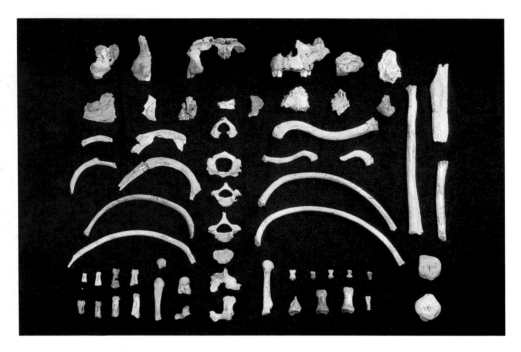

从 80 多万年前的格兰多利纳（Gran Dolina）遗址的 TD6 层发掘出的人骨。它们来自于几个成年和未成年人，一些骨头上还有划痕，暗示可能有同类相残行为。他们被归为先驱人，确实也与阿尔及利亚提戈汗尼夫的几乎同时代的化石材料阿特拉猿人（*Atlanthropus mauritanicus*）有很大差异。

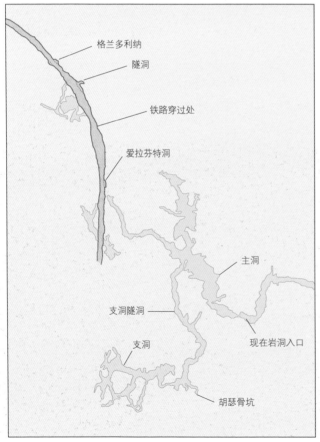

格兰多利纳
隧洞
铁路穿过处
爱拉芬特洞
主洞
支洞隧洞
现在岩洞入口
支洞
胡瑟骨坑

西班牙北部靠近布尔戈斯的阿塔普埃尔卡山的众多遗址。最古老的一些遗址所藏有的人类活动的证据，比如格兰多利纳，在一条铁路的施工过程中被发现，而更年轻的且极其丰富的胡瑟裂谷（骨坑）是在一个洞穴系统的深处。

遗址记录了距今 78 万年前地球最近一次磁极转换。

在格兰多利纳洞穴中发现的人类遗骸来自多个个体，其中大部分是属于儿童的，包括一块前额骨、一个完整的面部骨骼、下颌、牙齿、手臂和脚以及膝盖骨。许多骨头上面布满划痕，表明它们是被石制工具所切削过的。现代人的丧葬习俗可能会造成这种伤害，但这样的行为仪式却似乎不可能是早期人类所为，这些个体看起来像是古老的食人族的受害者，只是还不清楚食人者是这些个体的同类还是来自其他族群。

147

上 / 下图　格兰多利纳遗址发掘出了距今 80 万年前的动物骨头、石器和人类化石。更古老的埃勒芬特裂谷（Sima del Elefante）发掘出了部分下颌骨和一个手骨。

在格兰多利纳洞穴中发现的一些牙齿化石有着距今超过 150 万年的非洲化石所体现的原始特征，而从前额骨看，对直立人的儿童来说其脑容量显得过大，而鼻子和颧骨的形状则使得面部看起来非常现代。这也就使得对这些骨头进行研究的西班牙科学家更倾向于认为他们是一个新的人科物种，命名为"先驱人"（*Homo antecessor*）。此前，他们曾设想"先驱人"是现代人类和尼安德特人最后的共同祖先，表明这两个人种在很久之前就分开了，但是他们现在认为"先驱人"跟德马尼西遗址和中国遗址等发现的亚洲的直立人关系更加紧密。这一人种后来也许全部或者大部分被不断迁徙扩散的海德堡人所替代。

148 二 早期的直立人：海德堡人

1907 年，德国海德堡附近的一个叫莫尔的地方的工人们在河流阶地的沙层中发现了一块奇怪的下颌骨。从数量和形状来看，这颌骨的牙齿无疑是属于人类的，但是这块颌骨很厚，而且前面几乎没有下巴。正如当时那段时间的普遍做法，这一化石被命名为一个全新的人科物种，称为"海德堡人"（*Homo heidelbergensis*），但是当时很少有科学家重视这一发现。一直到本世纪，他才被视为是欧洲早期直立人的代表，并且从与其伴生的哺乳动物的化石来看，海德堡人距今大约已有 50 万年。

布罗肯山化石

149 14 年后，也就是 1921 年，非洲首次发现了有重大意义的人类化石，这是从当时英属北罗得西亚，也就是现在的赞比亚的布罗肯山（现今的卡布韦）的金属矿中发现的。当时，矿工们穿过复杂的洞穴系统，准备把包着化石的矿石扔到熔炼炉。但那一刻，矿工将这些化石与其他各样化石一起保留了下来，因为这些化石确实太与众不同了。这些化石包括了一些人类的骨骼，其中一些可能属于颅骨，而另一些还不清楚。布罗肯山头骨被迅速带到英国，并被定义为一个新的人科物种："罗德西亚人"。罗德西亚人最显著的特点也许是其眉峰骨向前突出很多，并在眼眶上形成整条眉脊，虽然他的脑袋扁而长，但脑容量和现代人是一样的。在头骨附近发现的胫骨很强壮，但却长而直，显示出这是一个高大但体型匀称的个体。

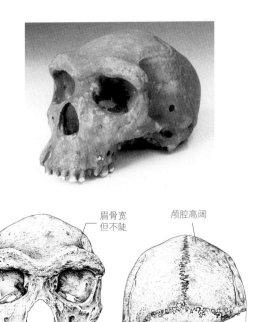

1921 年，矿工茨维格拉尔（Tom Zwigelaar）在布罗肯山头骨发现的当天与之合影。当天还在附近发现了一个人类的胫骨和破碎的股骨，这些骨头可能与头骨来自于同一（男性？）个体。

眉骨宽但不陡

颅腔高阔

布罗肯山 1 号是所有的古人类化石里保存最好的之一。它与直立人化石一样有着粗厚的眉脊、颅骨后也有脊，但它也有后来的人类的特征，比如脑容量大，反映在它的相对身高和顶骨部位的扩张。面部狭小，头骨基部有着现代特征。颧骨和严重的龋齿可看出有病变迹象。

山洞入口

地平面

水平面

古人类遗址在矿产深处

1921 年的布罗肯山采矿公司的采矿场。

150

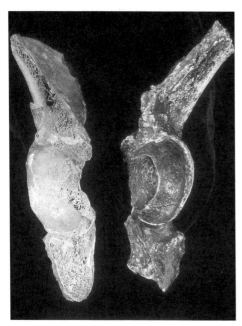

布罗肯山（左）和奥杜威（奥杜威28号）化石的髋部比较。两者都是大而粗壮，髋关节以上有骨脊加固。这一特征出现在直立人和海德堡人里，但没有出现在尼安德特人和智人里。

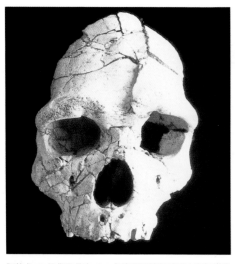

阿拉戈21号化石是在1971年发现于靠近法国南部托塔维尔（Tautavel）的一个洞穴里。因头骨前部和侧边有些扭曲，该化石曾被划分为直立人，但最近它与佩特拉罗纳（Petralona）和阿塔普埃尔卡山（Atapuerca）遗址出土的化石的相似处使得它被归为海德堡人甚至是早期的尼安德特人。

151

在欧洲和非洲还发现了许多其他的化石，这些化石有着显然比尼安德特人或是现代人更加原始的特征。在欧洲，这些化石来自于法国的阿拉戈（Arago），德国的毕尔金斯莱本（Bilzingsleben），匈牙利的维尔泰斯佐洛斯（Vertesszölös），英国的博克斯格罗夫（Boxgrove）以及希腊的佩特拉罗纳（Petralona）。希腊的佩特拉罗纳人化石因为其与布罗肯山人头骨整体相似而特别引人关注。在非洲，有同样价值的发现包括在埃塞尔比亚的博多（Bodo），坦桑尼亚的恩杜图（Ndutu）和南非的伊兰方泰恩（Elandsfontein）发现的头骨，以及在肯尼亚的巴林戈（Baringo）发现的下颚骨。有观点认为，所有的这些化石所代表的都是直立人的后期形态，就类似于德国莫尔发现的下颌骨。但渐渐地人们认识到，这些化石有足够鲜明的特征可以与直立人区分开来。事实上，他们的脑袋更高也更圆润，特别是在两侧，并且这也反映了其平均的脑容量更大，更加接近于现代人。此外，颅骨增厚这样一个直立人的明显特点，在这一组化石上显著地降低了。相比直立人突出的面部，其面部也更加扁平。

经过了上述比较，大家接受了非洲和欧洲这些化石与1907年在莫尔发现的化石有关联，并终究认识到了提出"海德堡人"来命名这一人种确实是有必要的。这种称呼表

右图　希腊佩特拉罗纳（Petralona）遗址的头骨化石的 X 光片显示出它有着有趣的混合特征。长而低平、倾斜而厚厚的颅后骨以及粗厚的眉脊都是直立人的特征，而相对较高的头骨、收敛的面部等特征却在海德堡人和尼安德特人里出现。

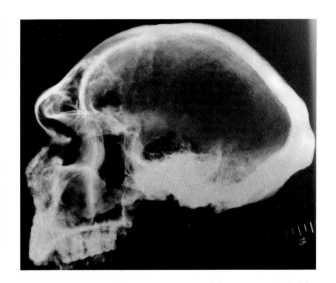

下图　这一复原图展现的是在英格兰南部博克斯格罗夫（Boxgrove）滨海平原上，海德堡人在犀牛尸体上驱赶鬣狗。博克斯格罗夫遗址有几只犀牛被有组织地屠宰过，但不清楚这些危险的猎物是被古人猎杀的，还是死于其他原因而后古人来吃尸体。不过，遗址里的人类显然是尸体的主要食用者。

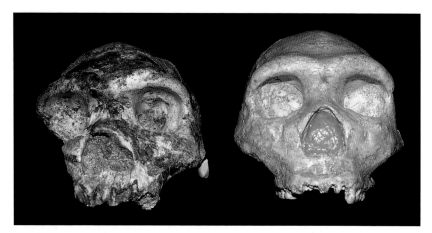

埃塞俄比亚的博多头骨（左）与佩特拉罗纳（Petralona）化石的铸件（右）的简单比较。它们常被归入海德堡人，都有宽大的面部和大鼻孔。然而，从眉脊和颧骨的形态来看，佩特拉罗纳化石可能和尼安德特人更相近。

明海德堡人与直立人相比进化得相对完善，而与尼安德特人和现代人相比则要更加原始。在其支持者看来，海德堡人代表着尼安德特人和现代人最后的共同祖先。依据从埃塞俄比亚的博多得到的化石证据，在 60 万年前，海德堡人必定起源于非洲、欧洲或者它们之间的某个地方。他们在这些地区迁徙，然后开始分化。由于当地特异的种族特征的演化以及气候变化加剧了地理障碍，欧洲和非洲的人群逐渐分离。在北方的海德堡人最终分化成为了尼安德特人，而在非洲的则分化为智人。另一种观点认为，海德堡人仅仅是欧洲的人种，是尼安德特人的直系祖先，按照这一观点，在 1921 年从布罗肯山发现的同时期的非洲支系则被称为"罗德西亚人"。"海德堡人"与早先格兰多利纳发现的"先驱人"和提戈汗尼夫的"毛里坦人"（*Homo mauritanicus*）之间的关系一直没有搞清楚。这些早期的化石与海德堡人有着密切的关系，可能代表着海德堡人的祖先，或者他们只是已灭绝的人类旁支，而海德堡人是从其他人种演化而来的？

152 三 阿塔普埃尔卡山与尼安德特人的起源

在西班牙北部靠近布尔戈斯的阿塔普埃尔卡山是石灰岩山区，我们在第 186 页已经读到，这一地区已发现了一系列对欧洲早期人类进化有重要意义

的化石。然而，它还有一系列晚近时期的珍贵材料绘声绘色地展现出由海德堡人到尼安德特人的古人类演化转变。与格兰多利纳（Gran Dolina）这一系列暴露在外的曾是洞室或开放式洞穴的遗址不同，阿塔普埃尔卡遗址是在洞穴群的很深处，在一深坑的最底部，这一深坑被称为胡瑟裂谷，西班牙语中有"骨坑"的意思。现在要经过艰苦跋涉才能到这个地方，有时需要肚子贴近地面匍匐爬行，有时需要用绳索。最终，来到一个 13 米（43 英尺）长的竖井，可以通过一把不牢靠的金属梯子爬下去。在竖井的底部是一泥泞不起眼的小洞穴，但这一洞穴却有着前所未有的最丰富的人类化石。考古发掘远未完成，但已找到了来自 28 个个体的超过 6000 块化石，有男有女，还有儿童。现在仍不清楚在这洞穴群最深处的这个小洞穴里的这么多骨头是来干什么的，因为这里没有用火的痕迹，没有食物碎屑和

上图　阿塔普埃尔卡的胡瑟裂谷（骨坑）。洞穴深处的这个小室有着世界上最丰富的化石材料。现在还不清楚人类的骨头是如何来到这间小室的——这些骨头是被有意丢到坑里的，还是在自然过程中自己掉到了这里？

下图　胡瑟化石堆里年纪最大的个体的头骨，5 号头骨，绰号"密克隆"（Miguelón），但不清楚其性别。牙齿磨损严重，有感染的迹象，并传染到脸上，这可能是其死因。这枚头骨还有多处伤痕。

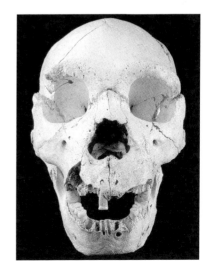

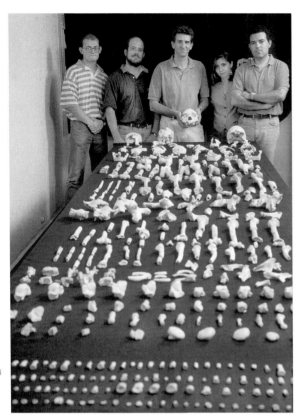

石制工具，显然不是人类居住的地方。在骨头中间还发现了一把非常精美的由粉红色的石头做成的手斧，但现在还不知道其是否有特殊的含义。

阿塔普埃尔卡洞穴群的发现

胡瑟裂谷几个世纪以来早已被当地人所熟知，因为有大批年轻人为了取悦他们的女友而爬下深洞去寻找洞熊的牙齿化石，在平安返回后将化石作为礼物送给女友。在这样的找寻化石的过程中，胡瑟裂谷的沉积层被一次又一次地严重搅乱了，直到1976年一位对洞熊感兴趣的古生物学家才来到这里。那时从被扰乱的沉积物中发现了一个人类下颌骨，才第一次引起了学术界对这一遗址的关注。研究者们经过多年缓

胡瑟遗址出土了超过6000件人类化石，代表了过去30万年里死去的28位男性、女性和孩子。大部分样本是青少年和年轻的成年人，只有极个别的非常年幼和年老的人。骨架的每个部位都保存着，为了我们提供了古人类的变异和健康方面最好的数据。

慢的辛苦的工作去把被扰乱的沉积层搞清楚。这狭窄的空间一次仅能容下极少的几位工作人员，还经常缺氧。而且，发掘出的每一包沉积物都需要从坑底拉上去，经过深深的洞穴才来到地面。数不清的洞熊和人类的骨骼被复原，上面常有近期被化石猎手所破坏的痕迹。最终，未被扰动的沉积层可以开始发掘了，自1992年，一大批的化石开始被发掘出来，其中包括成人和儿童近乎完整的骨架。

尼安德特人的祖先？

胡瑟裂谷发掘出的人类化石包含了来自骨架各部位的数不清的样品，甚至还有最小的手骨和足骨，一般情况下它们全部乱七八糟地埋在沉积物中。化石中最多的是牙齿，从牙

齿可以看出大部分个体是青少年或年轻人。一些骨头若可以拼合在一起，则显示它们来自同一个人，例如，一个下颌骨可以拼到一枚头骨上，但在其他情况下，比如说手骨，就很难和其他部位拼合。对这些化石的研究还在继续，但现在已经很明确的是这些骨头有着明显的混合特征。例如，最完整的一具头骨有着更低的下颌骨，就像是德国莫尔的典型海德堡人下颌骨的缩小版，而他的中面部尤其是鼻部明显向前突出，又是尼安德特人的典型特征。颞骨（包括耳部）的形状和现代人的很像，但头后部又有一个小的中央凹陷，这一特征在已知的尼安德特人里都有发现。

原始和衍生特征兼具的这一特点随机出现在发掘出的全部样本中，所以如何最好地对其进行分类是很困难的。西班牙研究团队将这些样本归为晚期海德堡人，并认为其距今50万年以上，但我们觉得这些化石并没有这么古老，应该归为早期尼安德特人，但无论如何，这些化石的重要意义是不容否认的。这些化石表明在40万年前的欧洲人群中发生了演化转变，产生了后来的尼安德特人，欧洲记录下的是尼安德特人的进化历程而不是智人的。

四 尼安德特人的出现

尼安德特人（*Homo neanderthalensis*，来自尼安德特山谷的人）是非常著名的古人类。其出名的原因有两点。首先，是由于他们生活在一个对自己的史前历史探索更多的地方——欧洲。其次，他们大部分生活在洞穴中，习惯将自己死去的同伴掩埋在自己生活的洞穴里。因为埋葬使他们的尸骨免于被侵蚀、践踏或者散落，这就使得尼安德特人的尸骨更有可能变成化石。此外，洞穴也能比开放的遗址更能积累起尼安德特人生活的证据，所以它们被广泛发掘，这使得不计其数的尼安德特人的墓葬以及他们的更多生活区被发现。一共发现了500多具尼安德特人的尸骨，虽然其中的大部分都只是一些化石碎片，例如仅仅只有牙齿或者下颚的一部分，但是其中有20具男人、女人和儿童的相对完整的骨架。利用这些，我们可以重现一个典型的尼安德特人的完整画像。这些墓葬还反映了尼安德特人思想和生活的复杂性，因为从其中一些可以看出他们很小心仔细地对待尸体。在以色列，一名尼安德特男子下葬后被移开了颅骨，而在叙利亚和法国，石板可能被放置在尼安德特孩子的坟墓中。

尽管一些科学家还有异议，大家基本上认同尼安德特人会埋葬死者，在以色列发现了一些最好的例子。图中的是一个尼安德特婴儿（Amud 7），旁边显然被放置了一个鹿的颌骨。

阿木德（Amud）在阿拉伯和希伯来语里都是柱子的意思，石柱旁边的洞穴也以石柱来命名。经过1960年代年日本人带领的团队以及90年代以色列人带领的团队的发掘，这一遗址产出了大量的动物骨头、旧石器中期的石器以及一些尼安德特人的化石。其中最著名的是一个成年男性（Amud 1号）。

上图　1982 年在以色列的卡巴拉洞穴（Kebara Cave）发现的尼安德特人的骨架。腿部已被几乎全部侵蚀，但头骨的缺失却更令人疑惑——头颅是被取下做祭祀了，还是被狼或鬣狗挖走了？

右图　这一女性有着典型的尼安德特人的形体特征，身材短小、敦实，宽宽的肩膀和臀部，粗笨的四肢，相对较短的前臂和胫骨。尼安德特人男女之间的体型差异比现在的人要大，但尼安德特的女性也确实非常强壮和肌肉发达。现在还不确定尼安德特人是否穿衣服，但他们显然已有了处理动物毛皮的技术。

强壮敦实的尼安德特人的解剖学研究

　　下面是尼安德特人的一些解剖特征。这些早期人类的脑容量很大，并且头部较为扁长和低平，长面，有大而丰满的鼻子以及双拱形的眉骨。从颅内来看，尼安德特人的大脑和我们的有一些区别——大脑的正面部分偏小，而背面枕叶部分偏大，但我们不能通过这些有限的数据来判断其大脑的质量。他们的颧骨部分向外凸出，而脸颊部分较为凹陷。门牙很大，并且常出现严重磨损，这说明这些牙齿经常咀嚼一些兽皮、皮革和植物纤维。下颌很长，很可能前面没有下巴。从他们的骨骼可以看出，他们身材较矮，体格敦实，具有强壮的肌肉和腿骨，特别是他们的关节大、骨壁厚。最有名或者说最"典型"的尼安德特人 生活在大约 70000 到 35000 年以前，与耐寒动物如驯鹿和猛犸象生活在同一时期。

纵横欧亚

生活在欧洲的这些晚期尼安德特人适应了末次冰期的严酷气候和地理环境。他们庞大的体型可以使暴露在寒冷中的皮肤表面积最小化，从而达到保温的效果。而大鼻子可以使寒冷而干燥的空气变得温暖湿润。但是，在欧洲尼安德特人也经历过温暖的时期，例如

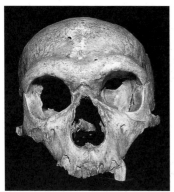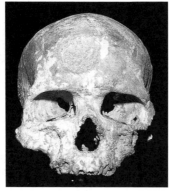

晚期的尼安德特人——圣沙拜尔（La Chapelle-aux-saints）的"老人"（"Old Men"）（左图和右图的上面）和早期现代人——克罗马农人（中）的头骨比较。他们生活的时间可能只相差两万年，但他们在脑袋和面部的一些形态特征上有着显著不同。

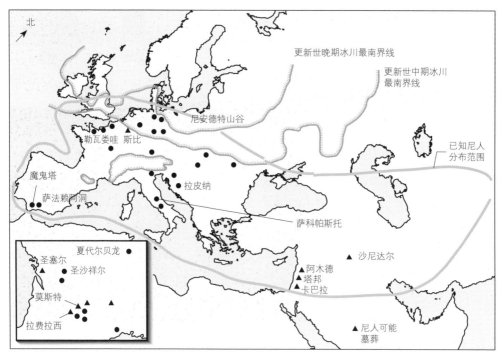

尼安德特人化石发现的范围。非洲目前仍未发现尼安德特人，不过范围更广的旧石器中期的遗迹说明上图的范围大概只是尼人分布的最保守界限。尤其是最近南西伯利亚发现的化石上提取出了尼人DNA。

12500 年前的意大利萨科帕斯托遗址的尼安德特人的化石就有大象和河马的化石伴生。虽然最广为人知的尼安德特人大多来自尼安德特山谷（德国）、斯庇（比利时的 Spy）以及圣沙拜尔（La Chapelle-aux-Saints）和费拉西（Ferrassie，法国），然而他们也同样跨越了西亚进入了现今的伊拉克、叙利亚、以色列、格鲁吉亚、俄罗斯、乌克兰和处于远东的乌兹别克斯坦甚至西伯利亚。因此在亚洲更大的区域内，发现了旧石器时代中期的典型石器。现在还没有明确的化石证据能证明尼安德特人是来自远东还是非洲——其他的人类生活在那，有着他们自己的独立的进化史。

157

适应艰苦的生存环境：摔跤手与长跑者的合体

对尼安德特人骨骼进行研究，能看出艰苦的生存环境在他们的身上留下的烙印。有许多的骨折和损伤，其中大部分已经痊愈。这些可能是人际冲突造成的，但也很可能是在围猎一些大型的猛兽时受伤的。

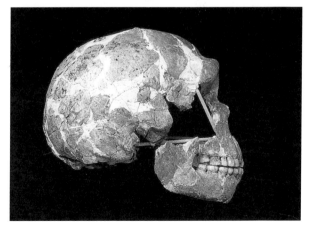

目前已知的最早被埋葬的人。1932 年出土于今以色列的塔邦（Tabun Cave）。化石的主人是女性，矮小轻巧，牙齿小，但眉脊突出。其骨盆具有尼安德特人特征，被最早辨识出来。该化石年代较难断定，但最新的 ESR 分析显示其年代约为 12 万年前。

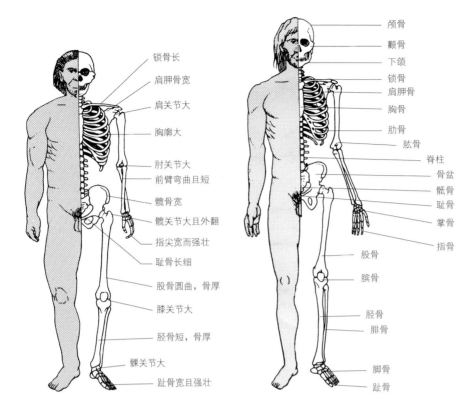

图中比较的是欧洲尼安德特人（左）和克罗马农人男性的骨架和复原的体型，他们都有着基本的人类形态，但尼安德特人身材矮小，克罗马农人的体型更高更线性。然而，这两类人的体型随时间和空间都有变化，西亚的尼安德特人相对更高、没那么粗壮，而晚期的克罗马农人比他们的祖先要矮小粗壮。

一些伤势严重到足以使人变成严重的残疾，例如，一名被埋在伊拉克的一个洞穴里的男子，他的左眼失明了，一只萎缩了的缺少手部的胳膊搭在了右手边，他很可能已经瘫痪。尽管如此，他在这种情况下，至少又存活了几个月，这就证明在此期间有其他的尼安德特人在照顾他。为了应对艰苦而危险的生活，他们的骨骼都非常粗壮和坚硬，特别是腿骨的形状和强度更是如此。总的来说，他们的身体是力量强大的摔跤手与耐力惊人的马拉松选手的结合。

第十五章 | 现代人从非洲再次出发

非洲有着丰富的人类早期进化阶段的化石，但与之相比，非洲发现的人类进化晚期阶段的证据则要少得多。此外，与欧洲和亚洲的化石记录相比，非洲多年以来都是远远落后的。从考古学家所仅依赖的放射性碳测年数据来看，撒哈拉以南仍然徘徊在手斧工具的阶段的时候，撒哈拉以北的非洲已经进入了旧石器时代中期。随后，非洲迎来了中石器时代，差不多与欧洲的旧石器时代在同一时期，但其在技术上比较简单且缺乏有代表性的具象艺术作品和复杂的墓葬。非洲晚期的人类化石的记录非常的稀少，仅有的原始特征的化石，比如赞比亚的布罗肯希尔人头骨、南非弗洛里斯巴人的部分头骨也仅仅只有 5 万年，与尼安德特人是同一时期的。

一 非洲的尼安德特人

然而，新的发现，以及可以比放射性碳测年更先进的新技术的应用，大大改变了我们对非洲的进化历程的

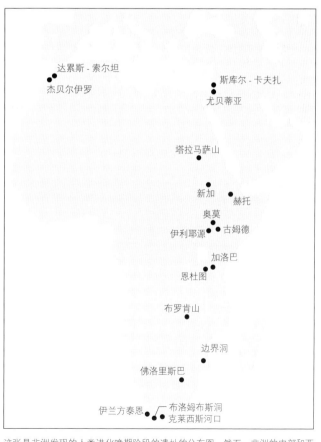

这张是非洲发现的人类进化晚期阶段的遗址的分布图。然而，非洲的中部和西部仍缺乏化石发现的记录。

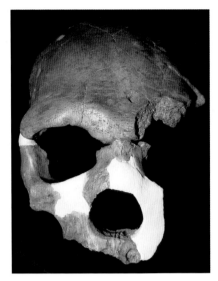

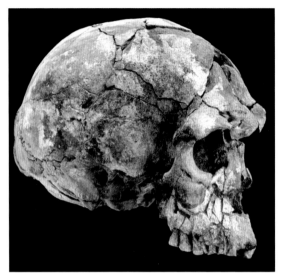

弗洛里斯巴（Florisbad）头骨。一直以来，它的年代被认为只有4万年，但1996年的测年给出26万年，表明他可能是智人的早期祖先支系。

这是1997年在埃塞俄比亚的赫托遗址（Herto）发掘出的三个头骨之一，距今约16万年。这些化石很大很粗壮，但和现代人有着明确的近缘性。

下图　南非克莱西斯河口（Klasies River Mouth）的复杂洞穴对重新评估非洲在现代人进化上的意义是非常重要的。零碎的人类化石中有一些带有明显的现代特征，距今约6万到12万年，考古上也在中石器时代发现了一些高等的人类行为，比如海洋的利用、制造刃器和复杂工具等。

看法。我们现在认为，在距今 40 多万年前，与尼安德特人的欧洲祖先类似的一群人生活在非洲，代表性的化石有布罗肯山、埃兰兹方丹和恩杜图，他们被归为海德堡人或罗德西亚人（参见第 188—192 页）。与尼安德特人相比，布罗肯山人头骨看起来原始些，实际上他就是比尼安德特人古老。大约在距今 40 万到 13 万年前，在非洲演化出了现代人，同时，在欧洲则演化出了尼安德特人。

新的测年技术显示弗洛里斯巴(Florisbad)、加洛巴(Ngaloba)、古姆德(Guomde) 159 发现的可能是现代人祖先的化石比之前认为的要早得多，都超过 15 万年。实际上，用 ESR 对弗洛里斯巴化石的臼齿釉质进行测年得出其年代约在 26 万年前，与晚期手斧工业相关；加洛巴、古姆德化石就相对年轻一些，但确是在中石器时代遗址中发现的。由此看来，非洲的考古历程需重新考量，与其他地方的相比也不再落后了。事实上，非洲一些中石器时代的工具看起来比它们所对应的欧洲的旧石器时代中期的工具还要复杂精细。

二 智人在非洲出现

16 万年前的现代人（即所谓的智人）的化石来自于埃塞俄比亚奥莫—基什（Omo Kibish）和赫托（Herto）遗址，以及大陆另一端非洲南部的稍晚一些的洞穴，比如克莱西斯河口（Klasies River Mouth）。克莱西斯河口洞穴是沿海的，有着很 160 深的考古层，包括贝壳类贝丘、壁炉和零碎的人类化石，有的上面有些痕迹暗示当时有自相残杀现象。另一非常著名的南非遗址是边界洞（Border Cave），其中有丰富的中石器时代地层以及一些人类化石。一个有现代特征的下颌骨由 ESR 直接测年约为 75000 千年前，但这些骨头的出土地层是有疑问的，可能这些骨头是后期又被埋入中石器时代地层的。奥莫的零碎人类化石没有这方面的出土地层的问题，但另一具在此遗址独立出土的人类头骨看起来更原始一些，很难被划分为现代人。最近，埃塞俄比亚赫托遗址的沉积层中出土了 16 万年前的有着现代人特征的大人和孩子的头骨（参见上一页的图注），这些进一步证实了奥莫的发现。他们有着被砍削的痕迹，也被刻意保存和处理过，这些可能是其仪式用途的证据。再往西，苏丹的新加（Singa）出土了一个形状奇特的头骨化石。对这一化石的详尽研究表明其可能因 161 为重症感染而影响了骨骼发育并造成至少一只耳朵是聋的。新的测年数据显示新加是

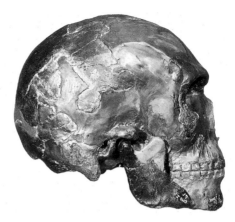

上图 奥莫1号（Omo 1）头骨复原后很有现代形态，下颌上有着明显的下巴。颅顶骨高而凸起，颅底相对较窄。眉骨虽然破碎，但也能看出是像现代人一样分开的。

左图 1967年，由理查德·利基（Richard Leakey）带队在埃塞俄比亚西南奥莫河地区基比什（Kibish）发掘出三具人类化石。奥莫1号是一个身材高大强壮的个体的骨架，明显是男性，在保存下来的部分有着明显的现代特征。这副骨架的测年13万年，但有争议，最新研究显示他实际上约有19.5万年。

下图 非洲各处的头骨化石在时间和空间上描绘了现代人可能的祖先的范围。头骨以及它们的测定时间从左向右依次为：弗洛里斯巴（Florisbad，南非），26万年；加洛巴—莱托里（Ngaloba-Laetoli人18号（坦桑尼亚），15万年；杰贝尔依侬罗1号（Jebel Irhoud，摩洛哥），20万年；奥莫基比什2号（Omo Kibish），19.5万年；以及新加人（Singa，苏丹），13万多年。

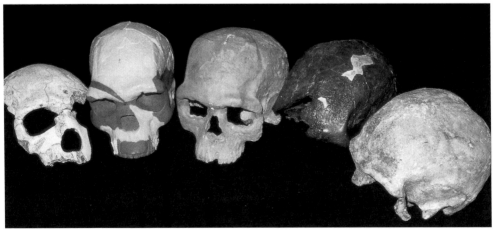

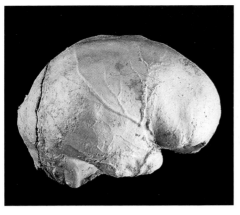

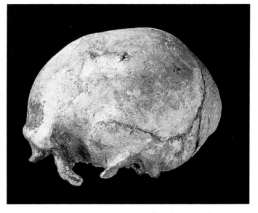

新加头骨的颅腔模型有着现代人的大小，但它的形态显示该个体与其他人类化石不同，他很可能是左撇子。这枚颅骨的奇怪形态以及其一边缺失的耳骨也表明该个体患上一种影响骨骼生长的疾病。

苏丹的新加头骨是 1924 年在尼罗河的河床上发现的。它奇怪的原始和现代的混合特征已在之前的研究中提到过，但直到最近它才被认为只有 2 万年。它相当低平，有着短而异常厚的顶骨。前额高圆，眉骨相对较小。近十年的 ESR 和铀系测年显示该头骨可能有 13 万年，可能是智人非常早期的化石。

13 万年前，所以可以代表另一类原始现代人。

北非出土了一些原始智人化石，其中包括在摩洛哥杰贝尔依罗（Jebel Irhoud）发现的大概是从 20 多万年前的两名成人头骨和一个孩子的下颌。看起来更有现代特征的样本是在摩洛哥达累斯—索乌坦遗址（Dar es-Soltan）以及埃及塔拉姆萨（Taramsa）山发现的。尼罗河沿岸上一座山的山顶也发现了 6 万年前一具孩子的骨架，目前还在调查研究中。

总体而言，我们对非洲距今 30 万到 13 万年之间的情形知之甚少。我们认为现代人类也正是起源于这一时间段，但仍有许多缺环。那一时期，非洲可能有最大的和最多样的人群，但我们的化石样本仅局限于这片广袤大陆的一小部分。手斧和中石器时代的工具表明在非洲中部和西部也有人生活，但我们对他们的体貌特征和进化的位置一无所知。

三　现代人来到亚洲

我们已经了解了，直立人在一百万年前就遍布亚洲的温暖地区，其中包括大家熟知的来自中国和爪哇的化石。从文化遗迹的分布来看，当时这一种群的分布范围还要广得多，有证据表明直立人可能在一百万年前已经越洋到了印尼的弗洛雷斯等岛屿（参见第 220—223 页）。然而，尽管如此，他们可能并没有达到澳洲，虽有零星证据也支持他们到了澳洲，澳洲和美洲在现代人到来之前一直荒无人烟。与西方相比，科学家们对亚洲东部究竟

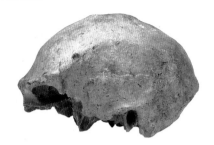

爪哇昂栋（Ngandong）的直立人头骨也可能只有 5 万年。
这一头骨被认为是来自一位女性。

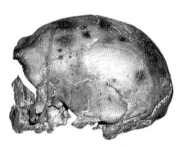

中国的大荔人可能有 30 万年，看起来与直立人不同。
有些人认为大荔人是本土直立人与现代东方人的中间纽
带。然而，他也和非洲和欧洲更古老的化石有相似之
处，这就使得一些工作者认为他应该划分为海德堡人。

有多隔离有着不同的意见。考古学证据显示
远东和西方人群在技术和行为上有差异，这
些差异延续了约一百万年。

南亚和东亚

若在这一中间区域能有较好的化石记录
会很有帮助，但实际上除去印度西部讷尔默
达（Narmada）发现的可能是 30 万年前的头
骨化石外，没有其他化石材料。这一古人类
可能代表了比直立人更先进的物种，在中国
也有与之类似的化石，比如郧县、大荔和金
牛山人。现在还不清楚这些化石是来自当地
早期直立人的演化还是海德堡人的变种来到
这一地区。但在这一区域的最南端，也就是

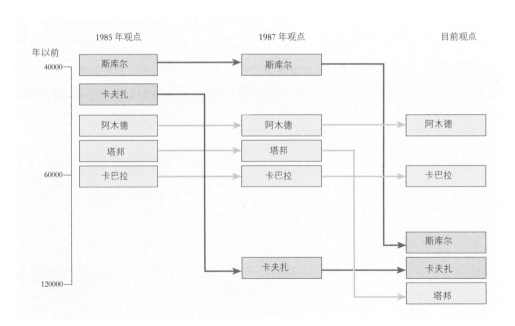

现代的测年技术已革命性地改变了我们对中东地区尼安德特人和早期现代人化石序列的认识。欧洲的情形可以反映这一现
状，在欧洲现代人是在尼安德特人之后的，而现在有着更复杂的模型，也就是这些现代人群可能追溯到 10 万年前，可能替
换尼人或与其共存于这一地区。

爪哇，以昂栋（Ngandong）和萨姆布恩马堪（Sambungmacan）化石为代表的直立人在那里基本没有变化地延续了 20 万年。这些化石有着稍大的头骨，但还保留着他们原始祖先的粗壮骨骼特征。

西亚

在西亚是一个完全不同的故事，因为这一区域是连接非洲和亚洲（以及也间接地连接欧洲）的走廊。有证据显示黎凡特地区（在地中海东岸，包括黎巴嫩和以色列）的以色列尤贝蒂亚（Ubeidiya）遗址在 150 万年前就有人类生活了。在以色列一个稍晚近的距今约 80 万年的盖谢尔·贝诺特·雅各布（Gesher Benot Ya'aqov）遗址出土了零碎的人类腿骨、许多手斧、宰杀大象以及用火的证据，甚至有看似木制的工作板。叙利亚还有疑似直立人的头骨残片，土耳其和以色列的祖提耶（Zuttiyeh）还有疑似海德堡人的头骨残片。但化石还是很零星，直到距今 12.5 万年，以色列开始出现大量证据。

然后，这一地区成为了尼安德特人和现代人的交汇重叠区，北边是演化中的尼安德特人，而南边是早期现代人。近期的研究表明在克罗马农人

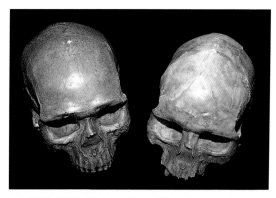

这些早期的现代头骨是来自中国周口店的山顶洞，可能有 3 万年。图中左边可能是男性，右边是女性，他们有着显著的差异，这使得一些研究者认为他们对应着现代不同族群的人。然而，他们更可能代表了东亚的一个古老人群，后来可能灭绝了，或者还没有发展出现今人群里所看到的地域特征。

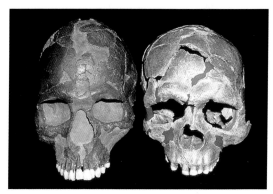

这些来自以色列卡夫扎（Qafzeh）的头骨有着典型的早期现代人的特征，比如宽而平的脸，相当低而方的眼眶，以及很大的脑容量。

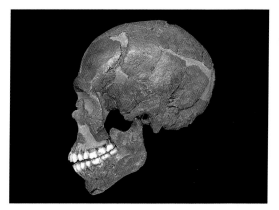

卡夫扎 9 号化石。

163

以色列靠近拿撒勒（Nazareth）的卡夫扎洞穴遗址。卡夫扎9号个体（右下，这是头骨）有着高大而轻巧的骨架，是和在其脚边的卡夫扎10号儿童个体一起发掘出来的。

（也就是现代人）到达之前，早期现代人并不是孤独地在欧洲生活了很久，而尼安德特人也随之而来。对和斯库尔（Skhul）以及卡夫扎（Qafzeh）洞穴现代人同一层位的动物牙齿和烧火的燧石的测年表明这些是在12万到8万年前被有意埋起来的。有关的骨骼有着一些原始特征，但在头骨形态、下颌发育和纤细的身体，特别是腿上有更多的现代特征。然而，以色列的塔邦(Tabun)的尼安德特人遗址是差不多同一时期的，而卡巴拉(Kebara)和阿木德(Amud)遗址却仅有6万到5万年，这表明尼安德特人或者与现代人共存，或者与现代人交替生活在这一区域，因为现代人在至少4.5万年前又出现在了这里。

一种观点是现代人在12.5万年前短暂的间冰期时出现在非洲。然而，当末次冰期开始时，现代人消失了，或者迁徙到了其他地方，但适应寒冷的尼安德特人从更远的北边来到这一区域，可能是因为环境变化使得这一地域更适合他们生存，或者他们被恶化的环境所迫而向南迁徙。

现在还不清楚，斯库尔－卡夫扎（Skhul-Qafzeh）人是代表了一次短暂并没有走太远的走出非洲之旅，还是其他类似他们的人群成功地深入到了亚洲和阿拉伯并繁衍出了后来的达到澳洲的现代人。

四 现代人到达欧洲

因数据缺乏，我们对早期人类（如直立人）走向灭绝的原因还知之甚少。而对尼安德特人来说，其丰富的化石材料和完备的考古记录足以让我们做出些有根据的推测。如我们所知，在欧洲尼人的谱系可以通过其颅骨、面部甚至于耳骨等越来越多的特征远溯至约30万年前，但他们在近2万年内却销声匿迹了。他们在至少5万年前还生活在亚洲西部，在至少3万年前还活在欧洲西部的边角地区。在距今3—4万年之间，最后一批的尼人和欧洲最早的现代人（克罗马农人，参见第211—216页）确实共存过，但还不清楚它们是否彼此能经常接触到，或者更极端的情况，他们是否可能有过杂交。我们的测年方法还不足以精确到能说明这些人在不同区域、在相同区域但不同地点或者是同一时间同一地点是否曾经共存过。化石证据表明最早的现代人并不是由最后的尼人演化而来的，现在处于争议中的是两者之间有无发生过杂交。

近期对距直布罗陀东北不远处的西班牙萨法赖阿洞穴（Zafarraya

萨法赖阿洞穴位于西班牙马拉加内陆山区，可能是尼人最后的避难所之一。有证据显示现代人自东迁徙经过中欧，而尼人在其灭绝前则有机会在不列颠、伊比利亚南部和意大利南部这些边角地区生存了很久，尼人也可能被吸收进了新到来的现代人的群体中。然而，放射性碳和铀系测年得出的27000年并不是直接由人骨测出的，也有可能人骨要比这一时间点要早。

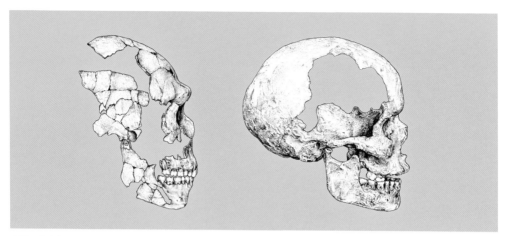

法国圣塞赛尔出土的约 37000 年的晚期尼人头骨和捷克出土的同一时期的早期克罗马农人的头骨和下颌骨（不是来自同一个体）的比较。现在还不清楚晚期尼人和早期现代人交流和融合的程度如何。一些考古学家认为尼人显出了行为上的改变，暗示着其与现代人有过接触。

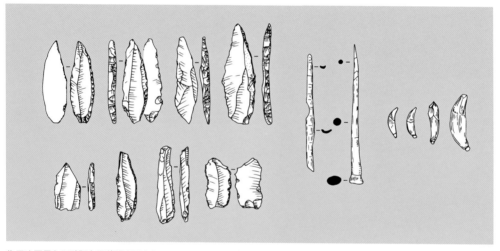

位于法国屈尔河畔阿尔西的驯鹿洞穴（Grotte du Renne）是在尼人研究中最有趣也是最有争议的遗址之一。和圣塞赛尔一样，尼人化石与夏代尔贝龙文化的器物一起出现在了这里，同时尼人化石在这里还有石头小屋的造型、骨器和动物牙齿制成的项链等联系了起来，而这些可追溯到 35000 年前。一些考古学家认为夏代尔贝龙文化是一种较晚的旧石器中期文化，而其他人觉得这应该是旧石器时代晚期在受到或没受到克罗马农人影响下由尼人制造出来，也有人在质疑将这些器物组合起来作为一体的真实性。

Cave）的发掘发现了尼安德特人、他们的石器工具和食物碎屑的新的化石证据，揭示了他们在这一地域逗留的时间比之前认为的要晚近的多。经放射性碳测年，尼人从法国消失的时间约在 32000 年前。同样的测年方法得出在萨法赖阿洞穴的尼人最后生活的时间是在 27000 年前。如果这一有争议的时间是准确的，这说明尼人虽然在西班牙北部地区消失之后却仍在西班牙南部存活了很久，现代人最早出现在欧洲是在约 4 万年前，那么尼人与他们共存的时间更长了。来自直布罗陀地区、西班牙南部和葡萄牙其他遗址的更多的测年数据也支持上述的晚期尼人生存模型，这样的话，一些山区甚至于不列颠地区就可能是尼人的避难所。在克罗地亚、克里米亚和高加索地区也有类似较晚近的尼人遗址。

伊比利亚南部的尼人继续做着典型的旧石器时代中期的器物，而其他的尼人部落在与克罗马农人共存的时间里也开始制造更先进的石器工具、骨器甚至于项链和吊坠等饰物，例如创造法国和西班牙北部的夏代尔贝龙文化、意大利乌鲁前文化的尼人。一些学者认为这反映了尼人和现代人之间的联系或交易，而另外的学者却觉得这是他们为争夺生存资源而进行的技术竞争，这些竞争促成了尼人的技术革新和社会变迁。当然，也有人认为这些革新是尼人在克罗马农人到来之前独立完成的。

在如此长的时间里，在欧洲这么广阔的地域上，有发生各种各样关系的可能性，从发生战争，然后避免纷争，到和平共处、交易甚至于交配繁殖。基于我们现在对人类行为的认识，在尼人和克罗马农人之间可能发生过上述的任何一种关系，或者这些关系在某些特定的时间和特定的地方确实都发生过。尽管他们属于不同的物种，但他们在遗传水平的差异或许并不大，他们很可能是非常相近的，就像现在虽分属不同物种却仍可以杂交的哺乳动物一样。由此看来，影响可能的杂交的主要因素很可能是行为、文化和社会方面的。尼人和和克罗马农人的杂交后代是不是生育能力低下，或者父母群体的人是不是不愿接受他们作为伴侣？直到最近，来自现代人类和尼人化石的 DNA 证据（详见第 230—233 页）还否认了尼人基因流传至今，但新数据很快推翻了这个结论，它显示在非洲以外的各人群中都发现有一定比例的尼人基因。

尼人的灭绝总起来说可能是一系列因素共同导致的：当时快速变化的气候以及由此造成的不断变化的环境，同时能更灵活更有创造性地适应环境变化的克罗马农人的到来也加速了他们的灭绝。在此之前，尼人多次成功挺过了类似的恶劣环境，他们先退回到避难所，然后在环境好转以后再出来。而这一次，尼人却没有这么幸运，恶劣环境下有限的生存空间难以满足尼人和克罗马农人的长期共存。在 25000 年前，这一成功统治欧洲的早期人类支系彻底地消失了，但如上文所提到的他们的基因还流传至今。

五　克罗马农人

1868 年，在一个叫做"克罗马农"（在法语里是"大洞"的意思）的石窟里发现了三个人类的头骨和部分骨架。他们的旁边放着属于旧石器时代晚期奥瑞纳（Aurignacian）和格拉维特（Gravettian）式样的石器，大约有 3 万年，以及被串起来做项链的贝壳。这一化石的名字被用来指代整个欧洲的旧石器时代的人。早期的克罗马农人的遗址主要分布在现在的罗马尼亚、德国和捷克，距今大约 3.5 万年。因为他们在时间上接近于晚期的尼安德特人，一些学者认为从他们形态特征上可以看到尼安德特人的痕迹，例如大眉脊、更大的脸和牙齿以及他们鼓起的后脑勺。然而，大部分的证据都表明最初的克罗马农人与尼安德特人很不相同。例如，他们的脸是比较短且扁平，鼻子虽然比现代欧洲人更宽一些，却比尼安德特人要小巧。此外，还有来自考古和体质两方面的证据能说明他们是外来的、迁徙到欧洲的。奥瑞纳式样看起来与本地的中石器时代的尼人技术很不相同，尽管现在还不清楚它是本土演化还是从亚洲传到欧洲的。

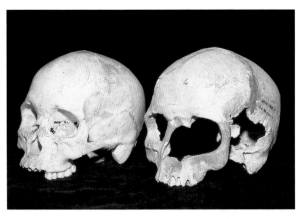

这两枚头骨是法国的克罗马农人，很可能都是女性。左边的来自阿卜里·帕陶德（Abri Pataud），可能距今 2.2 万年，与原始梭鲁特（Protosolutrean）手工业有关；右边的是来自克罗马农，大约 3 万年，与奥瑞纳（Aurignacian）和格拉维特（Gravettian）石器有关。两枚头骨的面部和头顶的形态都是完全的现代人的，但帕陶德头骨有着粗壮的颌骨，上面带有大而形状异常的牙齿。

这一克罗马农男性代表的是末次冰川期之后的旧石器时代晚期的矮而壮硕型的人类。画中他手持的是象牙，这是制作防护、工具或艺术品的耐用材料。他的左手里握着"权杖"，有时候会被作为首领或萨满的象征，但更像是一个实用的工具，是枪矛的矫正器或者用来加工皮革和绳子。

早期的克罗马农人骨架显示他们与那些来自温暖地区的现代人一样拥有流线型的身材，而不同于尼安德特人更加矮而宽的体型，尼安德特人更像现代耐寒的人群，例如因纽特人。从体型和脸型上看，克罗马农人与尼安德特人和现代欧洲人都有着明显的不同，在第四纪末次冰川期后，距今大约 2 万年前，他们才开始改变其独特的非本地特征。在 4 万年前，克罗马农人进入欧洲时，气候相对温和，但是有几个较短但极其寒冷的时期紧随其后。很显然这些人在刚到达欧洲时，保持着耐热型的身材，这就表明，他们需要通过服装和住所来保护他们免受寒冷的侵袭。事实上，有证据表明，在北欧的克罗马农人甚至通过燃烧猛犸象的骨头，以及将煤挖出

投矛器是靠在投掷手柄上增加额外的长度来工作的。在熟练的投掷者手里，矛枪可被投矛器投到 4 倍远的距离。

克罗马农人有着特殊的雕刻骨头、鹿角和象牙的工具。上图下维斯特尼斯（Dolní Věstonice）的猛犸象牙齿被雕刻上了复杂的图像。

马兹达齐尔（Maz D'Azil）的投矛器。在 1.3 万到 1.7 万年前，由驯鹿的角制作而成的，它表示的是一个两只鸟儿在一只小山羊背上休息。用于放置矛枪杆的底部的吊钩是巧妙地由一只鸟来构成的。它的精巧表明它可能不是拿来实用的。

法国莱塞济（Les Eyzies）的骨饰板。它有 2.5 万到 3 万年，上面有孔洞和切口——这样的骨板被认为是古老的日历，用来记录天数、月数和季节。

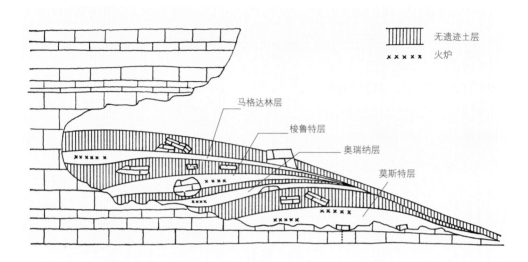

这一法国石窟的剖面图解展示出了理想的旧石器中晚期延续 4 万年的手工业技术的考古层位。一般来讲，断续的占用或者侵蚀都会破坏如此完整的层位堆积。

克罗马农人最著名的特征是他们的艺术，有时是刻或画在洞穴的墙壁上，有时候是表现在动物或人的雕像上。这里图示的是三个著名的旧石器晚期雕像。左边，奥地利加根堡的维纳斯（Venus of Galgenberg），由绿色板岩雕出，大约 3 万年。它刻画的显然是一个跳舞的女性。中间的是法国莱斯皮格（Lespugue）的维纳斯，由象牙雕刻而成，但不幸的是发掘过程中被损坏了，大约有 2.5 万年。右边，维伦多尔夫的维纳斯（Venus of Willendorf），在 1908 年发现于奥地利维伦多尔夫附近。它是由一块非本地的石灰石雕刻而成，约有 2.5 万年。

来当作燃料使用。

　　正如我们后面将讨论的（参见第 280 页），克罗马农人有着我们在现今狩猎采集人群所发现的复杂的生活方式。他们狩猎、捕鱼、交易、艺术创作，甚至还明显地记录过时间。我们认为，他们在骨头上划标记来表示天数、月亮或月经的月数，以及四季变化，这无疑为他们规划未来的生活提供了帮助，无论是狩猎，捕鱼（例如什么时候鲑鱼会穿过河流），采集植物，储存食物，搬家或是进行宗教仪式。这些足智多谋的人在欧洲生存了 3 万多年，人们通常认为他们代表了现代欧洲人的祖先，尽管我们上面提到，他们看起来和现代欧洲人并不完全一样。而一些遗传数据矫正的现代的本地欧洲人群的共祖时间是在 4 万到 3 万年前，但他们的起源并不一定要和已知的克罗马农人化石必然有关。除了通过化石和他们的艺术来重构外，我们并没有直接的证据来描绘克罗马农人的体貌特征。妇女常常描绘得跟所谓的维纳斯雕像一样丰

168

面部作品在旧石器时代的艺术中非常少见。拉马什（La Marche）的一块刻画的饰板展示的是一个有胡子的男性的脸，这是从其他一堆杂乱的刻划（左）中提取出来的。

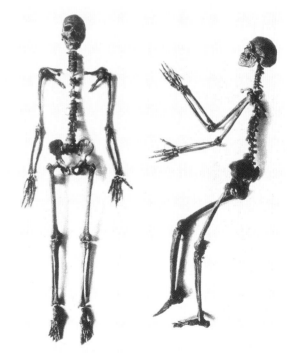

169

这一副近乎完整的骨架来自捷克共和国的普雷德摩斯提遗址（Predmostí 3），于 1894 年在格拉维特时期的一个大型的多墓葬遗址被发现的，距今约 2.7 万年。这一个体有着早期克罗马农人的高而线性的体型。这些墓葬有不可计数的有纹饰的物品和工具，其中许多是用象牙做成的，这可能是此类材料里迄今为止的最大发现。不幸的是，这些文物在二战中全部都丢失了。

满，有着大乳房，肚子以及臀部，但五官通常都描绘得很模糊。也有一些旧石器时代晚期的面部的真实的绘画和雕刻，有的似乎刻画出了有深色胡须、长长的头发以及高挺的鼻子的男性。

类似克罗马农人的人类同样也生活在北非和黎凡特，甚至可能是更远的地方。在斯里兰卡巴达多巴（Batadomba Lena）和中国（周口店山顶洞），也在有旧石器晚期特征的艺术品旁发现有化石材料，这两处遗址都距今大约 3 万年。在山顶洞遗址，还发现有骨针、贝壳项链和赭红色饰物，这些让人联想到欧洲的旧石器时代。但是在爪哇和澳大利亚的却可能是另一类人，他们到达的时间要早于克罗马农人到达欧洲，也早于欧洲旧石器晚期。南非也一样，在当时有着不同的人群，有些人似乎是当今科伊桑人的祖先。

六 现代人到达澳洲

即使在最近一次冰期海平面最低的时候，还都没有任何陆桥能够将澳大利亚与印度尼西亚的岛屿（包括爪哇岛）连接起来，不过位于印尼以东的新几内亚岛和澳洲以南的塔斯马尼亚岛，则和澳洲联结在一起，同属澳洲大陆板块。众所周知，人类（直立人）在更新世早期（150 万年以前）就已经迁徙到印度尼西亚，但是到达澳洲时已是更新世晚期，距今 7 万年以内。有可靠证据表明在更新世早期到中期生活在爪哇岛的直立人在进化上并没有显著的变化。更值得一提的是，最近来自爪哇的梭罗河畔的昂栋（Ngandong）和萨姆布恩马堪（Sambungmacan）遗址的化石的测年证据显示直立人可能在爪哇岛一直生活到最近的 5 万年前。如果对相关动物的牙齿的测年是准确的，那么这个古老人种存活在世界东南角的时间几乎与在西北的尼安德特人一样长。

人们只能依靠船只到达澳洲，且还需要不断地从一个岛屿到另一个岛屿，这之间会有至少 50 公里（30 英里）的穿越外海的行程。第一个到达澳洲的人很可能并不是自愿的，或许是不期而遇的风浪让他们偏离了航线，没有到达想去的岛屿却飘到了一个从未到过的陌生大陆。我们现在仍不清楚第一批移民走过怎样的路线到达澳洲。但至少有两条线路是可行的：东线是通过马来群岛中的帝汶岛航行到达新几内亚岛（新几内亚和澳大利亚当时连在一起），西线则是通过爪哇岛航行到达澳洲大陆的西北部。新几内亚的考古遗址可以一直追溯到 35000 年前，但最近有发现称，距今至少 5 万年，已有人类生活在澳大利亚北部的岩厦遗址 Malakunanja II 和 Nauwalabila 中。在距今大约 5 万年，澳洲东南部的韦兰德拉湖区（Willandra）同样有人类生活。

我们还不知道第一批到澳洲的人的体貌特征，因为目前发现的最早的化石来自澳洲大陆东南部的韦兰德拉湖区，但时间稍晚于第一批移民到达的时间。该地区大型的样本包括被火烧过的一具尸骨和一具零散的骨架，这两具骨架都很轻巧，很可能是女性，测年结果显示其距今至少 4 万年。然而，这里还有体型更大更壮硕的样本，由此引发了对首批移民的外貌特征差异的不同看法。最简单的解释是只有一个奠基群体到达了澳洲，随后他们在无人的新大陆上迁

现代人迁移到澳洲陆块的可能路线。

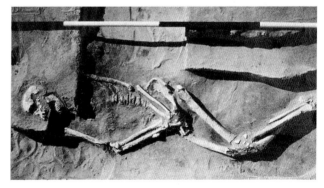

韦兰德拉湖区 Mungo 3 号墓葬的遗骨，年代为 4 万年前，遗骨上半身有赭红色粉末，可能是涂绘在尸体上的。

最早使用红土的葬礼。这片荒漠在 4 万年前是水草丰茂之地，人类在此生活，狩猎袋鼠，从湖中捕鱼、捉贝类。

徙扩张，在此过程中演变出了后来发现的巨大体质差异。

　　另一个更复杂的解释建立在人类的多地区起源论上，不过这个理论现今已经基本上被废弃了，这种解释认为澳洲有两个很不同的奠基人群。其中体型粗壮的移民来自印度尼西亚西部，由晚期的直立人进化而来，比如昂栋遗址发掘出的直立人。而另一支体型轻巧的移民是通过东部的新几内亚来到澳洲，他们的祖先可最终追溯到中国的直立人。通过了解这些重要化石的年代可以帮助我们验证这些观点，但是现在还有很多样本没有测年结果，因此我们很难知道体型变化的程度和方向。然而，有什么证据能证实轻巧体型的人群比粗壮人群更早到澳洲？而且对于化石样本的分析也存在一定的问题，因为似乎一些体型最壮硕样本的头颅形状在其还活着时候被有意或无意地修整过。这使他们的额骨看上去似乎更加扁平，增加了与其所谓的祖先——爪哇晚期直立人的相似度。然而更困难的是，关于澳洲人类起源之争最关键的样本已经交由原住民托管人进行移葬，也就无法再对其进行后续的研究了。

　　澳洲的一些化石和近期的头骨的特征确实和更古老的人有相似之处，例如比较扁平的面部、低眼眶、塌鼻梁以及长颅。这些特征也同样见于非洲和以色列的早期现代人，这

173

澳洲土著沃洛拉（Worora）部落的一个青年人在澳洲西部格雷内格河（Glenelg River）水域上划着红树木筏。早期移民的海上航行可能用竹子做成的更大的船筏到新几内亚和澳大利亚。

这组对比是澳大利亚韦兰德拉湖 50 号头骨（左）和爪哇梭罗河畔的昂栋 XI 号头骨。一些学者在头骨上看到了进化上的连续性，认为早期的澳洲人源自爪哇。然而，比较分析显示澳洲人头骨是大而粗壮的现代人，而昂栋人则与直立人基本一样。

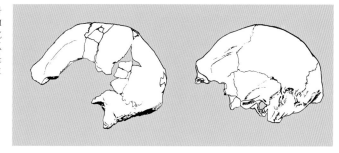

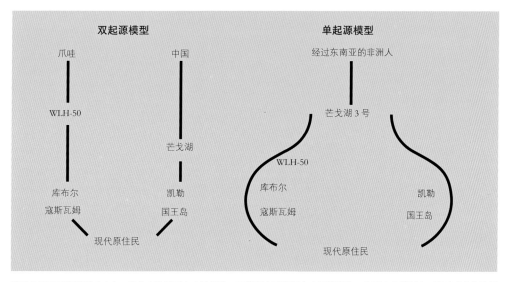

澳洲人的双起源模型（左）：粗壮支系是爪哇人的后代，而轻巧支系则源自中国的祖先。这两支人群混合而形成现今的澳洲土著。然而，对一些早期澳洲化石测年结果显示粗壮人群出现的时间相对比轻巧型的晚，这支持单起源模型，说明这种体质特征的多样化，应该是现代人迁移到澳洲后产生的。

澳大利亚已干涸的芒戈湖（Mungo）东岸的半月形白色沙丘带，被称为中国墙。

也可能反映了现代人早期已到澳洲，而随后被相对地隔离了起来。在欧洲，旧石器时代晚期的技术的出现正好和现代人到达的时间吻合，而澳洲的考古记录显示石制工具直到距今一万年内才有了较大的发展。然而，其他的"现代"行为迹象，例如使用船或者筏、将死者火化、产生艺术以及身体装饰、骨制工具等，又无疑地存在于澳洲的史前文明中，表明这些现代行为是在至少在 5 万年前随着第一批澳洲人到来而出现的。

七　弗洛雷斯人

　　在现代人到达东南亚之前，大家一般认为那里只生活着直立人这一种早期人类。而且，迄今为止，直立人的化石也只在印度尼西亚的爪哇岛上被确认。爪哇往东，深水区阻隔，挡住了人类继续向新几内亚和澳大利亚前进的步伐，直到约 6 万年前才有人类乘船跨越了这些海峡阻隔的岛屿，后来成了澳大利亚土著的祖先。这一简单的推论也受到过质疑，因为几年前在爪哇以东约 300 英里的弗洛雷斯岛上曾有人发现了 80 万年前的石器，但大多数专家都希望能有更多证据来支持古人类（直立人）真的迁徙到那么远。

　　现今，弗洛雷斯岛的惊人发现给出了证据。一具脑容量约 420 毫升（与黑猩猩的几乎一样）的仅一米高的"人类"的遗骸（包括完好保存的头骨）在梁布亚洞（Liang Bua Cave）被发掘出来，同时出土的还有一些石器工具和矮化的剑齿象残骸。遗址里还有小型动物的骨头，其中一些有被烧过的痕迹。令人震惊的是，这具"人类"遗骸所处地层的年代仅有 1.7 万年，所以后起的现代人在抵达该岛时可能遇到过这种奇怪生物。他是谁，他在弗洛雷斯岛上做什么，他后来怎么了？

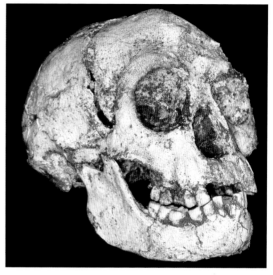

女性弗洛雷斯人的头骨

这具弗洛雷斯骨架实在是太出人意料了，搞清楚他代表了哪一类生物也并非易事。有人认为他仅是一个畸形的人类，然而洞穴里的许多零散的遗骸也都有相似的特征，所以畸形之说站不住脚。尽管腿和髋骨都表明他可以像人类一样直立行走，但从形状和大小的细节上来看，他的髋骨更像200 万年前生活在非洲的南方古猿。加之他的脑容量又很小，这些可能表明他其实就是属于南方古猿的一类，在直立人扩张之前就已经走出非洲了。然而，从头骨的一些细节，比如面部形态、较小的牙齿等来看，而且他还

共同主持梁布亚洞发掘的 R.P. Soejono（左）和 Mike Morwood（中）与技术人员 Sri Wasisto 在讨论调查结果。

会制造工具，也可能会打猎，那么他又基本上可以算是人类。所以，这具遗骸的研究者们根据其发掘地将其定名为一个新人种——弗洛雷斯人，意思是来自弗洛雷斯岛的人。研究者们认为他可能是早期乘船到达弗洛雷斯岛的直立人的后代，然后在完全隔离的环境下进化出了非常小的体型，其他哺乳类中也有类似的矮化现象，被称为"岛屿矮态"。当然，

175

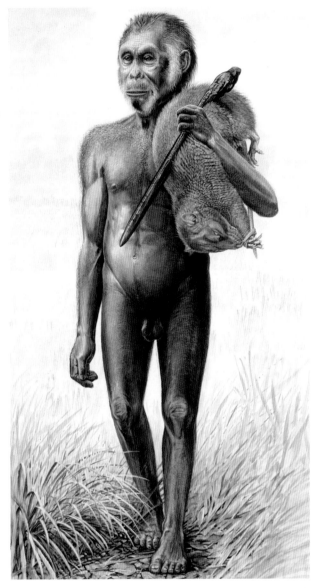

弗洛雷斯人狩猎归来，搭在他肩上的是猎物：弗洛雷斯巨鼠，这种鼠类现在还生活在弗洛雷斯岛上，但因其也是现代人的猎物而濒临灭绝。

矮化的过程也可能在向弗洛雷斯岛迁徙的整个过程中，比如在靠近爪哇的龙目岛和松巴哇岛上，也都有发生。因为这些遗骸很难石化，所以很有可能可以从中提取出DNA，这将为理清我们和弗洛雷斯人以及其可能的直立人祖先的关系提供非常有价值的参考。DNA或许也可以从洞穴沉积物、保存的粪便以及远古的头发上提取出来。

这一惊人发现也为后续研究提出了许多问题。其中之一是弗洛雷斯人怎么来到弗洛雷斯岛的，他们的祖先真的能够制造船筏（可能是竹筏）来渡海登岛定居？这确实很奇怪，因为大家普遍认为只有现代人才会有这样的行为。虽然短暂存在的陆桥可以让一些物种渡海登岛，但对弗洛雷斯人而言也似乎不太可能，而他们倒是有可能在海啸时候随着天然形成的草木筏子而意外地渡海。另外，盛行的洋流是由北向南的，或能说明弗洛雷斯人源自苏拉威西岛而非爪哇岛。

第二个问题是关于梁布亚洞的行为学证据的。洞穴中发掘出的石器做工精细，还有用火的遗迹，而且大量的剑齿象遗骸表明他们可能猎杀过幼年剑齿象。那么只有和猿类

梁布亚洞中正在开展的发掘工作。弗洛雷斯人的矮小骨架是在离洞穴墙壁右侧最远处很深的探坑里挖掘出来的，那里的发掘深度能达到 11 米（36 英尺），这意味着在不同深度需要使用安全支撑、多平台来工作，还要戴安全帽。

一样的脑容量的弗洛雷斯人真的能做出这么高级的行为？会不会 5 万年以来有现代人也在弗洛雷斯岛的洞穴中生活并留下了一些现在观察到的考古遗迹？这一问题只有靠继续发掘来回答。

另一个非常有趣的问题是弗洛雷斯人后来怎么样了？有证据表明约 1.7 万年前大量的火山喷发对弗洛雷斯岛造成了毁灭性的破坏，弗洛雷斯人和剑齿象也是在这一时期消失的。或者，他的消失是不是和现代人有关？无论真相是什么，弗洛雷斯人的存在让我们明白我们对亚洲的人类进化还知之甚少。

第十六章 | 基因分析的力量

　　大量的关于推测人类进化的信息可以通过 DNA（人类的脱氧核糖核酸）得以重构。由于 DNA 可以被复制，特别是当它从父母遗传到子女的时候，只要突变不会致命，那么这些突变也会被复制然后传递给下一代。因此，突变通过时间而不断积累，这就使得我们能找到遗传进化的特定链条，并且还可以通过积累的突变而估算时间。基于我们这些目的，有三种类型的 DNA 来研究。

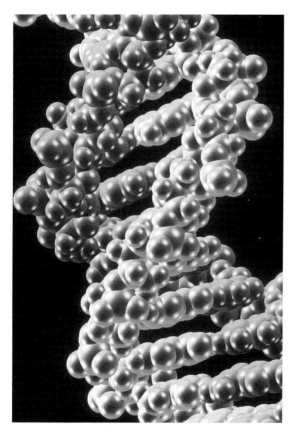

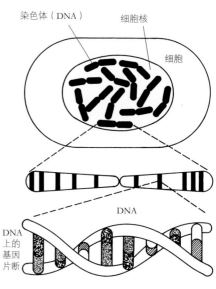

右图　这些图展示出了细胞和它们的 DNA 的关系。细胞核包含染色体（DNA），染色体上的编码区叫做基因。

左图　DNA 有着独特的双螺旋的结构，在我们每个人的 DNA 里都有一部进化历史。

一　三种类型的 DNA

第一种 DNA 在细胞核内，构成染色体上的主要成分——称为常染色体。这类 DNA 包含了构建我们身体的大部分信息，来自于父母双方遗传物质的重新组合。核 DNA 也同样包含了被称为"垃圾 DNA"的一些基因片段，这些基因片段没有什么功能，既不能决定我们眼睛的颜色，也不能决定我们的血型。但它们还是能够随着编码 DNA 的复制而复制并随时间积累突变，因此也能提供给我们有关进化关系的信息。第二种类型是性染色体，对于人类而言，就是 Y 染色体，它也在细胞核内，但与其他染色体不同，它是决定男性性别的染色体。Y 染色体可以用来研究仅男性世系的遗传与进化，它不像其他核 DNA 那样包含父母双方遗传信息，而仅仅通过父系单向传递。第三种类型是线粒体 DNA（mtDNA），这种 DNA 存在于细胞核外，并且仅仅通过母系遗传。线粒体 DNA 是近些年才引起了极大的关注，而针对核 DNA 及其产物对遗传与进化作用的研究则有着更为悠久的历史。

核 DNA 的研究，例如 30 多年前，猿和人类的血蛋白研究第一次揭示了人类和非洲猿类之间的晚近分化。而现在，类似研究可以整合许多不同基因系统的数据，或者可对某一特定 DNA 片段的变异进行非常详尽的解析。例如，通过研究第 12 号常染色体上 CD4 基因座变异的全球分布情况，可知非洲人群有着多种不同的变异模式，而世界其他地方的人群则基本上只有一个模式。这一结果表明，非洲以外的人类祖先是 9 万年前生活在北非或东非的人群的后裔。许多核 DNA 的研究结果都支持人类"走出非洲"的模型，但是也有例外，例如最近对血生化成分中的一种叫做 β 球蛋白的研究，编码它的 DNA 是在第 11 号常染色体上。在此例中，有的 β 球蛋白的类型分布在现代亚洲人中，但是在非洲人中却没有，而这一独特类型演化了至少 20 万年。这表明，亚洲或许有着独立的遗传上的连续性，其连续性可回溯的时间远早于"走出非洲"的时间。

至于 Y 染色体 DNA，学者们则花了更长的时间来建立其进化模式，但现在已得到了详尽的结果。最近的研究表明，Y 染色体 DNA 的突变率很低，因此我们现今男性的假设的祖先"亚当"，很可能比"线粒体夏娃"生活于更晚近的时间。虽然，现有证据表明"亚当"和"夏娃"可能都生活在非洲，但是涉及的具体区域仍然不清楚。

现代人群内 DNA 的变异程度也可以用来重建一些古人类的历史。例如，一位

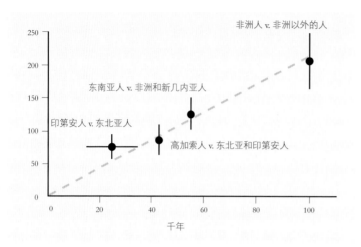

人群在基因上的差异可能反映了他们不同的历史。群体间的遗传差异可大致对应人类学和考古学上人群间分化的时间。

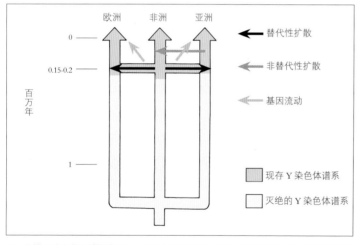

图示男性 Y 染色体多样性的进化。在过去 15 万年里，非洲人群的 Y 染色体从起源地扩散出去，替换掉了非洲内外的更老的人类支系。然而，Y 染色体还曾从亚洲回流进入非洲。

叫做高畑尚之(Naoyuki Takahata) 的日本科学家，用特定的 DNA 类型来估算我们共同祖先存在的年代，他根据核 DNA 的突变相对较多，推算出人类在其大部分演化过程中有效人口仅约为 10 万。这虽然不能和现今世界的巨大人口数相比，但对大型哺乳动物种群来说这已是一个显著的数目。然而，从突变少得多的线粒体 DNA 中，高畑尚之认为这个数字在我们最近的进化历程中必定下降到约一万人，产生一个"瓶颈效应"，过滤掉了许多我们以前的遗传变异。

这种有效人口数量上的缩减可能反映了尼安德特人与现代人类的曾经数量庞大和分布广泛的共同祖先群体的分化过程。遥远的距离，反复的极端气候，以及过去 50 万年来像冰盖和沙漠等地理障碍的产生，可能会使人群逐渐隔离，导致其分化越来越严重，最终分化成不同的物种。也许这些在非洲的隔离人群中的一支进化成了智人。撒哈拉沙漠也许就是最重要的物理屏障之一，在过去的 50 万年间其不断的扩张和收缩，很可能影响了我们人类在非洲的起源过程。

二 线粒体 DNA

线粒体 DNA（mtDNA），就像它的名字所说的那样，是存在于细胞核外的线粒体中。线粒体是一种微型细胞器，是人体细胞内的"能量工厂"。母亲的卵子可以说是新生儿的第一个细胞，mtDNA 就由卵子传递给后代，而父亲的精子在受精过程中几乎没有、甚至可以说完全没有提供 mtDNA。这就意味着 mtDNA 只能用来追溯母系的进化历程，因为儿子的 mtDNA 不会遗传给他的下一代。mtDNA 的分子是环形的，大约有 16000 个碱基。这些碱基只有一些是有功能的，也就是说，可以通过编码产生特定的蛋白分子，而

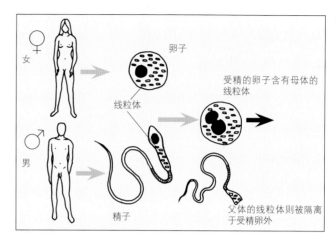

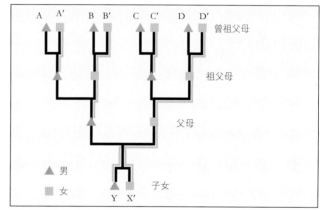

线粒体的不同之处在于它们有自己的独特 DNA，由母系这一边单独传递。所以，孩子会继承父母双方差不多等量的核 DNA，但是线粒体 DNA 却仅来自于他们的母亲。这意味着通过母系祖先线粒体的特定突变来追溯线粒体的谱系和它们的进化是稳定可行的。

剩下的 DNA 分子就有可能会产生很多的突变。mtDNA 会比核 DNA 突变得更快，这样就为研究短时间尺度的进化提供了可能。

在尼安德特人的 DNA 发表之前，遗传学数据在现代人进化问题上最具影响力的成果是 1987 年关于现代人 mtDNA 变异的研究论文的发表。这篇论文对来自全世界的大约 150 份 mtDNA 进行了研究，找出了它们的突变位点。然后，通过计算机软件构建进化树，将所有现代的 mtDNA 类型联系起来，以重构出我们假设的祖先。计算机软件继而将这些祖先的 mtDNA 再联系起来，直到追溯出一个所有现代人类共同的祖先，即所谓的"夏娃"。

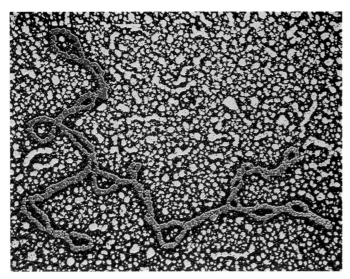

从 mtDNA 的祖先类型的地理分布来看，我们单一的共同祖先应该生活在非洲，自共同祖先以来所积累的突变表明这一进化过程已经进行了 20 万年。因为共同的线粒体祖先必须是女性，于是诞生了著名的"线粒体夏娃"学说或者说"幸运母亲"。这个结果为"走出非洲"

线粒体 DNA 的假色透射电子显微镜照片

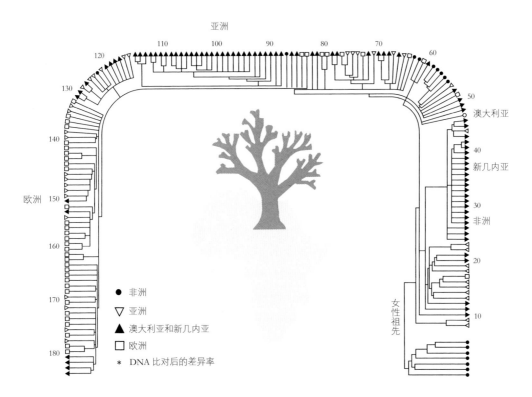

- ● 非洲
- ▽ 亚洲
- ▲ 澳大利亚和新几内亚
- □ 欧洲
- * DNA 比对后的差异率

由母系遗传的线粒体 DNA 构建的进化树。该进化树的结构表明最终的共同祖先是一位生活在非洲的女性。由最近算出的突变率来推算时间得出"非洲夏娃"生活在约 15 万年前。

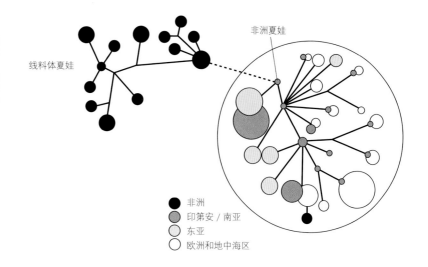

基因地理学方法是用DNA中的突变来构建进化网络图并重构古代人群的迁徙和多样化过程。这张图展示的是非洲族群和世界其他地方的人群的线粒体的关系。

线料体夏娃

非洲夏娃

● 非洲
● 印第安／南亚
◐ 东亚
○ 欧洲和地中海区

的现代人类起源模型提供了强有力的支持，因为有研究表明，非洲发生过一次晚近时期的人口扩张，进而逐步替换掉了其他地方的古人类和他们的 mtDNA 谱系。

　　然而，这项工作很快就受到了强烈的批评。有人指出，这种计算机软件实际上可以产 179 生数以千计的进化树，它们和论文中所发表出的进化树有差不多一样的可信度，但问题是所有的这些进化树并不都是源出非洲的。此外，还有一些学者认为夏娃生存年代的计算方法存在问题，还有人质疑现代人样本的取样是否有足够的代表性（例如，许多非洲的样本实际上是来自非洲裔美国人）。参与这项研究的课题组也承认他们的数据分析中存在着缺陷，但是他们和其他的一些学者会继续运用 mtDNA 去重构现代人类的进化史。

　　此后的更多更详尽的研究结果表明，虽然 1987 年所发表论文的结论还不够完善，但它们基本上是正确的，我们人类 mtDNA 的晚近非洲起源理论建立了起来，后续一些研究把最近共同祖先的年代推算到 15 万年前。另外，我们人类的 mtDNA 在世界范围内的变异程度远低于我们的近亲，比如说巨猿，这表明一个晚近时期的瓶颈效应，也就是人口剧减，抹去了我们人类之前所具有的多样性。

　　目前，现代人的 mtDNA 被用于研究一系列现代人类进化的未解之谜。这其中包括人类最早进入美洲的时间，波利尼西亚人的起源和扩散，以及欧洲人现今的遗传结构的形成原因等等。对于最后这个问题，mtDNA 的结果已经挑战了目前的主流理论，主流理论认为，欧洲人群的遗传结构主要反映的是在过去的一万年里农业人口以及其可能携带的印欧语系扩张进入欧洲。然而，新的研究表明，至少两万年以前的旧石器时代晚期的人口增长才对欧洲现有的遗传结构起到了决定性作用。这一观点将在克罗马农人的古 DNA 研究中被进一步检验。

180 三 尼安德特人 DNA

　　1997 年，在慕尼黑和宾夕法尼亚的实验室工作的科学家团队为尼安德特人在人类进化树上的位置这一难题提供了解决方案，而这不是靠研究化石的解剖学特征得出的。他们从 1856 年发掘出的尼安德特人的臂骨中成功地提取出 DNA，分析结论支持在 3 万年前灭绝的尼安德特人是一个单独的人类支系，甚至可以说是一个单独的物种。这里所提到的 DNA 是 mtDNA，它是重构人类进化的强有力的工具。

　　提取 DNA 是个辛苦的工作，需要面对之前的种种失败，因为已有很多前人做过古 DNA 的提取工作，无论是从恐龙、叶片化石或琥珀中保存的昆虫（在电影《侏罗纪公园》中所谓恐龙 DNA 来源）都已被证实存在这样或

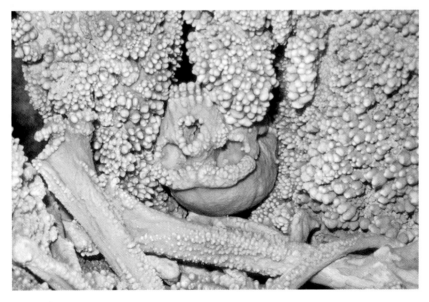

1983 年，在意大利南部靠近巴里（Bari）的阿尔塔穆拉（Altamura）洞穴发现了一具完整的人类骨架。它被石笋包裹着，显然是在更新世时期死在了这个山洞里的个体的遗骸。这样一副完整且与一个古人群关联的骨架对于重构其整个身体和功能解剖学特征有着重要意义。然而，对该骨架取样进行测年和可能的 DNA 研究现在还未获得批准。

古 DNA 可从皮肤、头发、骨骼和沉积物中提取出来。提取过程必须在无菌的实验条件进行，以尽可能地降低现代 DNA 污染的可能性，图示的是从骨化石中取样。

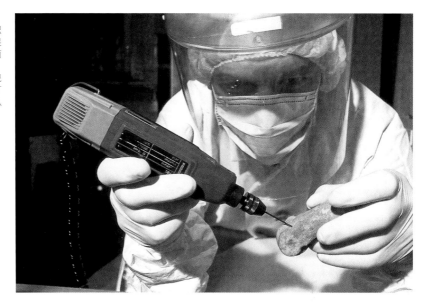

那样的问题。许多科学家质疑脆弱的 DNA 分子能否保存数千或者数百万年。还有人强调如何从大量更近期的污染中区分出可能真实的非常微量的古 DNA 是很困难的，这些污染无处不在，可能来自实验室中的空气，或者拿过化石或进行 DNA 提取的科研人员的皮屑。然而，这个科研团队有着很好的研究履历，既对已经灭绝的物种成功提取过 DNA，如猛犸和巨型地懒，又严谨地重复验证和反驳之前的站不住脚的古 DNA 结果。发布出来的尼安德特人的 DNA 是在两个实验室独立提取的，研究团队进行了各种可能的测试来排除近期特别是来自现代人 DNA 污染的可能性。

这个科研团队第一次成功地获得了四十分之一的 mtDNA 全序列，之后又从化石中得到了更多序列。他们将尼安德特人的遗传序列与那些取自世界各地的约 1000 人的样本进行比较，还与和我们有最近的血亲缘关系的黑猩猩的进行比较。尼安德特人的 DNA 非常接近于现代人的序列，但仍然有着明显的不同。尼安德特人的 DNA 与来自各个大洲的现代人类的差异都很大。因此，虽然尼安德特人主要分布在欧洲，但他们的基因与非洲人、亚洲人、大洋洲人相比，也不比现在的欧洲人更相似。

这个结果显然没有支持尼安德特人与欧洲人有着特别的联系以及他

们是欧洲人的部分或全部的祖先的假设。但是研究人员可以通过现代人、尼安德特人以及黑猩猩的 DNA 序列的区别，来估算尼安德特人这一支系进化的时间深度。尽管尼安德特人的化石距今只有 4 万年之久，但他们与现代人却已经在进化上分开了 50 万年。基因在群体和物种分化之前就已经开始分化，但是这一时间比估算的 15 万－20 万年前现代人 mtDNA 开始分化的时间还要长，这明确显示尼安德特人不可能是我们的祖先之一，因为其生活的年代过于晚近且有着遗传和体质上的不同。然而，这一结果并没有证明尼安德特山谷的这个个体是

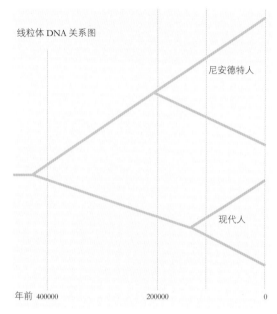

线粒体 DNA 关系图

尼安德特人

现代人

年前 400000   200000   0

图解尼安德特人和现代人 mtDNA 的进化，尼安德特人的 mtDNA 多样性与现代人类的相当，但代表了不同的支系，可能在 40 万年前的更新世中期就分开了。然而，遗传上的分化可能在一个共同的祖先群体内就已经开始了，所以多样化和物种形成可能发生在这个时间之后。

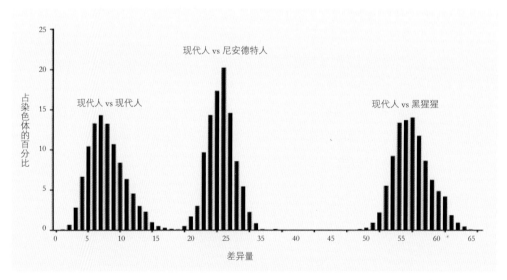

直方图展示现代人之间的 DNA 变异的差异、现代人和尼安德特人之间的差异，以及现代人与黑猩猩之间的差异。在 mtDNA 上，跟黑猩猩相比，尼安德特人显然与现代人更近，但是黑猩猩群体内的变异就已超出了已知的现代人和尼安德特人的差异。

来自于另一物种，因为他和现在的人在 mtDNA 上的差异水平是在现存灵长类的变异范围之内的。这仅仅只是从一个尼安德特人化石上得到的一条序列。这真的能够成为解开尼安德特人命运的钥匙吗？作者谨慎地说尼安德特人的 mtDNA 序列支持了一个观点，那就是现代人类作为一个不同的物种是在晚近时期由非洲起源，并在仅有少量或没有基因交流的情况下完全替换掉了尼安德特人。但是他们也指出其他的基因也许能告诉我们一些不同的故事。这是极有可能的，因为 mtDNA 仅仅通过母系遗传。所以任何尼安德特男性对现今的人群的遗传贡献将不会在 mtDNA 上反映出来。

这种疑虑在后续的更大规模的更精细的尼安德特人基因组项目中得到了完美的解答。从几个尼安德特人的化石中得到了其全基因组的大部分序列，这些序列还是与现代人类的很不同，并且也与 40 万年前这个与现代人类分离时间相一致。然而与现代人全基因组的比较表明，非洲以外的现代人可能存在 3% 的尼安德特人的基因，可能是通过与中东地区短期的基因交流而获得的。最近，将从西伯利亚的丹尼索瓦山谷发现的指骨中提取的 DNA 进行平行研究表明，它代表了另一支古人类，也可能为一些现代人贡献了基因。然而，对克罗马农人的 DNA 研究是个更大的难题，因为他们的 DNA 分子与现代欧洲人的非常相似，这就对如何验证结果的真实性提出了挑战。同样的，早期澳大利亚人化石的 mtDNA 的提取也存在着相似的问题。

III 我们在进化中学会了什么

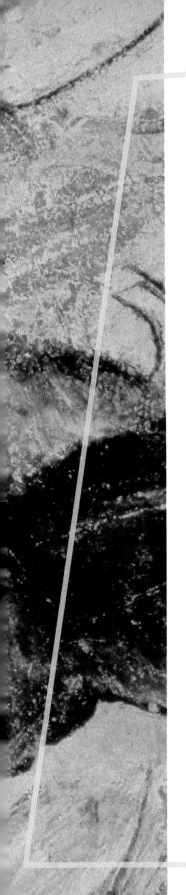

至此，我们已经介绍了人类和猿类的共同祖先以及他们生活的环境，现在我们要将这些综合起来，探讨人类进化的所有脉络。

首先我们要讨论的是行走方式的进化。人猿超科的种类（猿类和人类）是行动方式适应性很强的物种，尤其以人类为最，人类的双足行走方式在哺乳动物中是极其罕见的。

我们接着会讨论食性。这显然是非常重要的，人是吃东西才能活的。我们人科的亲戚们在这方面显示出了很强的特化，他们具有增大的覆盖着厚厚牙釉质的牙齿，说明了他们的食物是粗糙坚硬的，很多已灭绝的猿类也具有这一特征。

我们发现人类和猿类的最早化石都是在非洲热带地区发现的，他们一定非常迅速地多样化，从而适应了环境的变化，从潮湿的低地热带雨林，到林地，到亚热带森林，到季节性的疏林地带。人科祖先可能已经适应了在林地环境中生存，甚至可以适应更为多样性的环境，在较小的范围内存在多种环境类型。这可能就是埃塞尔比亚的阿法洼地，坦桑尼亚的莱托里所面临的情况吧。当人类和猿类在环境限制下的运动和食性适应解释清楚了，我们人类独特的进化模式就可以清晰起来。

我们关于人类进化的知识既受到文化限制，也要通过文化来廓清，我们可以通过研究和我们最接近的现存大型猿类来重建我们人科祖先的心理和生理的能力，但是没有哪种现存的猿类会制造复杂的工具，并且将其传授给其他猿。因此复杂工具和语言一定是人类进化晚期极为强力的催化剂，使我们现代人类的祖先和人科的其他种类分道扬镳。

凭借文化上的适应性，人类已经超越了物理上的限制，征服了这个星球上的所有大陆，所有土地。

法国肖维岩洞壁画中的马。年代距今 30000 年，画者用阴影渲染了马的运动和表情，有些地方还用雕刻来加以强调，甚至还能看出画者用手指将黑色颜料精心地涂抹的处理。

第一章 | 猿与人运动的进化

　　猿类和人类展现出了非凡而多样的运动形式，并且与其他动物，甚至是灵长类动物都不相同。长臂猿用它那长而有力的手臂肌肉悬挂在树枝上，并且只要通过身体的摆动就能从一根树枝荡到另一根，遇到距离稍远的树枝，它们就会跳跃过去，它们用这种方式在森林里穿行。这种运动方式叫做"臂跃"，是长臂猿所特有的。其他的猿类以及一部分猴子，例如南美洲的蜘蛛猴，是可以通过它们的手臂悬挂在树上，但都没有使用"臂跃"作为其常规的运动形式。

　　长臂猿能够快速穿过树冠，而红毛猩猩的运动速度却很慢。红毛猩猩的手臂也很长，但部分原因是它们的体型也更大。随着猿和猴子体型的增大，它们的手臂相比于它们的腿也变得更长。它们的腿部也同样灵活而敏捷，这使得它们可

黑猩猩（和大猩猩）的跖行姿势有增长手臂的作用，手臂已比腿要长了，所以它们以半直立的方式行走。

以在树间穿行，好像它们有四个手臂一样，有时它们甚至可以用腿抓住树枝将身体倒挂。但是，通常情况下，它们在树林间穿行都只会松开一只手或一只脚，另一只手和脚会紧紧地抓住树枝。

跖行的黑猩猩和大猩猩

黑猩猩和大猩猩共同分享了另一种独一无二的运动方式：跖行。由于他们的体型较大，因此手臂也同样很长，他们用手上的指关节支撑体重从而延长手臂的长度，这同时也把手拉长了。这使得他们的上半身抬高，因此当你看到他们在地面行走时，他们可以是肩膀要高出臀部的半直立行走。白天的大部分时候他们都会在地面活动，而山地大猩猩则是一直都生活在地面上。

直立行走的人类

所有的这些运动的方式在动物王国都是特别的，而人类用两条腿直立行走也是如此，这被称为"双足行走"（bipedalism），也有一些哺乳动物同样喜欢用自己的双腿，例如袋鼠，不过它们是用双腿跳跃，而不是行走。双足行走如此的特别，是由于这种方式使我们的速度慢了下来，乍一看是使我们很容易被比我们速度更快的捕食者发现。如果有谁在海滩或者公园里遛狗，并且试着与它比赛，就会发现即使是体型最小的狗也会比我们人类跑得更快。因此要适应直立行走这样的运动方式，人类必须要有其他的方法来抵御袭击，现在看来，直立行走应该是人类进化出的第一个，至少是第一个特征之一。适应直立行走的特征有很多，且需要全身上下所有部位的配合。头部必须在脊椎的顶端保持平衡，不能向前倾斜；脊椎进化出了弧度，从而能起到像弹簧一样承受压力的作用；臀部扩大并且包裹在身体的两侧，使肌肉能更好地得到利用来保持我们的直立姿势；腿变得更为修长，并且向内成一定的角度以保持重心一直位于身体的中间；而脚部则进化出了脚弓，并且大拇脚趾与其他的脚趾分开，以提供额外的支撑。

有一点是所有现存的猿类所共有的，还对人类有一些影响。为了能支撑起身体的

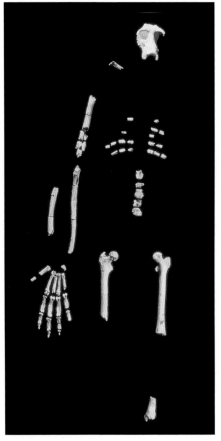

上图 双足直立行走、跖行和四足爬行的不同姿态。跖行动物是半直立的，这是在所有的人科灵长类里都看到的趋势，介于双足行走和四足行走之间的。

左图 西班牙洛贝特斯（Can Llobateres）遗址发掘出的森林古猿的骨架是最著名的化石之一。它有着长而有力的手臂，髋关节的形状表明它的腿有着高度的灵活性。在这两方面上，它都和现存的红毛猩猩很相似。

重量而悬挂在树枝下，而不是行走在树枝上，猿的手臂和肩膀都有了一系列的适应性改变。这种类型的悬挂就必须以直立姿态，这与大多数其他灵长类动物和哺乳动物采取俯卧姿势有着相当的不同。然而，这出现在人类进化的晚期，大部分已灭绝的猿没有表现出任何臂跃、跖行或双足行走的特征。例如，生活在东非热带雨林中的原康修尔猿就是典型的四肢行走的猿，原康修尔猿已有的一些适应特征除一些细小改变外在后来的大部分猿类中也都保留了下来。

古猿的地面生活适应性

　　能在地面生活对于后来的古猿来说是一个非常重要的改变。东非的肯尼亚古猿和与其有亲缘关系土耳其古猿都生活在距今1400万年至1600万年之间，它们四肢的改变显示出它们已经有一些适应地面生活的特征，但是它们依然保留了很多和原康修尔猿类似的在树上生活的原始特征。这一改变几乎是注定会有的，因为它们的栖息地四季更分明，变化更多，而它们生活的森林或林地则更为开放，食物的数量和种类也更为稀少。在这样的环境中，体重超过3—5公斤的动物很难在树冠间穿行，它们需要下到地面生活。在后面一段时期的古猿也保持了相似的生活方式，特别是曾经认为是红毛猩猩可能的祖先、来自印度和巴基斯坦的西瓦古猿。推测西瓦古猿是红毛猩猩的祖先是因为某些头骨和面部特征，但是它的四肢骨骼没有发生适应性改变，与红毛猩猩很不同。这很让人困惑，西瓦古猿生活在距今1200万至700万年前，是在红毛猩猩与其他类人猿分化后的很长时间，这也就证明了事实上西瓦古猿不是红毛猩猩的祖先。

　　和那些地面生活的猿一样，也有两种可能有关系的古猿在一定的程度上发展了悬挂跳跃的方式。它们是森林古猿和山猿，它们的前臂和肩都有和红毛猩猩相似的适应特征，而这些最早在1000万到900万年前出现在化石记录中。这些特征与当时所有猿类和人类所处的环境是一致的，但它们和其他古猿都没有进化出像长臂猿的臂

西瓦古猿的骨架，涂黑的是已知的部分。它四足爬行的姿态和解剖学上很多特点都和大约1000万年前的原康修尔猿没什么差别，但两者都和森林古猿和山猿的树上悬挂适应性状不同。

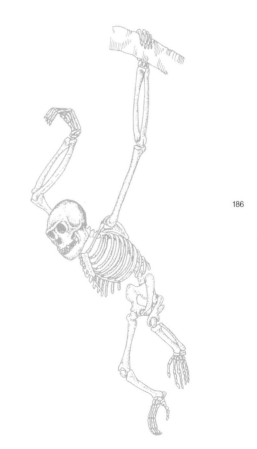

山猿的四肢比例以及它的短躯干说明它还有一定的树上悬挂能力，能靠着长而有力的手臂将自己悬吊在树枝下，穿行在所生活的森林中。

239

跃、黑猩猩以及大猩猩的跖行等特征的趋势。山猿在部分时候可能是双足运动，但这一结论仍有争议，且并不是与人类的直立行走直接相关。还有一种早期人科物种的直立行走已经发现了更强硬的证据支持，因为不但其脚的化石与我们很像，而且还有石化的脚印可以毫无疑问地表明，他们是靠两脚直立行走的。

187 莱托里脚印

这些脚印来自于坦桑尼亚的莱托里，一个距今大约 400 万年前的化石遗址。这些脚印可能来自于三个人科的祖先，当时附近的火山正在喷发火山灰，一层一层地落在地面上，

莱托里的古人类脚印化石。这一地方唯一已知的人科物种是南方古猿阿法种，通过骨架也可以看出它是双足行走的，所以最可能是它留下了这些脚印。南方古猿阿法种的行走时候的重量转移可通过脚印轮廓的深度来判断。就像人类行走一样，南方古猿阿法种行走时最大的着力点是前脚掌和脚后跟，次着力点是脚外围和小脚趾成一条线。

而它们（南方古猿非洲种）恰好从这里走过。地面的火山灰上留下的脚印，会立刻被相继落下的与先前稍有不同的火山灰覆盖上，雨水也随火山灰一起飘下，火山灰混着雨水就变得坚硬了。这些火山灰在纹理上的区别使得今天的考古学家们可以通过发掘这些脚印来展示这里曾经有过的足迹，这些脚印与其他生活在同一时期的动物的脚印一起记录了独一无二的、400万年前非洲某几天的生活场景。这些火山灰甚至记录了同一时期的降雨。

188

莱托里脚印毫无疑问地展示了南方古猿非洲种已经直立行走，但是不幸的是，在莱托里并没有找到他们脚骨的化石，因此我们无法知道其形状（在其他地方有发现脚骨化石，见下文）。在莱托里发现了一些颚骨和牙齿，但是这对于了解我们感兴趣的古猿的运动方式并没有多大的帮助。由于在遗址中缺乏相关的化石，且对脚印的解释有分歧，这使得一些人类学家得出结论，莱托里直立行走的方式与现今人类依然存在着差异，然而也有考古学家持乐观态度，认为莱托里的直立行走的方式与现今人类是一样的。在肯尼亚卡纳博的一个更早期的遗址发现的古人类四肢骨要比南方古猿非洲种更为现代一些，虽然毫无疑问是双足行走，但是目前尚不清楚其步态究竟如何。

两足行走的露西

最早的足以用来研究双足行走的化石来自于埃塞俄比亚哈达尔的露西的部分骨架。露西也被归于南方古猿阿法种，她与现代人类的身体比例不同，相对较短的腿部比例使她更像是猿类。然而另一方面，她的胯骨更为宽阔并且成喇叭形，这一点与人类更为相似。胯骨对于两足行走有着至关重要的作用，因为每个小孩都知道，学习走路最难的就是如何保持平衡。这是通过两方面来实现的，一是通过肌肉将髋骨与腿骨和脊椎连接在一起，还要通过增加肌肉附着点与双腿和脊椎间的距离从而增强其杠杆作用。第一点是通过厚的骨嵴和结节支撑臀部来实现，第二点是通过胯骨片来加宽臀上部。南方古猿有这两方面的适应特征，虽然在支撑和加宽上和现代人类相比仍有差距，但有证据表明这些适应特征在后来的种类里得到了强化。

即使是最早的南方古猿，他们的膝关节也与现代人类的极为相似，这就说明了他们肯定是双足行走的。然而，大多数的南方古猿的股骨头的头部较小，与腿骨的

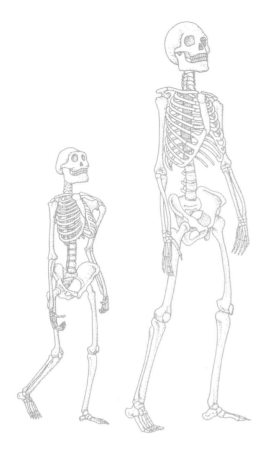

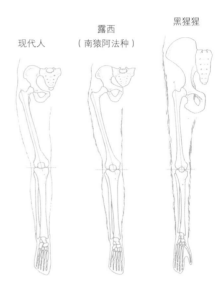

下肢几何结构

现代人   露西
（南猿阿法种）   黑猩猩

和现代人（右）相比，露西身材矮小。但二者都是完全直立的，不过骨盆形状和腿的长度不同，这表明露西不能像人类那样大跨步走路，而只能摇摇晃晃行走。

露西（南方古猿阿法种）的大腿骨的角度与人类的很相似，与黑猩猩的不同。这一角度将上半身的重力降到臀部的中轴线上而不是像在黑猩猩里那样把重力抵消掉。

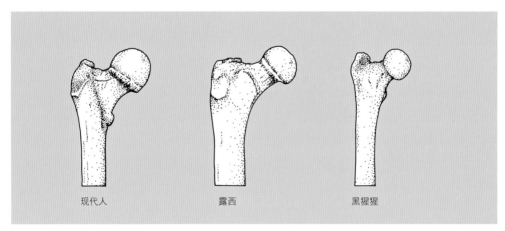

现代人   露西   黑猩猩

人类、南方古猿阿法种以及黑猩猩的股骨上端。南方古猿阿法种的股骨颈更长，不像人类和黑猩猩的，但它还保留有其他和黑猩猩（及一些中新世猿类）相似的特征。

衔接处较长，这一特点无论是与人类还是猿类都形成了鲜明的对比，而这也恰恰反映了腿部对于身体重量有着不同的支撑方式。有趣的是南猿阿法种缺少了后期南方古猿的一些显著的进化特征，这有可能是因为南猿阿法种处在早期的类黑猩猩祖先与后期的南方古猿的中间阶段。它们的祖先可能类似图根原人，比南猿阿法种要早大约 200 万至 300 万年，图根原人股骨的化石有一个较大的头部，腿骨与股骨头的衔接处较短，很像中新世晚期的猿类和黑猩猩。它们长而弯曲的指骨使得手部能够很好地抓握，它们的肩部关节正对上方，使得它们能像猿类一样悬挂在树枝上，这就证明了南猿阿法种保留了从其猿类祖先那继承而来的爬树这一显著的适应性特征。

189

南猿阿法种：地面生存以及爬树的能力

腿部为了适应双足行走而不断进化，同时手臂也保留了猿类生活在树上的特征，这似乎在人类进化的早期阶段就已经发生了。换句话说，南猿阿法种是集

约 400 万年前，南方古猿阿法种的两个个体在莱托里刚落下的火山灰里留下脚印。火山已经摧毁了这一区域先前覆盖的植被，这两个南猿如此行走在旷野间等于是直接暴露在了捕食者眼皮底下。

直立行走与灵活的攀爬能力于一身。在进化过程中，这一新的适应能力是非常重要的，因为它展示了与后来的人类的关系，然而从实用性方面来看，这体现了爬树对于早期人类的重要性，这也是抵御捕食者的最好的方式。这些适应性的两方面意义将在随后的章节里进行阐述：保留爬树的能力也只有在有树能爬的时候才有意义，我们将会发现早期的人类都是生活在林地或者甚至是森林环境中的，而不是开阔的平原地带；而两足行走的发展则很可能与行为和社会的变化有关，虽然两足行走会带来不便，但解放出双手来使用和制造工具能带来更多的好处。

早期直立人的运动方式

与南方古猿相比，早期人科物种的运动方式有了很大的发展。大部分种属的四肢比例与现代人越来越相似，虽然这并没有在能人的身上有很明显的体现，如果对奥杜威的 OH62 号样本的识别是正确的话（参见第 172 页）。虽然他们的手依然有着很强大的抓握力，但是他们的拇指关节已经和人类一样了。他们腿更长了，小腿以及脚部也与现代人非常相似，宽而扁平的髋关节也更像现代人类，但是他们的髂骨依然更像南方古猿。人类适应直立行走的进化可能仅仅是在最近的一百万年间完成的。

第二章 ┃ 食性的进化

在上一章中我们已看到了猿和人类的运动方式有着显著的区别。与此相反，他们的饮食习惯却有着许多的相似之处。所有的猿类以及人类都主要以水果为食，因此科学上称之为食果动物，当然极少数的种类也会吃树叶。黑猩猩与人类有时还会以动物为食，但是他们并没有任何适应于捕捉和猎食动物的生物学性状。

长臂猿

在所有现今存活的猿类中，长臂猿是食果动物，当然，要除掉其中体型最大的合指猿（siamang），它是部分食叶性动物。合指猿的牙齿上有更多的尖角和凸起，这使它能够更好地切断坚韧的树叶，而其他的长臂猿牙齿的牙冠较低，并且牙釉质较薄，只能用来咬碎柔软的水果。

红毛猩猩、黑猩猩和大猩猩

红毛猩猩也同样属于几乎完全的食果动物。它们的牙齿也同样牙冠较低，然而牙齿上的凸起和牙釉质却要比现在的长臂猿厚。红毛猩猩牙齿上凸起的作用至今没有令人满意的解释，但是看起来似乎与它们进食并没有什么关系。黑猩猩也是属于食果动物，且食物与红毛猩猩很相似，但是它们的牙齿更为简单，既没有尖角和凸起，牙釉质也不厚。当没有果实的时候，黑猩猩和红毛猩猩也用一些树叶、花朵和嫩芽来充饥，但是大猩猩却与它们不同，它的食物中树叶的比重更大，即使果实充足时也是如此，而山地大猩猩则基本上只以树叶为食。

黑猩猩用它们的大门牙在处理食物。大的门齿是食果灵长类的特征，因为吃水果比植物和昆虫更需要初步的准备。

红毛猩猩臼齿表面的微磨痕。因为这种猿以坚硬的水果为食，所以牙齿上有许多大的凹坑，这与在土耳其古猿（*Griphopithecus alpani*）等一些古猿牙齿上看到的现象类似。

已灭绝的猿类

对于许多已灭绝的猿类的食物结构我们也有许多的了解，这是由于我们用牙齿来咀嚼食物，而牙齿又是在我们发现的化石中保存得最好的部分。我们之前对现存猿类的牙齿类型都已经进行了描述，但是还有其他的证据来判断食性：当我们进食时，食物会在我们的牙齿表面产生摩擦并且留下痕迹。通过电子扫描显微镜来检查猿类化石牙齿上的痕迹，通常可以判定它们曾经以什么为食。分析牙齿上牙釉质中碳同位素的区别也同样能够了解它们食物的信息。

　　无论是现存的猿类，还是已灭绝的猿类，它们都主要以水果为食。原康修尔猿是如此，虽然与它生活在同一时期同一个地点的另一猿类至少应该是像大猩猩一样会以一部分树叶为食。这一猿类是让瓦古猿（*Rangwapithecus*），它在其他方面与原康修尔猿还是相似的。不同之处就在于，它们的牙齿有进化得很完善的尖角和凸起，并且对它们牙齿表面进行分析能够看出它们是以树叶而不是水果为食。许多其他的已灭绝的猿类，例如森林古猿（*Dryopithecus*）的食物结构也与原康修尔猿相似，但在随后的中新世出现了另一种猿，这一种系最早的代表是非洲古猿（*Afropithecus*）和肯尼亚古猿（*Kenyapithecus*），它们出现在非洲，它们的亲属是最早离开非洲进入了欧洲和亚洲的猿类。这些猿类的共同点是它们的牙齿更大并且牙冠更低、牙釉质更厚，由此来看，它们的牙齿已经越来越像人类的了。事实上，在以前很多这种厚牙釉质的猿类都被认为是人类的祖先。通过对它们的牙齿表面磨损进行分析可知，它们主要以坚硬的水果、坚果和种子为食。

　　这些牙齿较大且牙釉质较厚的猿有可能进化成了人科，但其中有一支却更确定是红毛猩猩的祖先。通常认为西瓦古猿（*Sivapithecus*）与红毛猩猩有关，并且它的牙齿与食物结构也与肯尼亚古猿（*Kenyapithecus*）和土耳其古猿（*Griphopithecus*）相似。几乎所有已灭绝的猿的食性都与红毛猩猩非常相似，由此可见红毛猩猩非常守旧，仍坚持着其古老的食谱。

191

南方古猿

　　有一些类人猿显然是人类的祖先，像南猿阿法种和图根原人（*Orrorin tugenensis*）的牙釉质很薄，而其他的一些类人猿，比如南方古猿湖畔种的牙釉质则跟那些厚牙釉质的猿类很像：牙齿较大、牙冠扁平并且牙齿表面牙釉质很厚。而它们牙齿磨

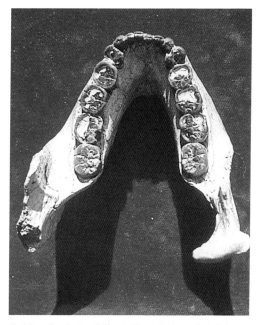

鲍氏傍人的下颌骨，有着巨大的臼齿和前臼齿来磨碎食物，但门牙严重退化。这种情形出现在吃种子或小水果以及小而硬的食物的猿类身上，这类食物不需要任何的初步处理。

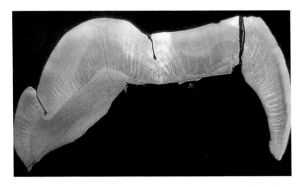

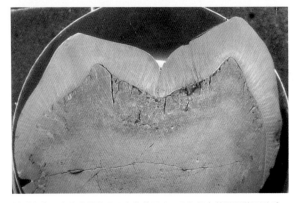

希腊古猿、南方古猿和西瓦古猿的牙齿。它们都有着厚厚的牙釉质，臼齿上有相似的凸起，所以可能它们都有着相似的食性。

损程度也与那些厚牙釉质的猿类相似。一代又一代的南方古猿不断地强化这些特征以进一步提高适应能力，例如，进一步的增加牙釉质的厚度、缩小门牙、增大白齿。它们甚至还增加了乳牙的大小，这样它们就能吃粗糙和坚硬的食物，这对它们的生存起着至关重要的作用。

人类的饮食

如果说人科进化早期的趋势是大牙齿和厚牙釉质的话，那么进化后期的趋势则正好与之相反。能人的牙齿与南方古猿并没有明显的区别，但他们的牙齿跟南方古猿相比并没有因进食坚硬粗造的食物而严重磨损。他们的食物明显要更高级一些，比如水果，也可能还有肉类，这可能来自于他们的捕猎技能。能人的牙齿较小，他可能已经完全成为了猎人，因此肉类在饮食结构里的比重不断增长。这一趋势一直持续到距今 1 万年前农业革命，随后由于蒸煮食物技术的逐渐普及和发展，使得坚硬的食物也变得柔软而更好咀嚼，牙齿也变得更小。农业发明后的一段时间，牙齿的磨损增加了，趋势又发生了扭转，这是因为即使食物煮熟了，但是谷物中的磨粒仍然会对牙齿造成磨损，现在我们吃的加工食品也使得我们的牙齿再一次地退化着。

食果动物 v. 食叶动物

	果实	树叶
蛋白质	低	高
脂肪	高（种子中更高）	低
碳水化合物	高	低
消化器官	小	大
食物性质	软	硬
牙齿结构	牙冠平 牙釉质厚	牙冠有脊 牙釉质薄

两种不同的食物，一种是水果（食果的），一种是叶子（食叶的），这能在物种间产生大差异。例如，水果有更多的浓缩的营养价值，特别是糖类，造成了较短的消化道和不同的牙齿类型，然而，水果的来源通常更加分散，所以以水果为食的要记住果树的位置以及什么时候可能当季。

第三章 | 猿与人类的地理扩张

自 20 世纪下半叶，大家认识到人类很可能最初是在非洲起源的。虽然没有化石证据能支持这一观点，但是达尔文认为黑猩猩和大猩猩是与人类亲缘关系最为密切的灵长类动物，而这些类人猿都生活在非洲，因此非洲最有可能是人类起源地。被称为"达尔文的斗牛犬"的动物学家和解剖学家汤玛斯·亨利·赫胥黎支持并发展了达尔文的这一观点，赫胥黎第一次明确的提出了类人猿与人类的关系，以及他们都起源于非洲。

奇怪的是，在 1856 年达尔文出版其《物种起源》时，确实是有一个类人猿化石。那就是 1856 年在法国南部出土的森林古猿（*Dryopithecus*），随后一直到19 世纪末本世纪初，才有更多的类人猿化石被发现，其后在印度也有发现。这些化石在时间上都相当的晚，距今 1200 万到 800 万年间。有观点认为灵长类动物，包括所有的猴子和猿类，很可能起源于亚洲，因为近些年在中国发现了始新世初期有明显的猿类特征的化石。在非洲还没有发现始新世早期的猿类化石，但是在北非的阿曼和埃及，发现了距今 3000 万年始新世晚期和渐新世的猿化石。由于在非洲没有找到化石证据，因此很难判定先前所认定的非洲没有猿的结论是真还是假。

猿类在非洲演化

1931 年，非洲的第一个猿化石在肯尼亚的西部被发现，当后来成为伦敦自然历史博物馆的古生物学家的 A.Tyndall Hopwood 看到这一标本时，他正在肯尼亚考察，在一个叫做科鲁（Koru）的遗址收集了另外一些化石。这是非洲有猿化石的最早的迹象，但是随后路易斯·利基及其助手 Donald MacInnes 的工作则证明了在欧洲和亚洲还没有猿出现的时候，猿化石早已遍布非洲。换句话说，利基确证了猿是在非洲演化出来的，并且至少在其进化史的最初 1000 万年，也就是距今 2600 万年到 1400 万—1600 万年间，它们都是生活在非洲的。许多猿类物种，比如卡莫亚猿（Kamoyapithecus），原康修尔猿（Proconsul），让瓦古猿（Rangwapithecus），尼安萨古猿（Nyanzapithecus），肯尼亚古猿（Kenyapithecus），赤道古猿（Equatorius），莫罗托古猿（Morotopithecus）以及非洲古猿（Afropithecus）在这一时期都生活在东非，它们很可能像现在的猴子一样，广泛地分布在非洲。

193

肯尼亚桑布鲁山发掘出的桑布鲁古猿（Samburupithecus kiptalami）的上颌骨。这一古猿的牙齿和大猩猩的很像，但和黑猩猩与人类的不同。遗憾的是，这是目前已知的唯一的化石，证据太弱，不足以确定这一相似性是否有进化意义。

猿类走出非洲

当猿一定需要走出非洲的时候，它们可能至少这样做了三次。第一次迁徙是长臂猿这一谱系，这次迁徙的结果，如今除了现在生活在东亚的长臂猿外，别的就一无所知了。一直到更新世都没有发现任何长臂猿类的化石证据，但是分子证据表明，现存猿类物种的分化是在中新世晚期。第二次迁徙则主要以厚牙釉质的猿为主，非洲之外的最早的代表是在德国、捷克以及土耳其发掘出的中新世中期的肯尼亚古猿（Kenyapithecus）和土耳其古猿（Griphopithecus）。这些化石距今大约 1600 万年，比非洲代表性的肯尼亚猿亚科（Kenyapithecinae）早了大约 200 万年。中新世晚期西瓦古猿（Sivapithecus），巨猿（Gigantopithecus），安卡拉古猿（Ankarapithecus）和希腊古猿（Graecopithecus）遍布东欧、中东以及印巴地区，红毛猩猩可能是从它们中的一个分支演化出来的。

第三次迁徙与前两次是明显分开的，走出非洲的是后来演化成森林古猿（Dryopithecus）和山猿（Oreopithecus）的支系。与第一次一样，这次迁徙的也主要是树栖猿，而厚牙釉

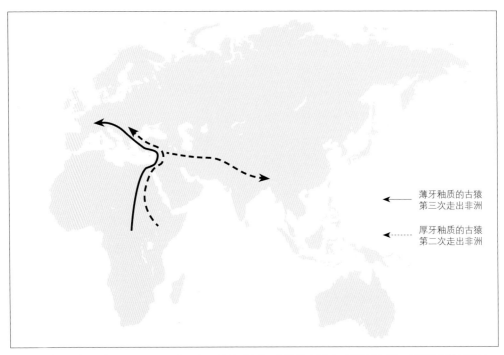

中新世时期可能有三拨古猿走出非洲，没有一个可以很好地解释亚洲的长臂猿和红毛猩猩的起源。本图展示的是后两次。第二次出非洲迁徙是厚牙釉质的猿类进入欧洲，其后约在1500万年前又东扩，第三次出非洲是300万年之后，适于悬挂的猿类进入欧洲。

质的猿可能有一定的地面生活的能力。这只是中新世发生的迁移，之后可能还有其他批次的走出非洲的迁徙，但与此同时，在非洲的猿类仍继续演化，最终形成了非洲猿类和人类。可惜的是，在人类和猿开始分化的关键时期，也就是距今1400万年至600万年前，非洲的化石证据有巨大缺环，这就使得我们几乎没有证据来分析当时发生了什么。在距今1000万年至900万年之间，有三种来自肯尼亚北部或者埃塞尔比亚的猿类种系：桑布鲁古猿（Samburupithecus）、脉络猿（Chororapithecus）以及仲山纳卡里猿（Nakalipithecus），但是不清楚它们之间的亲缘关系。它们向我们证明了非洲仍有猿，但也仅此而已。化石记录上有着更大的缺环，直到发现距今600万年的图根原人（Orrorin）和乍得沙赫人（Sahelanthropus）才又续上。这些虽被归为人族（Hominini），人族是对人类各支系的称呼，可是相关的证据却显然有问题。即使是刚距今600万年以内的地猿（Ardipithecus）的出现也难以证实其与人类的亲缘性，一直到距今400万年前，人类这一支系才有了很好的化石记录，因为有了直立行走的很好的证据。

人类的远祖起源于非洲

不管怎么说，我们知道人类最早的近亲来自于非洲，距今大约 500 万年至 200 万年之间。他们占领了大半个非洲，在此期间，他们出现在了东非、南非、马拉维和乍得。最为人熟知的化石出自东非，特别是埃塞俄比亚、肯尼亚和坦桑尼亚，有从洛特加姆(Lothagam)出土的距今大约 500 万年的部分下颌骨，从阿拉米斯(Aramis)出土的稍晚一些的距今大约 440 万年的材料。距今 400 万年前，最早一批南方古猿出现在了卡纳博和肯尼亚，而在距今 400 万至 300 万年之间，他们出现在了乍得的北部、埃塞俄比亚、肯尼亚以及坦桑尼亚。而在距今 300 万年前，南方古猿出现在了南非的许多遗址。环境也许是限制他们在上新世广泛分布的主要因素，在这一阶段，早期人类的进化主要还是适应林地环境。非洲的其他地域可能也有早期人类，但是我们还没有找到化石证据。

第四次"走出非洲"

距今 400 万年以内，南方古猿至少进化成了两个独立的分支，纤细型南方古猿和粗壮型南方古猿，以及肯尼亚平脸人和南方古猿惊奇种等变种。距今大约 250 万年前，第一个被归为人类的物种出现了，不过现在仍不清楚他们是由哪一支系进化而来。无论是早期人类还是南方古猿，他们还都是仅在其故乡非洲演化。随后不久，人类开始了第一次出非洲的迁徙，有时被称为"走出非洲 I"，虽然事实上这是人猿科物种至少第四次出非洲。

这些早期人类可能属于直立人（也有一些科学家认为他们应该属于更原始的类型——匠人），或者甚至可能是与能人和鲁道夫人有关的物种（参见第 172 页）。最初，他们应该还是生活在热带或者副热带这些他们更适应的环境中。他们最初迁徙出非洲并不能视为有目的地开拓新的领地，而是由于其觅食范围不断扩大，他们寻找植物、追踪动物而进入了以前没有到过的地域。随后，由于人类能力的不断增强，他们的后代能够适应新的环境，例如温带的草原和森林。在随后的 50 万年里，人类在北欧和北亚的更冷的气候中坚持了下来，并且逐渐地适应了草原环境。然而，

194

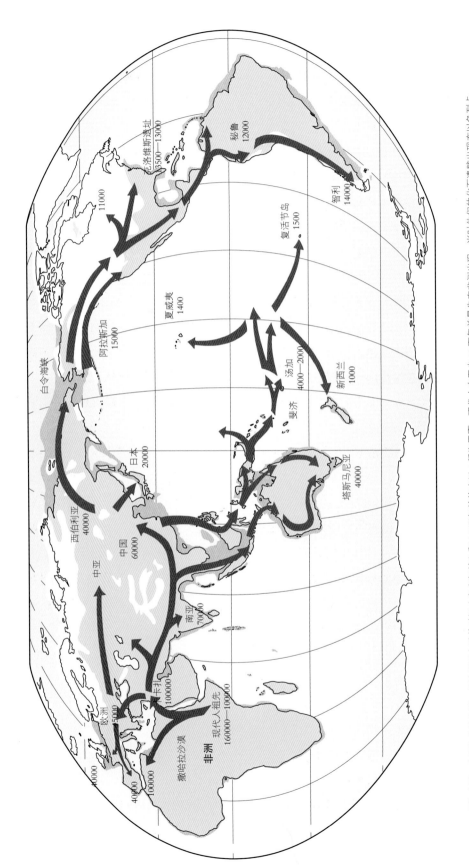

现代人第一次迁徙定居全球，并给出了大致的时间（多少年前）和 1.8 万年前的冰川／低海平面。现代人在至少 10 万年前最先在非洲出现，当时他们的化石遗骸出现在以色列卡夫扎（Qafzeh）等遗址里。到 1.2 万年前，现代人已抵达远到塔斯马尼亚和智利等地。

即使是克罗马农人也无法在最后一个冰河时代的鼎盛期仍坚持在北欧生活，大约 2 万年前，北欧以及北亚都完全没有人。

在周期性的温暖阶段，当气候跟我们现在所处的间冰期（全新世）很像的时候，人口数量开始快速增长，并且中非、南欧、印度和东南亚人口已相当稠密。但是与此同时，地球的冰盖很小，全球海平面很高，导致有些地区周期性地与邻近的大陆隔离开而变成岛屿，例如不列颠群岛、西西里岛和日本，而随着冰期的到来，又重新与大陆连接在一起。这一人类迁徙的走廊周期性地出现和消失。同样，在冰河时期海平面会下降 100 米（330 英尺），也就造就了新的海岸线和陆桥，但是这也会导致陆地被一片冰雪和荒漠覆盖。尽管海平面的下降，但有些地区在人类的历史中从来没有被连接起来过，无论海平面有多低，就像马达加斯加一直是和非洲隔离开的，新西兰与世界的其他地方分开，而澳大利亚和新几内亚与东南亚分开。早期人 类（直立人等）从来没有涉足过这些地区，它们一直荒无人烟直到现代人类的到来。

现代人类（智人）迁徙出非洲，被称为"走出非洲 II"，开始于距今至少 12 万年前，早期的现代人从北非迁徙至中东。他们随后向东迁徙，经过亚热带和热带地区，距今 5 万年前他们乘船到达澳大利亚。在距今 4.5 万年前，现代人第一次到达欧洲，但是除非洲外的世界其他地区还只是有比较零星的数据。有证据表明现代人在距今 3 万年前到达斯里兰卡，在距今大约 2 万年前到达了日本。早期现代人在距今 4 万年前到了中国，甚至有可能比这个时间还要更早，但是他们到达美洲的时间一直存在着争议（参见下一节）。

直到距今 1.2 万年前，最后一个冰河期结束，人类才进入了世界上有更极端的气候的地区，例如极地荒漠和高山地区，也是在这一时期人类才到达了许多偏远的岛屿，例如马达加斯加、新西兰和波利尼西亚。

第一个美洲人

在欧洲对美洲进行殖民统治的早期阶段，人们意识到美洲的原住民与东亚人在体貌特征上存在着很多相似之处，例如眼睛的形状和头发的样式。这些相似之处已经被精细到牙齿形状和 DNA 的人类学研究所证实。但是这些新移民是什么时候又是

上图　最早的美洲人可能是乘船而来的，在白令海峡南端的岛屿间穿梭。简易的小船，就像这个来自阿拉斯加努尼瓦克岛的因纽特的两人小艇，在这个地区被使用了数千年。与充满危险的陆路相比，这些早期的水手们很快地沿西海岸南下，可能最远达到了智利南端的蒙特沃德。

下图　与众不同的克洛维斯技术在 1.3 万年前出现在美洲的考古记录里。最早在新墨西哥靠近克洛维斯发现的独特的柳叶刀形箭头，是用骨制或木制的锤头打薄，并在底部挖凹槽来套入矛杆。一些考古工作者认为克洛维斯文化的传播记录着人类第一次到达北美，但有不断增加的证据显示还有一个或短或长的前克洛维斯时期。在亚利桑那州纳科的一个猛犸象的骨架里也发现了这样的箭头。

从哪里到达美洲的呢？这样的不同迁徙又有多少次呢？我们通常假设，第一批移民是在海平面很低的时候横穿西伯利亚和阿拉斯加之间的白令海峡到达的美洲。他们可能只是跟随迁徙的驯鹿群穿过了裸露的白令陆桥，不过也可能是乘小舟沿岛链从南边的海上到达北美。他们的到来为人类开启了一个全新的世界，这片幅员辽阔的土地几乎拥有地球上的任何一种气候与环境和特有的动植物。

通常认为，以克洛维斯文化（Clovis）为代表的第一批美洲人是在 13000 年或 12000 年之前到达美洲的。从此以后，有许多曾经遍布美洲的大型哺乳动物灭绝了，例如大象、野马、骆驼和地懒，学界普遍认为人类的捕杀是这些动物灭绝的主要原因。然而，有一些科学家持不同意见，他们认为气候和环境的变化，甚至是疾病的

宾西法尼亚州神秘的梅多克罗夫特岩棚遗址（Meadowcroft）的发掘过程俯视图。放射性碳测年有争议地表明在克洛维斯文化繁盛之前人类就已在美洲生活了——可能要早数千年。然而，这些时间有着广泛争议，梅多克罗夫特实际上可能是一个非常早期的属于克洛维斯文化的遗址。

智利南部的蒙特沃德（Monte Verde）是一处露天的遗址，在一条小溪的岸边，距今约 1.4 万年。这些木头是地基，上面是一个长长的类似帐篷的结构，是由圆木和木板搭成的并盖着动物的皮。还有灶炕、炉、工具和食物遗迹，表明这里主要是作为居住用的。

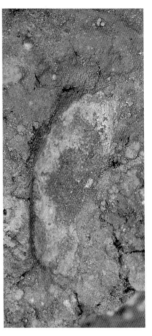

蒙特沃德遗址的"工具袋"。这些由骨头、石头和树木做成的器物非常简单，实际上，其中一些可能根本就不是"制作"出来的。人类定居蒙特沃德是没有争议的，一些人类的脚印，就像右上方这个，以及这个叉骨形状的小屋地基，到处都是一片片的乳齿象的皮和肉。这可能不是居住区域，而是居住区旁边用来宰杀动物的地方。

影响对动物灭绝所起的作用都要大于人类的捕杀。此外，还有来自梅多克罗夫特岩棚和蒙特沃德越来越多的证据也表明了这一观点。

在南美的一些和克洛维斯同一时期的考古遗址表明，那一时期的美洲人已经有了文化差别，所以人们应该在更早之前就已经进入了美洲。另外，在智利南部一个叫蒙特沃德（Monte Verde）的地方，也发现了大约距今 14500 年有人类居住的证据。考古学家们认为，新移民们穿越白令海峡进入阿拉斯加的迁徙高峰出现在距今大约 20000 年的最后一次冰河时期，否则，他们不会有如此充足的时间去迁徙如此长距离。的确，一些科学家认为，这一迁徙高峰可能早在 3 万年前就已经出现了。新移民可能在 18000 年前迅速地向美洲的西海岸迁徙，而后进入内陆。

白令陆桥

青鱼洞

尼纳纳体系

劳伦冰盖

科迪勒拉冰盖

大西洋海上
的路线

太平洋海上路线

美 洲 早 期

居民的人种具有多
样性，他们与现在的美
洲原住民并不十分相似，
全美洲发现的各地距今 9000 多
年的人类化石为这一结论提供了新
的证据。他们包括，在美国境内的距
今 9000 年其所有权仍有争议的肯纳威克人
（Kennewick Man，华盛顿州）的骨架，以及距
今 10000 多年灵山洞（Spirit Cave，内华达州）的一
部分干尸骨架，同时发现的还有一部分织物和编织的
篮筐。再往南部走，在墨西哥城发现的一具女性的骨
架距今已超过 12500 年，而另一具在巴西的米纳斯吉
拉斯州的一个山洞中发现的女性头骨距今大约 10500
年。这具女性头骨狭长而面部低平，这与现代的美洲
人有很大的区别。近期有研究表明，这种独特的人种

肯纳威克

仙人洞

克洛维斯

梅多克罗夫特

今天的海岸线

古代的海岸线

佩德拉富拉达

蒙特沃德

地图上展示的是与早期人类进入美洲的相关的地理和考古证据，这仍是史
前研究中争论最激烈的领域。更新世的大部分时间，低海平面使白令海峡
暴露形成陆桥连接西伯利亚和阿拉斯加，被称作"白令陆桥"。尽管周围
还有冰川，白令陆桥使得成群的哺乳动物可以横跨亚洲和北美洲，在某些
阶段，人类也加入了这一队伍——但是发生在何时？梅多克罗夫特岩棚遗
址和蒙特沃德遗址支持在克洛维斯之前人类就已经到达了美洲。

在最近的几百年中，可能在偏远的地区得以幸存，例如墨西哥的巴哈半岛。因此有可能，美洲的第一批移民来自亚洲不同的族群，而后他们被现代美洲人真正的祖先所取代。然而正如我们所看到的那样，世界各地的早期的现代人化石与现在的本地人类并不十分相似，即便到了 10000 年前，各个种族之间的特征还在继续分化着，所以，早期人类迁徙中的多样性问题，依然悬而未决。

研究美洲原住民的起源拥有大量的基因数据支持。其中有很多来自东亚的样本以及一些古 DNA 数据，将这些样本与现代美洲人 mtDNA 进行比较，可以研究其内部的关联性。迄今为止的研究结果显示，整个美洲地区的基因突变率都相当低。其中四条主要的 mtDNA 支系很可能来自美洲的新移民（即今天印第安人的祖先），而这又能与现在西伯利亚南部地区的人们相联系。

与此同时，在北美也发现了一个被称为"X"的支系，这个支系现存在于亚洲和欧洲。因此一些科学家相信，这一结论支持了一种完全不同的美洲新移民的迁徙路线——直接从欧洲乘船沿着当时冰冻的北大西洋冰盖边缘穿越大海到达美洲！这一结论主要依据是美洲的克洛维斯文化的矛头与西欧旧石器时代梭鲁特文化之间存在的相似之处。然而多数专家认为，这种相似只是一种巧合，这种 X 型的 mtDNA 同样很有可能是从亚洲传入到北美的。Y 染色体分析至今为止都是支持美洲原住民的亚洲起源的，但是父系 Y 染色体的共祖时间却要比母系线粒体的年轻得多。

第四章 ｜ 树冠与大地，对环境的适应

在接下来的几页中，我们将尝试把猿和人类的运动、饮食、行为的进化的知识连接成一个整体，并将这些变化与当时的环境变迁相联系。灵长类动物是群居动物，一般来讲，猴子和猿类有着非常复杂的社会关系。比如，你几乎不可能遇到一只落单的灵长类动物，因为几乎总会有和它同一群的其他成员在其附近。不同物种的群的组成也大不相同，但是群居行为的功能却几乎总是相同的，都是为了防止掠食者和保护食物来源，形成家庭并且防范敌人。就此而言，从我们灵长类祖先开始直到文明社会就没有发生太大的变化。

几乎所有现存的猿类都是只能生活在热带雨林环境中的，黑猩猩有些例外，它们还能在更边缘的条件下生存，比如东非大草原地带。

现存的猿类

现存的猿类主要以水果为食，在树上生活，并且拥有复杂的社会体系。这前两个特征使得猿类的分布范围受到了限制。如果它们主要以水果为食，那么它们就必须生活在能够提供丰富水果的环境里，然而在许多地方这一简单的要求却很难满足。大多数的以水果为食的动物都生活在热带森林，原因很简单，因为这是一个全年都能产出水果的地方。所以现存的猿类的生活范围被限制在了热带，并且几乎完全在热带雨林中。只有黑猩猩能够生活在纬度更高的地方，那里的气候四季分明，而全年大部分时期的水果都供应不足。它们能做到这一点，一方面是因为它们的社会制度非常灵活，允许小团体积极地探索新的领域，进一步渗透到条件不太好的领地，而另一方面则是它们有认知自己周围环境的能力，因此它们也许知道，在食物短缺的时候，在贫瘠的领地之外多远处还有其他食物来源。

对于树栖猿类来说第二个需求就是树的存在。大多数猿类要依靠树来躲避捕食动物的袭击并获得食物，但是只有长臂猿是习惯性地将树来当作行进的"公路"。像黑猩猩、大猩猩和红毛猩猩这些大型猿类，当它们想要走一段路的时候通常都会到地面来，因为他们太大太重了，在树与树之间跳跃过于困难。即使它们生活在茂密的森林中他们也不会从一棵树跳到另一棵树，而如果他们生活在树木相对稀疏的森林中就更是如此了。毫不奇怪的是，在各种类型环境中都能找到猿类在进化过程中有一定程度的地面生活的行为，如果猿类能够在更为开阔的森林环境中生活，那么它们更应该会有地面生活行为。

201 猿类的社会体系

猿类拥有各种各样不同的社会体系。长臂猿是一夫一妻制的，一对成年长臂猿与它们的后代生活在一起。虽然这种一夫一妻制在鸟类中很普遍，但是这在哺乳动物的社会体系中却是很不寻常的。因为在一夫一妻的这种社会体系下，雄性不需要抵御其他雄性的攻击来保护自己，因此，雄长臂猿和雌长臂猿之间的体型差别不大。在只有一只雄性和许多雌性的一夫多妻制的群体中就不是这样了，因为总有一些落单的雄性

现存猿类和人类的社会组织关系

倭黑猩猩（Bonobo）

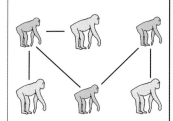

倭黑猩猩生活在平等的家庭群体里，雌性之间有着最紧密的联系，尽管雌性也会和雄性有关联。雄性是和它妈妈在同一个群体里，并长久保持紧密的母子关系。这一雌性主导的社会在灵长里是独一无二的，在哺乳动物里也是少见的。

黑猩猩（Chimpanzee）

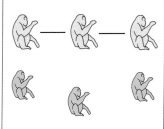

　与倭黑猩猩不同，黑猩猩的群体是由雄性主导的。它们保卫着有雌性生活的领地，抵御外来雄性入侵。雄性和雌性可有短期的纽带关系，雌性之间没有紧密的关系。

长臂猿（Gibbon）

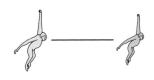

长臂猿生活在一夫一妻的家庭组群里，雄性和雌性一起做大部分事情，包括保卫领地。

人类（Human）

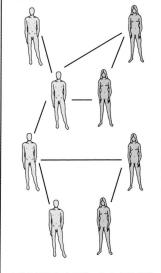

人类的行为复杂多样，与许多猿类的社会系统有重叠。许多人类社会是基于一夫一妻的，就像长臂猿，但也有奉行多配偶制，这像大猩猩，或者是像黑猩猩一样的一夫多妻。

大猩猩（Gorilla）

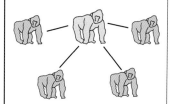

大猩猩实行多配偶制，它们的组群是由雄性所主导的。几个雌性和它们的孩子在这一组群里，雄性后代可被容忍在群里生活直到它成熟到能挑战雄性头领的主导地位的时候。

红毛猩猩（Orang utan）

红毛猩猩过着独居生活。雄性和雌性之间没有什么联系，各自建立独立的领地，雄性的领地会大一些，将一或多个雌性的领地包括在内。

为了争夺雌性而寻找其他雄性的弱点并伺机而动。在这种社会体系下体型大小就变得很重要，身强力壮的雄性往往能脱颖而出，因为它们需要保护自己以及群里的雌性。大猩猩生活在小的一夫多妻的群体中，一只成年雄性大猩猩和几只成年雌性大猩猩，以及它们的后代。大猩猩族群中的雄性头领的特殊地位一方面来自其巨大的体型，也许是其他成年雌性体型的两倍，另一方面来则自其"银背"，其后背的毛发变成了白色，并且非常的显眼。群

202

上图 长臂猿是一夫一妻制，雄性和雌性体型相近，尽管在黑长臂猿（*Hylobates concolor*）这一特殊的一类里，雌性在青春期之后毛色会变浅。

左图 一个小型的大猩猩群体里的头领因有着银色的背而很突出，它的银背比其他大猩猩要大得多，当其他雄性也成年的时候，并且背部开始变成银色的时候，就会被驱赶离群。

体中年轻的雄性后代在它们后背毛发是黑色的时候还能够被头领容忍和接受，然而一旦他们后背的毛开始变成银色，就会被驱逐出群。

黑猩猩是现存猿类中社会体系最为复杂的。通常黑猩猩们生活在相互联系较为松散的群体中，有时可以几只黑猩猩一起形成一个小的团体，有时它们甚至会在一段时间内单独行动，这取决于食物的供应以及来自食肉动物或者其他黑猩猩

倭黑猩猩的社会是由雌性主导的，群体是平等的且有着高度的灵活性。

等敌人的威胁。群体中的所有成员共同占有家族的领地，它们都认识彼此，有时它们还会聚集在一起。黑猩猩的社会核心是雄性群体，大部分社会分工合作是在有关系的雄性之间进行的，这种频繁而紧密的联系使得它们共同成长。雌性会离开它们出生时所在群体，所以缺乏与其他成员的密切联系，除非是和它们自己的后代，或是处在交配期。这是一个非常灵活的社会制度，似乎能够聚集和提供更大的力量来面对不太有利的自然条件，给它们更大的灵活性，并且通过各种丰富的活动将它们彼此联系在一起。

大猩猩以水果为食，就如同所有以水果为食的灵长类动物一样，它们拥有良好的记忆力，以及向他们的后代传递如何找到丰富食物来源知识的能力，因为水果可能会分散在它们的领地里，不同的树木也会一年中的不同时间长出果子。黑猩猩也会遇到其他以水果为食的动物所面临的问题，但是它们能在更困难的四季分明的环境中生存。

倭黑猩猩对食物来源的选择似乎也有着更多的灵活性，它们会吃更多种类的草本植物，这也许和它们与黑猩猩不同的社会体系有关。倭黑猩猩的群体是由雌性紧密组合在一起的，而不是雄性，无论是永久性的还是临时组成的觅食团体，其规模都相对较大，而临时性的觅食团体则包括了雌雄两性以及各个年龄阶段的个体。这种以雌性为主的社会体系在灵长类动物中是独一无二的，在哺乳动物里也很罕见。人类社会似乎不是源自倭黑猩猩

上／下图　黑猩猩有着高度复杂的社会系统，雄性占据主导权且是这个社会的核心。黑猩猩可以很好地应对不理想的环境，这可能部分是由于它们有着灵活的群体结构。它们以水果为食，也可以用其他食物来做补充，它们还会制造和使用工具来觅食，例如左图中，黑猩猩用一个准备好的树枝在白蚁堆前钓白蚁。

的社会体系，而是源自以雄性为主导的黑猩猩的社会体系。

红毛猩猩的社会体系也是相对松散的，它们似乎没有黑猩猩群体那种紧密的联系。它们很大程度上是独自生活、迁徙以及觅食，但是它们都属于某个由相互认识的个体组成的群体，并且在群体中雄性会互相争夺雌性。这就导致了雄性和雌性巨大的体型差异，这种差异更甚于大猩猩，雄性的体重往往超出雌性两倍。

对于现存的猿类，我们很容易就能对环境与其行为之间的相互关系有所了解。那么古猿呢？要回答这个问题，我们需要看看从猿和人类进化的三个阶段，在这方面我们有着最好的证据。即

红毛猩猩大部分时间独居生活，尽管雄性之间为争夺雌性会有着激烈的竞争。

使是最好的证据，也远远达不到我们对现存猿类的了解程度，化石记录的不充分，比如化石的不完整与残缺，使得对猿类进化的认识至今仍存在许多不确定性。

中新世早期的猿类

原康修尔猿生活在距今 2000 万到 1800 万年前的中新世早期的非洲。它们以热带森林中的软水果为食，是一种生活在树上的、靠四肢爬行的猿类。原康修尔猿至少有四个分支，它们有着相同的生活方式，却做不一样的事情。此外，它们还与其他种群的猿类有着密切的关系。例如，来自鲁辛加岛的两个种群，它们生活在复杂多变的环境中，不仅能适应茂密的森林，还能生活在更为开阔的林地环境中。原康修尔猿的四肢更粗壮，与来自松霍尔和库卢遗址的猿类相比，它们在树上并没有那样敏捷，松霍尔和科鲁两个遗址和原康修尔猿是差不多同一时期的，距鲁辛加岛约 48 公里（30 英里），当时全部是热带雨林的环境。

对于原康修尔猿的社会结构我们知之甚少。几乎没有物种在雌性和雄性的体型上能有如此大的区别，它们的一个群体里有许多雄性，就好像现今的许多种类的猴子生活方式一样。这些群体里的猴子的数量通常很大，往往超过了 100 只甚至更多，有时候这个群体里甚至包括了两个甚至多个种。那些在森林里生活的物种的雄性和雌性的区别就和原康修尔猿的很相似。现存的猿类中没有这种类型的社会体系，在解剖学特征来看，原康修尔猿更像猴子而不是更像猿类，它们的行为也可能跟猴子更为相似。对于中新世早期的猿类特别是原康修尔猿的研究结论有很多，它们应该有着一个猿类祖先。它生活在热带雨林中，在树上生活并且以水果为食。其他的一些种类则更多地以树叶为食。当时不同种类之间的细微差别也不会比现今关系密切的种群间的差别更大。

中新世晚期的猿类

在距今 1000 万年至 900 万年之间的中新世晚期生活的古猿是很不相同的。至少有两种不同的古猿适应了不同的环境，有着完全不同的生存方式。它们一支以安卡拉古猿为代表，另一支则以森林古猿为代表。

一系列关于牙齿和头骨的特征都显示安卡拉古猿与原康修尔猿不同，它们对于咀嚼食物有着强大的适应性状。这与它们的颊齿、上颌骨和下颌骨的尺寸，以及不断进化的咬肌有关。它们的牙齿有很厚的牙釉质，可以咀嚼更硬的食物，强有力的臼齿可以咬破像坚果、硬质果实以及种子等食物坚硬的外皮。人类也有厚的牙釉质，但是现存的猿类没有。安卡拉古猿的牙齿也同样有着很厚的牙釉质，并且增加了牙釉质的覆盖面积。同样的情形也出现在其他的厚牙釉质的古猿以及人类的祖先身上，例如西瓦古猿和南方古猿，但是在现今的猿类身上却没有发现。

在颌骨的前部相扣且突起的犬齿可以在咀嚼时限制颌骨的移动，而这又可能会限制牙齿的研磨粉碎的功能。安卡拉古猿的犬齿相对较小，这一度被认为是人类进化中一个关键性的特征，但是现在我们知道在一些别的古猿身上也有这一特征的，例如希腊古猿。与这一特征相关的都是扁平而有力的脸颊以及粗壮的颌骨，与现存的猿类更为轻便的颌骨和牙齿相比，这些在古猿类和南方古猿身上出现的组合特征表明它们之间有着很强的功能性关联。

以安卡拉古猿为代表的所有古猿都有着相似的适应特征。这一类群的成员都表现出了不同程度的适应地面生活的能力。它们毫无疑问是适应了在支撑物上四足行走的猿类，无论这一支撑物是树还是地面，它们在一定程度上保留了原康修尔猿类似猴子的适应性状。它们就像将家安在树上的早期猿类一样，但当它们要行走一段距离的时候很可能仍是下到地面上。

　　这些古猿还有一个共有的特征，那就是它们生活的地方要么是非热带，要么就是季节性很强。它们中的大部分都只在欧洲和亚洲被发现过，例如希腊古猿和西瓦古猿生活在希腊和巴基斯坦，都超出了今天热带的范围。然而在过去，这些地区都曾是亚热带气候，古猿也许就生活在这亚热带的森林和林地中，正如生活在印度、缅甸和中国西南部亚热带季风雨林中的猿类一样。亚热带气候一般也有很强的季节性，在夏季几个月的雨量很大，中间是一个较长时间的旱季。这样的气候条件下物产非常的丰富，整个夏天的雨为植物的生长期提供了充足的水份，但有迹象表明，在当时那些环境中夏季降水量都相对较

非洲的大部分林地都被毁掉而用来发展农业了，但金合欢林地代表了中新世晚期猿类和上新世的人类可能生活过的一类环境。

206 低，而且当时的林地和森林密度也比现今的大多数亚热带和热带森林的密度低。很可能正是因为这种情况，使得古猿必须要适应地面的生活，而它们牙齿和颚骨的进化也使得它们能够在每年食物短缺的旱季靠吃树叶或草生存下来。

另一组以山猿和森林古猿为代表的中新世晚期的猿类则与第一组有许多有意思的区别。它们的牙齿和颚骨跟原康修尔猿相比几乎没有改变，而它们的饮食习惯在当今的技术下也无法区分，估计仍主要以软质水果为主。它们下颌骨结合区（脸颊部分）的支撑结构是不同的，头骨也更加坚固。另外，它们四肢的骨骼也非常不一样，适应了像现存的猿类一样在树枝上悬挂，因此它们很少到地面活动。事实上，它们的手臂和腿部与最适合生活在树上的红毛猩猩的非常相似。在很多方面，森林古猿和山猿是非常相似的，虽然它们的牙齿不一样，但这也同样说明了山猿可能有一些容易适应地面生活的性状，与直立行走的人类也更为相似。

森林古猿生活在亚热带气候的欧洲南部，与那些厚牙釉质的猿类生活的环境一样，只是这里的气候更加多雨并且可能有亚热带常绿阔叶林。这里很像现今长臂猿生活的缅甸亚热带季风雨林和印度东部雨水充沛的地区。森林古猿以水果为食，并且完全生活在树上，它们很像生活在中新世的长臂猿。

最早的人类祖先

中新世晚期的这两支猿类种群似乎并没有很近的关系，但是它们共同见证了人类的祖先在中新世晚期至上新世早期的出现。我们并不知道人类出现的确切的时间，但是大致时间是在距今 700 万年至 500 万年之间，也就是中新世的晚期。站起来双足直立行走是我们用来判断最早的人类祖先的基本方法。

最近几年，有很多猿类化石被认为是人类的祖先，但是其中一些却主要因为缺乏直立行走的证据而难以采信。来自肯尼亚北部的图根原人有着厚厚的牙釉质，颅后很像中新世晚期的猿类，但对于它们的生存环境和生活习惯我们都一无所知，甚至它们直立行走也是推测出的。与这一化石相关的动物群和沉积层提供的证据表明，这是一个树木繁茂的热带林地或森林。科学家们认为埃塞俄比亚的地猿始祖种（*Ardipithecus ramidus*）是人类的祖先，一些已经公布的发现显示他们或许已经能

在南欧的亚热带沼泽林里攀爬的森林古猿一家。

南方古猿阿法种的一个群体。它们可能至少部分时间是树栖生活的。

够直立行走，但是最近公布的证据显示它们有大而分开的脚趾用来在攀爬时抓住树枝，而它们的髋骨也和猿类的很像。有关于环境的充分证据表明当时那里是封闭的林地。与始祖地猿一起被发现的有来自于树木的化石，同时发现的动物群化石里最常见的是疣猴等树栖动物。这些动物化石的出现表示猿类的栖息地随着时间的推移变得干燥，且随着生活环境越来越干燥，古人类也变得不那么常见了。肯尼亚古猿（*Kenyanthropus*）的出现略迟于地猿，他们也有较厚的牙釉质，跟地猿一样，他们也生活在水源充足的林地和森林边缘的混合区。并且，他们都有相对较小的牙齿，更像是森林古猿谱系，而非安卡拉古猿或者西瓦古猿谱系。来自肯尼亚卡纳博的南方古猿湖畔种的一部分肢体的骨头很清晰地表明他们是直立行走的，在时间上要晚于地猿。他们也有着前面提到过的中新世晚期猿类的厚牙釉质这一典型的适应特征：厚牙釉质主要覆盖在后面的牙齿上，他们依然有着大而有力的颚骨以及强壮的咬肌。地猿没有这些特征并且在一些方面他们看上去更像是猿类（比如黑猩猩），而并不像中新世晚期的那些厚牙釉质的猿类。

早期的南方古猿

早期人类的化石证据是非常稀少的，但是现有材料依然能够有力地证明早期的南方古猿栖息在林地或者森林中，并且他们都是至少部分时间生活在树上。还有更多的证据适用于稍晚的南方古猿非洲种，在距今 400 万年至 300 万年之间，他们可能广泛地分布在非洲南部、中部以及东北部。在坦桑尼亚的莱托里发现的颌骨和牙齿与卡纳博的很像，正如我们前面所讨论的（参见第 240 页），这属于南方古猿非洲种的脚印化石证实了这一早期人类是直立行走的，这使得一切怀疑都烟消云散了。然而对于这些脚印的确切形式仍存在着很大的争议，一些科学家声称他们的形状完全是现代猿类的脚印，还有另外一些科学家指出他的大脚趾与猿类的还是存在着部分差别。在埃塞俄比亚的哈达尔（Hadar）发现的化石要更加完整，并包括被称为露西的部分骨架。这些化石都表明即使作为完全直立行走的猿类，南方古猿非洲种依然会将自己的家安在树上，他们的指骨长而弯曲，使得他们在攀爬时能够非常有力地握住树枝。他们的脚或许可以像手一样用来抓住树枝，这就是猴子和猿类都能在树上行动敏捷的原因。如果这一推论是正确的，那么就意味着，早期的人类既能在地面直立行走，又能像猿类一样悬挂在树上。阿法尔洼地（Afar）是由丰富的林地和森林镶嵌的湿地环境，而在莱托里则可能更为干燥，没有永久性的水源，植被主要以林地和稀树草原为主。

晚期的南方古猿

生活在非洲东部和南部的较为晚期的南方古猿能够更好地适应更为开阔的野外环境。这一过程可在奥杜威峡谷的发掘中反映出来，很多独立证据都表明中间层（Middle Bed 1）当时的环境是近乎森林的封闭林地，而等到上层（Upper Bed 1）的时候，环境变得更加干燥了。由此建立起来的一个复杂的理论认为，猿类向直立行走的进化与它们迁移到了热带稀树草原的环境息息相关。从理论上来说，通过直立行走，人类可以最大限度地减少身体与炎热的地面接触面积。事实上，并没有确切的证据们能够证明在人类进化的早期阶段就出现了这样的环境变化。中新世晚期的猿类化石与上新世的早期人类祖先生活在相同的环境中，即热带或亚热带的林地或者森林；他们吃着相似的食物，以大量水果为主食；并且他们也都一部分时间生活在树上一部分时间生活在地面上，可是为什么只有一部分猿类开始直立行走，而其他的仍然四肢着地？这些问题可能有答案，但与适应环境无关，而是与社会的发展和工具的使用更有关系。这个话题将在后面讨论。

第五章 | 工具的进化

一 工具和人的行为：早期证据

科学家布朗劳斯基（Jacob Bronowski）说过，大多数动物当它们死后除了尸体什么都没有留下，只有人类留下了他们思考的痕迹。在 200 万年前的人类已经以石器工具的形式留下了这样的痕迹，我们可以认为这仅仅只是早期人类制造和使用的一部分东西。许多材料，如木头、竹子和兽皮都不如石块或骨头耐久，只能在特殊情况下才能保留下来。所以，人类过去曾创造的很多东西都已难觅踪影，而且很可能在石制工具之前，就有一个用树叶、木头或骨头制造工具的阶段，只是我们难以去追溯罢了。雷蒙德·达特（Raymond Dart）认为南方古猿创造了一种"骨齿角"文化（利用骨骼、牙齿和角），但是他从南非找到的证据现在并不被认可。然而，现在与我们亲缘关系最近的黑猩猩，它们会用草茎制作工具来掏出白蚁，最近在几内亚，甚至发现它们用石头作为工具来处理食物，这进一步减

最早的石器工具是砍砸器（chopper，模式 1）。砍砸器是从岩石上敲下一或多个石片制成的。它们常被看作是工具而不是自然产物，因为它们被长距离携带以及被发现于砍削和打碎的动物骨头旁边。

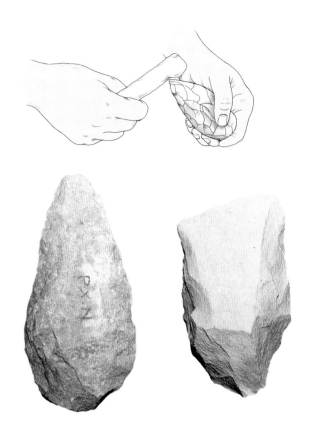

阿舍利手斧（模式 2）技术在 160 万年前最先出现于非洲，随后传播到西亚和欧洲。一些是用石头锤子制作的，而另一些是用骨头或角制的软锤（上）加工成的。左边的这些样品来自非洲的遗址。一个有着横裂，被认为是切肉刀。右侧的手斧是 5 万年前在不列颠的尼安德特人制造的。它们上端都是平的。

小了它们和我们之间的行为差距。最近，有学者提出，一些早期人类，例如粗壮型南方古猿，可以表现出一些类似的行为。

我们已知的最早的石制工具，通常都是由火山岩制成的，它们距今大约 250 万年，在东非被发掘出土。这些都被称为砾石石器技术，或者"奥杜威"技术（Oldowan），这是以它们的发现地"奥杜威峡谷"来命名的。这些工具非常的简单——先搜集一些圆润的卵石或砾石，然后再用其他石块敲掉其表面的一些碎薄片。有时会使用卵石的切面，而有时这些剥落的岩石薄片可以当做简易的刀具。通常情况下没有办法确定这些工具是被用来干什么的，但是在某些情况下，我们会在带有切痕的动物骨骼旁发现这些工具，所以我们就可以推断这些工具被用来屠宰猎物。一些未经加工的砾卵石似乎被用来敲开骨头，可能是为了获得营养丰富的骨髓。但是在其他的一些情况下，这些工具也可以被用来处理素食——例如，挖掘和捶打块茎、切杆、砸开坚果和种子。他们或许也作了皮制或木制的容器携带食物或水，但现在我们还没有证据来证明这些。

人们通常认为，早期人类中的能人或者鲁道夫人，是我们目前已知的第一群会制造工具的人类，虽然人类化石并不常被发现与工具有直接的关联。然而，惊奇种等南方古猿当

然也可能是工具的使用者或工具的制造者，这其中可能包括来自南非和东非的粗壮型南方古猿，他们与早期人类一起生活在奥杜威峡谷和库比福勒。在近100万年的时间里，砾石工具持续出现在东非考古记录中，但其他类型的工具也在160万年前出现在那里。

左图 人类（很可能是海德堡人）在大约40万年前生活在德国东部的比尔钦格斯莱本（Blizingsleben）的开放遗址。象和犀牛等大型哺乳动物的骨头有被宰杀的痕迹，另外，据称石头是由人类排布的，可能是房屋的结构。

下图 50万年前，手斧和砍砸器有着不同的地理分布。考古学家莫维斯（Hallam Movius）以他的名字命名了一条代表手斧分布最东边缘的线。如果这条线是真正的两种文化分界线，那么它是否意味着东亚人是与外界隔离的，或者不同的人类适应不同的环境？

这些工具被成为手斧，或者以法国的圣阿舍利遗址来命名叫"阿舍利式"（St Acheul），因为在该遗址发现大量的这类手斧。它们似乎最早是由匠人或者直立人制造的，随后是由海德堡人在博克斯格罗夫（Boxgrove）等遗址制造的，也由尼安德特人和现代人的祖先分别在欧洲和非洲制造过。手斧通常是杏仁或水滴状的，但有时也会打断而做成凿子状的切割刀。在非洲，他们通常由火山岩制成，如熔岩，而在其他地方，它们则是用本地岩石如黑砂石或燧石来制作。奇怪的是，远东地区的早期人类很少制作手斧，对其原因则是众说纷纭。是不是该地区的人类没有过制造手斧的想法，或者古亚洲人使用其他工具？一些科学家认为亚洲东部的古人可能用易腐的竹子制造工具而非用石头制造手斧。

但是手斧对于在亚欧非大陆西部的直立人及其后代来说无疑是非常重要的。它的形式在 100 万年间几乎没有变化，而其独特的形状使其从南非到以色列、从英国到印度都能被轻易识别。它显然是一种多用途的工具，因为它的一端是尖锐的而另一端是钝的，它侧面还可以用来切割和刮擦，必要的时候，它还可以被用于制作新的和锋利的石片。制作人显然在制作前已在脑中勾勒出了要做手斧的特定形状，而且他们制作手斧的时候，常常有超出实用性之外的考量。

二 工具和人的行为：旧石器时代中期

旧石器时代（大约 250 万年至 12000 年前）通常被分为三个阶段，尽管那些欧洲衍生的阶段仍然存在争议。旧石器时代初期（大约 250 万年至 30 万年前）是石器制造的最初阶段，从开始用卵石工具到制作手斧。下一阶段，旧石器时代中期（约 30 万年至 4 万年前），包括了在欧洲和西亚的尼安德特人，以及非洲和西亚的早期现代人所创造的石器工具技术。最后阶段，旧石器时代晚期（约 4 万年至 1 万年前）在下一节有讨论。

以制造方式为基础构建的可比性的分类系统把卵石工具技术称为模式 1，手斧技术为模式 2，勒瓦娄哇技术（Levallois）为模式 3，旧石器时代晚期技术为模式 4，细石器（非常小的工具，常和其他工具复合使用）为模式 5。

大约 30 万年前，旧石器中期的初始阶段，一种叫做勒瓦娄哇的技术产生了（以

209

210

它首次被发现的法国遗址的名字命名）。这种技术是在制作石器之前，对凿削石器的石核进行精心的修理，然后一击之下，按照预期的形状切下石片，它使得在石器制作过程中可有更多的人为掌控。勒瓦娄哇技术是旧石器中期最重要的技术革新，尽管旧石器时代中期是以此开启的，这种技术常被用来生产传统的手斧。而随后这种技术也被广泛用于欧洲、亚洲和非洲的石器制作。

在欧洲，旧石器中期的尼安德特人的技术也被称为"莫斯特"（Mousterian），是以它们最先被发掘出的遗址之一法国莫斯特来命名的。尼安德特人制作了各种各样的薄片型的工具，例如我们说所的"刮削器""刀"以及"石尖"（scrapers, knives, points），尽管我们无法确定这些工具是做什么用的。在极少数情况下，尼安德特人的遗址里还保存了部分的木矛，而在德国 Lebringen 的一具大象的骨架中发现了一个木矛的矛尖。尼安德特人很有可能也将石制的尖状物安装在手持的木棒上制成短矛。我们猜测当时的尼安德特人用木头制作其他工具，而用兽皮制成简单的衣服。而且，他们似乎已经很少使用骨头、鹿角和象牙，即使这些材料在他们周

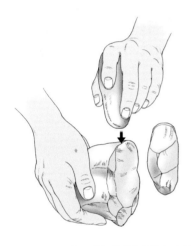

许多旧石器时代中期／莫斯特（模式 3）技术的特征是使用预备好的石核或勒瓦娄哇技术，在打下石片之前对石核进行精心的修理，这样就可以一下子按预想的形状凿下石片。许多预备的石核的独特的隆起使其有时也被称作龟甲状石核。

边随处可见。这可能是由于这些材料相对于木头和石头来说更难以满足工作的需要。

在尼安德特人的遗址虽然有时会发现一些天然的颜料，例如黑色的氧化锰，这些可能被用来涂抹物品或者身体，但是尼安德特人似乎仍然没有产生自己的代表性艺术。还有一些例子，比如在石头以及骨头上有一些人为的划痕，还有使用简单的宝石的证据，但最近有研究声称，此前在斯洛文尼亚发现的所谓尼安德特人的部分骨质长笛并不是人工制品，而是斑鬣狗啃咬过的洞熊骨骼。

然而，尽管意见不一，但尼安德特人确实埋葬了死去的人。在欧洲和西亚的尼安德特人的遗址中，一些尼安德特人的骨骼从被发掘的情况来看，是被有意埋葬的。但是，正

如我们所看到的（参见第 207 页），在中东的早期现代人可能在更早的时候就已经开始埋葬死者。没有很好的证据说明远东地区在约 7 万年前也就是现代人类到达之前有埋葬死者的现象。

211

尼安德特人制造了许多不同的石器，不同的组合可能代表了不同的活动或不同的传统。这里展示了刮削器（上和左）和尖头器（右），但没有直接证据来说明它们的实际用途。

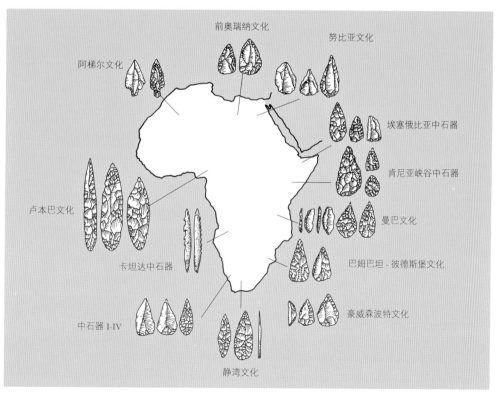

非洲的中石器时代技术有很大的内部差异——实际上，比欧洲或亚洲相应的技术的差异还要大。这张地图展示了其中一些差异，从西北的阿梯尔文化（Aterian）有手柄的尖状器到南部静湾文化（Stillbay）的叶型尖头器。一些中石器时代的技术保留有手斧，而另一些又有了高级特征，比如复合型工具和骨器。

在非洲，旧石器中期也被称为中石器时代或石器时代中期，简称 MSA（Middle Stone Age）。在北非，石制工具的制作技术常跟尼安德特人的相似，而非洲其他地方的石器则更为多样。非洲中部的山果文化（Sangoan）是以镐型工具为特点的，这种工具被认为可能曾用于伐木；而在非洲南部，一种被称为"豪威森波特"（Howieson's Poort）的文化则是主要生产细长的石片器或石瓣器，与欧洲旧石器时代晚期的工具相似。非洲南部 MSA 遗址也有大量使用红色赭石以及骨器的证据，一些考古学家认为这是行为复杂性增加的标志。然而，我们知道最初的早期现代人是来自于非洲——那些在中东的斯库尔（Skhul）和卡夫扎（Qzfezh）遗址发现的，距今大约 10 万年前的现代人，有着与尼安德特人非常相似的技术。然而，贝壳珠和墓葬方式却显示出更多的行为复杂性，比如，一个斯库尔遗址的男性被埋葬的时候手臂旁放了猪下颚，而卡夫扎的一个儿童则和一枚有鹿角的鹿头骨埋在一起。

212 ### 三 工具和人的行为：旧石器时代晚期

大约在 45000 年前，非洲和中东地区的主要工具制造方法有了一次长足的进步，而这种改变很快就传播到了其他地方，比如欧洲。在旧石器时代的早期乃至中期，通常都是将一块石头制作成一件或者很少的几件工具，而这种新的方法可以将一块石头制作成很多长条形的薄片。这种石片通常是用骨头或者鹿角上较尖的那端从石头上凿下来。然后人们再将这些石片加工成刀、刮刀、凿子之类的工具。这些技术相关的时期在欧洲和西亚被称为旧石器时代晚期（Upper Palaeolithic），在非洲则被称为石器时代晚期（Later Stone Age）。

213 由于石片的盛行，骨头、鹿角和象牙工具的制作水平也有了大幅度的提升，甚至还有粘土加工、绳子以及编织篮筐的证据。由几个部分组合而成的复合工具也变得越来越普遍，例如将鱼叉的尖端做成可拆卸的，投矛器也被使用来扩大投掷的范围。而且个人佩戴的饰品也出现在了考古发掘中，例如在澳大利亚发现的贝壳项链、非洲发现的鸵鸟蛋壳做的珠子，以及欧洲的象牙吊坠。还有一些更重要的证据来证明颜料在当时被广泛使用，那时的人们有时会将颜料涂画在物品上、洞穴的墙壁上、有时甚至是埋葬的尸体上。这种"创造风暴"在许多考古学家看来标志着一种完全的现代人类的思维的出现，即使我们知道在世界范围内并不是所有的文明都同时进入了旧石器时代晚期，例如，尽管艺术、身体彩绘、骨制品以及复杂的墓葬直到 3 万年前才在澳洲出现，但这里却仍没有欧洲和非洲类型的石片工具。但是现在仍有证据表明，在南非的布隆波斯洞窟遗址（Blombos），在赭石上进行刻画的艺术表达形式在距今大约 7.5 万年的旧石器时代中期就出现了。

到旧石器时代晚期，人们聚居的营地通常变得更大，也更固定，而住宅变得更加复杂，出现了兽皮制作的帐篷以及在无法取得木材的情况下用大型动物的骨架造房子。随着石制火炉和烤箱的出现，用火得技术得到了提高，在一些洞穴中还出现了石制的油灯。采集食物的方法也变得多样了，发展出了船和渔猎，并且开始使

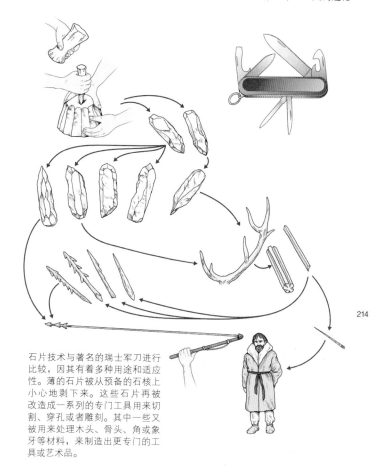

214

石片技术与著名的瑞士军刀进行比较，因其有着多种用途和适应性。薄的石片被从预备的石核上小心地剥下来。这些石片再被改造成一系列的专门工具用来切割、穿孔或者雕刻。其中一些又被用来处理木头、骨头、角或象牙等材料，来制造出更专门的工具或艺术品。

这一鹿角"权杖"发掘自英格兰的高夫洞穴（Gough's Cave）。它上面螺旋状的孔洞支持这样的观点：即使一些"权杖"可能也是有实际用处的，比如，用在滑轮上。

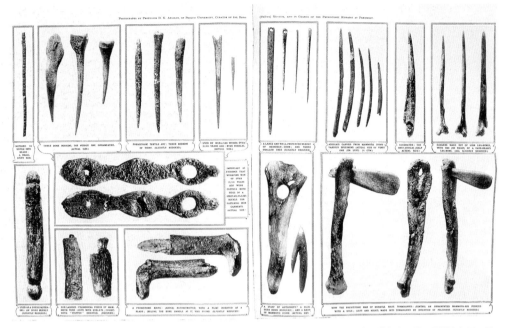

捷克的普雷德摩斯提（Predmostí）遗址出土了大量的人类遗骸以及格拉维特（Gravettian）技术的各式石器、骨器和象牙工具。大部分材料在二战中损毁，只留下了照片。图中所示的是那里发现的一些工具和武器，其中一些还不知道功能。右下角的"把手"骨头通过装上了最近发现的石斧才被复原。

上图　使用符号和艺术是现代人的特征，而这在旧石器晚期的欧洲也很常见。但是这种行为是在何时何地开始的？南非布隆波斯（Blombos）洞穴有着 7.5 万年前的用铁的氧化物红赭石作为颜料的证据。它被做成粉笔的形状，可能是用来装饰身体的，图示的一块红赭石被刻上了花纹，可能有着象征意义。刚刻上去的时候，这些图案是很醒目的，因着有血一样的颜色。

左图　旧石器晚期和石器时代晚期的鱼叉非常漂亮而又很实用。上面的倒刺意味着它们可以深深地留在受伤的猎物身体里。

在处于冰期的中欧和东欧寒冷干燥的平原上，木材有时是稀缺资源。因此，旧石器中晚期的人类转而用大型哺乳类的骨头来做原材料甚至是燃料。在地面上可以找到大量的大型哺乳动物比如猛犸象和披毛犀等的骨头，它们可以用来搭建大的棚屋，比如图示的乌克兰的迈兹里奇（Mezhirich）遗址。

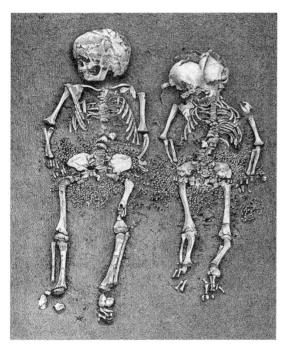

1874 年在意大利的 Grotte des Enfants 遗址发现的儿童双人合葬墓。身体装饰有数以百计的贝壳和穿孔的动物牙齿。

在俄罗斯索米尔（Sungir）的一个复杂墓葬里，两个儿童被埋在一个墓穴里，一个男性的骨架和一个女性的头骨在另一个墓穴里。图中的是这个男性的骨架，上面有近 3000 颗象牙珠，这些应该是在他衣服上的，还有很多象牙手镯。

上图　下维斯特尼斯的三人合葬墓。一个可能是女性的畸形且跛脚的尸体躺在两个强壮的男性中间，他们的头上绕着由穿孔的牙齿和象牙做成的项链。

下图　法国 Le Placard 遗址的梭鲁特燧石工具

用网、陷阱和陷坑来捕猎动物。墓葬中陪葬品数量的区别也说明在这一时期社会开始出现分化。在俄罗斯一个叫做索米尔（Sungir）的考古遗址，一个男人和两个幼年孩子的骨骼上发现了成千上万的象牙珠，这应该是在他们下葬的时候用来装饰衣服的。这些象牙珠需要耗费非常多的时间才能做成，这表明这两个孩子应该是重要人物（例如首领）的儿女。类似的双人合葬墓在意大利的 Grotte des Enfants 也有发现。合葬的方式也变得越来越复杂——例如，在下维斯特尼斯（Dolní Věstonice）就发现了三个青少年的合葬墓。墓坑经过了专门准备，尸体也被精心布置过，有红色赭石粉和木桩之类的东西。

215

在欧洲，也有一系列的旧石器技术，其中大部分都以首次被发现的法国遗址来命名。最早期的奥瑞纳文化，大约40000年前分布在欧洲大陆，与最早的现代人类（克罗马农人）以及最早的代表性艺术有关。在欧洲的部分地区，奥瑞纳文化之后出现了格拉维特文化，著名的遗址有普雷德摩斯提（Predmostí）和下维斯特尼斯等，而梭鲁特和马格德林文化（Magdalenian，拉斯科的一个著名的洞穴就是由早期的马格德林人所画）则紧随其后。马格德林文化一直延续到了冰川季的末期，距今大约11500年前，旧石器时代晚期被中石器时代所替代（不要与更早的非洲中石器时代混淆）。

石器技术风格

	可能的时间范围（多少年前）
夏代尔贝龙（Châtelperronian）	38000—33000
奥瑞纳（Aurignacian）	35000—29000
格拉维特（Gravettian）	29000—22000
梭鲁特（Solutrean）	22000—17000
马格达林（Magdalenian）	17000—11000

第六章 | 第一个艺术家

文化的进化

　　一些艺术的表现方式在现今人类社会是通用的，无论是音乐、舞蹈、绘画、雕刻、陶艺、编织、金属加工还是其他。虽然艺术在所谓的发达世界通常被视为一种奢侈品，而对于大多数的采集狩猎群体来说，艺术则是与他们的生活密不可分的，是构成他们的精神信仰的一部分，是他们的领土或社会身份的标志，或者是他们与相邻的群体进行交易的货品。因为艺术和语言一样，存在于当今人类社会的方方面

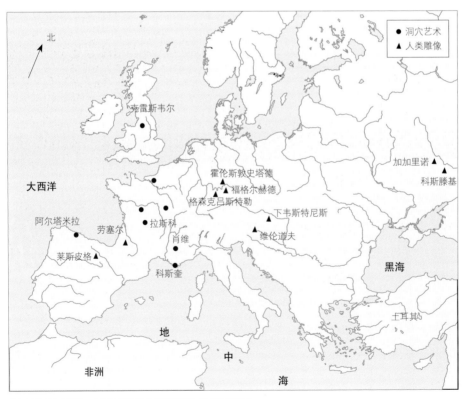

地图上标出了欧洲一些发现有旧石器时代晚期的艺术品的遗址

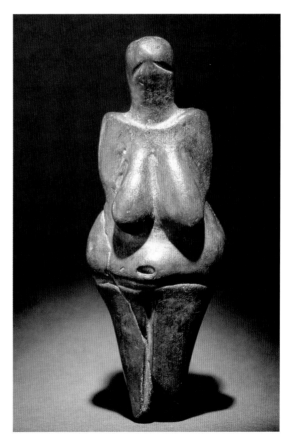

面，从西伯利亚到南非，从新西兰到格陵兰，自从 75000 年前它在非洲开始出现，就被认为是人类遗产的一部分。

捷克巴甫洛夫遗址发掘出的一个小巧的被雕刻的象牙制人头，大约有 2.7 万年。脸部细节表明它可能是一幅肖像性作品。

探索旧石器时代艺术

　　但是当欧洲旧石器时代的第一件艺术品在 20 世纪被发现，考古学家认为以当时人类原始的技术，居然有能力、有意向和时间创造出这样复杂的图像，实在是让人难以置信。因此，有人认为，古代的材料是最近，比如说，由罗马人雕刻上去的，或者说，这些"艺术"实际上是在晚近时期伪造后又放在旧石器时代遗址里的。但是，"可移动艺术"（就是指小到可以移动，随身携带的艺术）被逐渐认可是真的，例如在法国的拉马德莱娜遗址里有颗猛犸象的牙齿周围又被雕刻上了猛犸象的图案。但是，岩洞墙壁上的画作（被称为洞穴艺术）获得认可则花了更长的时间，因为其中一些距离生活区域很远，而且很多都表现出相当惊人的艺术技巧，不像是石器时代人类的头脑和能力所能创作出来的。然而，通过对可移动艺

下维斯特尼斯（Dolní Věstonice）的维纳斯雕像约有 11 厘米（4 英寸）高，展现的是比例曼妙的女性体态，但缺乏面部细节特征。这具雕像是用泥土和骨灰做模子，然后肯定在高温中烧过——大概是已知最早的陶瓷雕塑之一。

1911 年发现的劳塞尔维纳斯（Venus of Laussel），被刻在拉斯科附近的一块岩石上。对她右手中的角有很多的推测，它仅仅是代表一个野山羊的角吗？上面刻画的 13 条线有特殊意义吗？

法国布拉桑普伊（Brassempouy）发掘出的小的猛犸象牙头是旧石器晚期最精致的雕刻作品之一。现在还不清楚这头发是设计的，还是仅代表一顶帽子。

德国霍伦斯敦史塔德（Hohlen-stein-Stadel）洞穴发现的惊人的狮头雕像。这半人半兽的雕像有着男性的身子但却是狮子的脑袋，对它的奥瑞纳制造者来说，肯定是一个神圣的物品。

术和洞穴艺术的风格进行比较却发现它们具有一致性，甚至一致到一些考古学家认为他们可以识别同一艺术家的作品，而在其他情况下，考古发掘出的画作显然是已被埋藏了成千上万年。

218

法国多尔多涅拉斯科洞穴壁画——中央大厅（Axial Gallery）

拉斯科洞穴壁画中著名的"中国马"中的一匹，约有 1.8 米（6 英尺）宽。

法国南部阿尔代什肖维洞穴（Chauvet Cave）壁画里壮观的狮子。

艺术是用来做什么的呢?

现在我们知道旧石器时代艺术是在 25000 年前由克罗马农人创造的。在那段时期内，艺术创造可能有很多不同的原因，考古学家认为，其中一部分是使用在仪式上——也许是宗教仪式，或者是成人仪式。这是因为艺术作品通常画在洞穴深处的墙上，因此当时的创作并不是为了让人轻易就能看到。此外，通过测试一些壁画洞穴的共振，发现它们似乎有特殊的声学效果，所以也许这些绘有壁画的洞穴也有过击鼓和诵唱活动。有研究也指出，一些艺术作品看似致幻性的产物，这可能是在催眠或药物的作用下创作的。

从动物画作到人俑

大多数艺术品里所描绘的动物都是克罗马农人所熟悉的，特别是鹿和马，但有时也会出现野牛、猛犸象、犀牛、山羊，有时甚至会勾勒人的形象。然而，叫"维

220

290

法国马德莱娜（La Madeleine）遗址发掘出的鹿角雕刻的野牛，约有1.3万年。艺术家巧妙地让牛去舔腹部，成功地制造了透视感。

纳斯"的小人俑已经在欧洲的旧石器时代遗址里广泛出现了。这些代表性的作品，大多是丰满的妇女形象，有些被雕刻在石头或者骨头上，有些是刻在象牙上，而有些则是用粘土做成雕像，然后将其烘干。男性的形象通常是不常见的，但其中最有特色的也是最古老的一个是1939年发现的，大约有200片象牙碎片在德国南部的霍伦斯敦史塔德（Hohlen-stein-Stadel）洞穴出土的。然而，直到1969年，这些碎片才被复原成30厘米（12英寸）高的狮头男身像。这些碎片出土自距今大约35000年的洞穴的奥瑞纳文化层。

最著名的石窟艺术遗址

最有名的壁画洞穴也都比较年轻——在西班牙的阿尔塔米拉的画距今15000年，那些法国的拉斯科的画则距今18000年。但近期的三项发现表明，就如我们还需要不断了解旧石器时代艺术一样，还有很多艺术作品仍有待发掘。法国地中海沿岸的科斯奎（Cosquer）山洞距离其他任何的壁画山洞都很远，现在也只能通过潜水才能到达。但这个洞穴的壁画是在

221

27000 年到 18000 年前之间创作的，时间上差不多处在第四纪冰期的顶峰，海平面大约至少比现在低 80 米，所有这些洞穴都是干燥的。这些壁画中有很多手印，还有已经灭绝了的长得像企鹅一样的大海雀。第二个新的遗址是靠近拉斯科的屈萨克（Cussac）洞穴，洞穴的墙上有着巨大的雕塑，地上还有几具克罗马农人的骨架。

更引人注目的是法国阿维尼翁附近的肖维岩洞（Chauvet）的艺术作品。它是在 1944 年被发现的，是迄今为止所发现的最重要的壁画洞穴。虽然这个洞穴的壁画大多颜色单一，黑色或者红色，但在绘画的范围和技巧上却是惊人的，犀牛们相互攻击，还有沉思的狮子和熊。肖维岩洞最让我们震惊得是，画中的木炭颜料距今已有 35000 年了，这就表明，其中一些最复杂的艺术也同样古老。显然，雕刻霍伦斯敦史塔德洞穴的"狮头人"和在肖维岩洞作画的早期的克罗马农人延续了在欧洲或其他地方建立的悠久传统。

第七章 ｜ 重现古人类行为

　　考古学家需要从很久之前留下的零星碎片中不断尝试着重建古人的行为。这些碎片可能是不完整、毁坏过的，并且可能有许多不同的解释方式。例如，玛丽·利基在奥杜威峡谷的 I 号河床上挖掘到了一个由鹅卵石组成的半圆形，她认为这是一个原始的棚屋或狩猎伪装的地基。但其他考古学家提醒说，树根也可能在山洪时将鹅卵石拦截下来，一旦树腐烂了，就形成了这种会误导人的石头摆放方式。同样，利基认为在奥杜威峡谷发现的动物骨头与石制工具的组合表明，能人也许具有狩猎的能力，但是其他考古学家却指出同样的证据表明，能人只是占有了其他肉食动物捕获的现成猎物。

一　蛛丝马迹

　　博克斯格罗夫遗址（参见第 86—90 页）为人类的狩猎能力提供了更加明确的证据。在 50 万年前的博克斯格罗夫，捕杀大型哺乳动物是非常有技术含量的，从剥皮到斩断关节、剔骨、碎骨，有着一套条理分明的流程，其他食肉动物啃食的痕迹总是在石质工具留下的切痕更上层，因此它们肯定是在人类吃完之后才来清理残骸的。究竟猎物是由人类来主导捕获的，还是人类只是等着真正的捕猎者，例如狮子，捕获猎物后再将狮子赶走而坐享其成，我们现在不清楚，不过最近的研究更支持第一种假设。这些残骸很明显主要是健康的成年个体，而像犀牛这样强壮有力的动物，除人之外，似乎不太可能还有其他天敌。此外，对于人类狩猎还有一个更加直接的证据就是，在野马的肩胛骨上发现了一个明显的由矛刺伤的洞。

　　此外，还有间接支持在博克斯格罗夫遗址曾使用长矛的证据，就是最近在德国发现的一个年代稍晚被称为舍宁根（Schöningen）的遗址，在该遗址中出土的一副

这一来自博克斯格罗夫遗址的马骨有大量的石器工具留下的划痕。这样的证据可被用来了解一副骨架的分解次序。仔细的检查也可能找到由捕食动物或食腐动物的牙齿所留下的损伤，这些损伤的次序对于弄清楚人类还是其他动物，谁首先接触尸体是非常重要的。

德国舍宁根遗址发掘出的保存完好的用于狩猎的矛，约有 2 米（6.5 英尺）长。

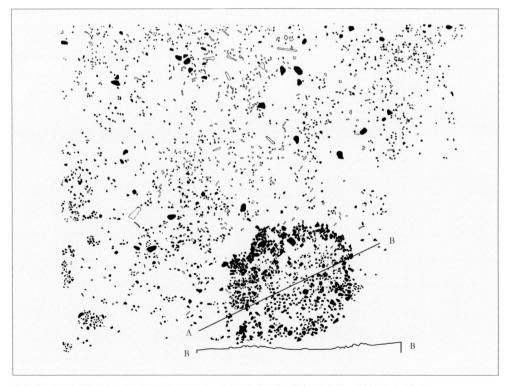

奥杜威峡谷环装堆积的玄武岩被玛丽·利基解释为一个建筑物的地基，但也可能仅是一棵树桩所在的位置。

发掘直布罗陀万
年洞洞穴里的用
火处，发现尼安
德特人烧了一些
多肉的骨头，可
能吃了骨髓。

马的骨架中，发现了一些制作精美并且保存完好的完整长度的木矛。然
而，我们只能通过重建，来管窥当时博克斯格罗夫人的生活，也就是他们
是如何获得部分食物的。但是，我们不知道他们是否穿着衣服，是否会建
造住所，或是否使用火，因为在博克斯格罗夫还没发现这些相关证据。

　　对于后来的人，例如尼安德特人，我们有更多的了解，因为我们可以发
掘他们实际居住以及捕猎的地方。例如在直布罗陀洞穴，我们可以在同一个
遗址对尼安德特人和随后出现的早期现代人的生活方式进行直接比较。他们
对直布罗陀洞穴的使用方式确实不同。尽管从他们各自地层所发现的山羊、
鹿、兔和鸟类的骨骼来看，他们的饮食结构比较相似，但从旧石器时代中期
保留下来的戈勒姆（Gorham）和万年洞（Vanguard）洞穴中的火坑看起来只
是一个或几个尼安德特人在沙子里随意地挖了个坑，然后点了把火。然后很
短时间内，也许仅仅一晚，他们就走了。然而，在戈勒姆洞穴的旧石器时代
晚期地层中，早期的现代人似乎很多年都在同一个地方生火，有证据证明，
他们用沙滩上的鹅卵石做成了炉膛。他们的定居似乎更长久、人口也密集，
可能涉及的族群更大。这也与尼安德特人和克罗马农人占领整个欧洲大陆的
总体模式相一致。

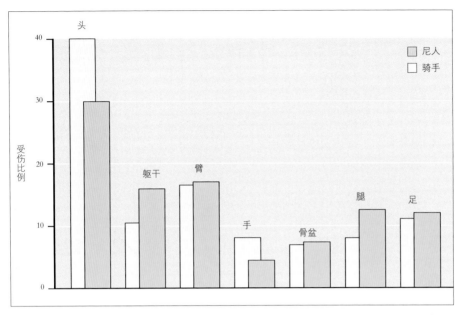

尼安德特人由于生活艰苦，会受伤或骨折。上表显示的是专家统计的尼人与骑手受伤状况的对比。尼人的伤既由动物造成，也有人群之间的暴力冲突造成。

    刘易斯·宾福德（Lewis Binford）等考古学家们也使用这样的证据来证明尼安德特人与其他的早期现代人有着与现代人完全不同的社会结构。刘易斯·宾福德认为，不同于通常社会中男人和女人组成的家庭，尼安德特人中的男女很可能是独立生活的。妇女和她们的孩子在当地觅食，主要以植物和小型哺乳动物为食，而男人则一起外出捕猎，只是偶尔为女人带回部分猎物。从我们有限的证据中得出这一观点似乎比较极端，但如果认为今天这种男女长期搭配的社会结构，是一直如此的，也未必就是明智的。

二　进化心理学

    正如我们知道的，重建古人类的行为所依据的直接物证仅限于他们留下的骨骼和石头，以及这些骨骼和石头所在的遗址，在解释这些有选择性的且零碎的证据时却显然遇到了很大的分析难题。然而，我们同样也知道，现在有大量的且不断增长的有关我们的近亲类人猿的行为和能力的知识，这其中既有来自于圈养的也有来自野生的类人猿，这些可以为我们重建古人类的群体行为提供模型。一些研究人员甚至使用一些其他的灵长类动物（如狒狒）或者一些非灵长类群体性的食肉动物（如，狼和鬣狗）来进行扩展比较。我们也有大量关于采集狩猎人群的社会结构、行为以及适应能力的数据，可为重构我们祖先的行为提供比较框架，不过这些数据来自于现代人，当我们用其追根溯源进行比较时

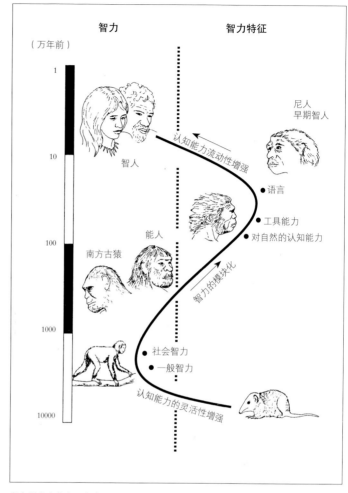

考古学家史蒂文·米森（Steven Mithen）对智力演化的看法。他深信早期人类是聪慧的，但决定智力的不同区域的重新组合后出现在现代人身上。

必须要小心谨慎。当然，现代与古人也不是绝然相异的，例如现代采集狩猎人群的生活方式和技术手段可能已足够简单而可与旧石器人类进行比较，我们知道旧石器人群的社会结构、语言和宗教体系会与那些"发达"的社会里的一样复杂，早期现代人与现代人并不是没有任何可比性。

目前，一种与以往完全不同的、研究我们行为是如何演化的学科已经产生了，这就是进化心理学。进化心理学试图通过研究塑造行为的选择压力来理解我们的行为。一些学者们认为，我们的大脑已经进化出了会对环境与社会提示做出反应的心智模型。这些提示可

上图 有些手斧特别大，比如图中这个从英格兰靠近梅登黑德的 Furze Platt 遗址发掘出的手斧，不清楚这些是实用的还是仅供展示的。

下图 一些遗址有着非常丰富的石器工具。例如，英国南部旧石器时代早期的斯旺司孔（Swanscombe）遗址出土了至少 10 万个手斧。图中照片是肯尼亚奥罗格赛利（Olorgesailie）遗址，那里发掘出了成千上万的早石器时代的手工制品。这些遗址可能是由于长时间的自然过程而积累了这么多石器，比如说由于流水搬运或者风或水对周围沉积物的侵蚀等。

能会引发我们对威胁、社会处境、求爱信号和婴幼儿的需求等的特定反应。有观点认为，这些典型的人类反应是在我们进化历程中被选择过的，因为它们提高了我们生存和繁衍的成功率。也有另外一些学者指出，我们的反应并不仅仅局限于此，而是有更大的灵活性，我们经常不自觉地权衡某种选择是否对我们及我们的家人有益，这种益处包括资源、社会利益和成功繁衍等等。

一个关于进化心理学如何应用的简单例子就是，如何看待进化行为在男性和女性间的差异。有生育能力的男性在他们的生育期内可以有很多的后代，而女性则更多的受到生育间隔、生育期短（考虑到更年期）、需要养育后代的限制。因此有人认为，进化在过去是这样起

作用的，男人被潜在的生育伙伴所吸引（也就是说男性总是尽可能地寻找更多的女性来为其生育后代），而女性则更看重男性是否有能力在繁殖后提供稳定的资源。这当然有来自一系列人类社会的证据支持这一理论，但很显然，男女之间的这种必要性并不是故事的全部，也有例外，比如即使在不能或无法生育的情况下，男女之间的夫妻关系仍然继续，还有就是同性恋行为。

对一些研究者来说，进化心理学中的一个重要概念是进化适应性环境（EEA），即过去的环境所产生的选择性作用影响到现在的行为。通常认为，更新世是塑造当今人类大部分特异性行为的时期，也是人类史前史的关键时期，但有一些行为却一定是在更新世之前就已进化出来的，而另一些则是为了应对一些重大变化，例如世界上一些地区农业的兴起。一些研究人员认为，许多影响着发达国家人民的弊病，例如精神疾病、吸毒、暴力犯罪和虐待儿童，是由于我们进化的环境与现在我们生存的环境不匹配所导致的。

一些研究人员已经在运用进化心理学的概念来帮助解释古人类的行为之谜，手斧就是一个很好的例子。这些工具的基本形状保持了数万年，跨域了数千英里都没有发生改变，这是相当惊人的，尽管我们通过现代实验已经知道手斧确实是非常好的宰杀工具。但是，很多时候人们把手斧做得特别大或者特别华丽，这使人很难相信它们是为了实用功能而造出的，而在一些遗址出土的手斧又是如此之多、如此之新，看起来它们中的很多从未被使用过。两位研究人员已经对此独立地提出了基于进化心理学的解释。手斧的产生并不是一个只关乎实用的问题，而是有其社会意义，尤其是使用手斧的男性对身边潜在伴侣的吸引力。因此手斧更像是一种男士地位的象征，熟练制作手斧的能力能够为成功地繁衍后代增加筹码。

进化心理学领域仍处于起步阶段，也就难怪它的一些支持者对人类的行为的理解过于简化，相比于那些灵活的或环境、文化的影响，他们也过分强调遗传和本能对行为的重要性。在代表人类关键特征的语言、象征主义、宗教系统等的进化上，我们还欠缺确切的数据，但随着科学的发展，这些领域也应会有新的进展。

225

结论　进化是没有方向的奇遇

在这本书里，我们已经讨论了灵长类动物将近 3000 万年以及其中的人类超过 500 万年的进化历程。我们该如何认识人类的进化历史和现今取得的成功，我们还需要学习什么，我们又将面临什么？

一次没有方向的进化

人类进化历程给我们的主要启示之一是它是多么地没有方向和不可预知，又是多么地悄无声息地开始和继续。如果地球没有 6500 万年前的大变动，那么爬行动物

人类有好奇的天性和探索的渴望。这在向太空的探索中达到了顶峰，特别是 1969 年开始登上月球。寻找另一个世界存在的生命是这些探索的驱动力量。只有我们地球才有生命吗？我们是孤独存在于宇宙中的吗？再过几年，或许能知道生命是否还存在于太阳系的其他地方，例如，火星或者木卫二（木卫二，也称欧罗巴，是木星的卫星，有着被冰覆盖的海洋）。

这张卫星图片显示的是南极拉尔森冰架（超过160公里宽）的一块巨大的冰架区域的崩解过程，这是由于夏季的异常温暖所造成的。余下的冰架上也能看到明显的融冰的孔洞。这样的崩解随着全球变暖而愈发频繁。

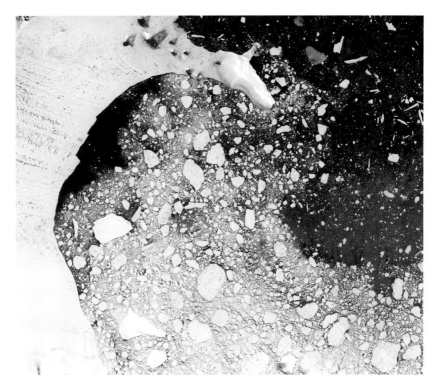

对陆地以及海洋的统治地位也就不会被颠覆，也就不会有包括我们早期灵长类祖先在内的哺乳动物在地球上的繁衍扩张。3000 万年前，我们的祖先是小型树栖猴子般的生物，400 万年前，我们的祖先很有可能还是有部分时间生活在树上，但是现在他们虽然依旧有着猿类的外形但却能双足行走在地上。现在还不清楚为何猿类会发展出人的属性，但是偶然事件一定在其中发挥了极其重要的作用。

即使是仅仅距今 13 万年前（地质史上的一瞬间），另一个星球的观察者们也很难预料到人这一物种将有一天会在地球上称霸。当时人类的活动范围仅在一个地区——非洲，并且人口极少，有效群体数目恐怕还不足 10000人。当时的人类只会制造中石器时代的工具，缺乏任何独立的生产食物的手段，并且生存受到极不稳定的气候条件的影响。在地球上的其他地方还有同样成功的人类物种（从其他角度来看也许不算成功），例如欧洲的尼安德特人和印度尼西亚的直立人。外星观察者没有想到有一天这个非洲一隅的物种

227

会进化出智人，取代其他人科物种，逐步地迁徙到地球的每一个适宜居住的角落，甚至飞出地球。

一个复杂的过程

人类的进化肯定是一个复杂的过程，而我们才刚刚开始意识到这种复杂性。200万年前，至少有六支类人

我们的祖先在进化过程中多次适应了快速的气候变迁，但是由于我们自己的所作所为，我们的地球在不久的将来会遭受比我们经历过的更多更严重的气候变迁。左图的卫星照片显示的是巴西的马托格罗索州（Mato Grosso）。深绿色区域是未受侵扰的原始森林，清空的区域是棕色的，剧烈燃烧产生滚滚浓烟，说明热带雨林还在继续遭受破坏，继续向大气中排放温室气体。下图是繁茂的雨林被破坏后的典型场景。

物种生活在非洲，甚至在 10 万年前，仍然有五支存在，其中非洲、欧洲、佛洛雷斯各有一支，两支在南亚。而如今只剩下我们，对人类族群来说这是不同寻常的。从这个角度来看，不难想象我们是注定要获得成功的，我们身上具备成功所需要的特质。如果暴龙能像这样思考，那它可能也会得出这样的结论，它们是进化史上的巅峰之作，无论是体型、力量还是其残忍的程度。

　　当我们对自己聪明的头脑感到自豪的时候，不要忘了尼安德特人的脑容量和我们是一样的，我们还在这，而他们却灭绝了。然而，如果冰河时期发生的事情略有不同，也许我们的祖先到现在都还没有走出非洲，而尼安德特人也许已经完全占据了地球的其他地方。也许登上月球表面的第一个人类足迹是属于尼安德特人的。

各种人猿物种的复原图。复原图的中间是一个尼安德特女性，她周围是其他种类的过去以及现在的猿和人。随着他们生存环境被继续破坏，现存的和我们有最近亲缘关系的猿类也可能很快会像尼安德特人（以及其他人类支系）一样灭绝。

不可预知的未来

　　人类的未来就如同我们过去那样是不可预知的。通常来说，哺乳动物存在于地球上的时间是千百万年或几百万年，以此为据，我们可以期待一个长期，但是有限的未来。大多数的物种就是这样永远灭绝了，但是有一小部分却产生了新的物种。我们生存的机会一部分取决于我们自己，另一部分取决于外力。假如我们因人口膨胀而继续对地球疯狂索取、发动核战而威胁地球，那么前途是悲观的。同样严峻的挑战是，未来气候变化的影响，因为在未来百年中的气候变化将会比过去万年的还要剧烈。

　　在过去的几百年中，我们对地球大气成分做着无节制的"实验"，全球变暖就是一个越来越现实的问题。我们可能进入了一个超级间冰期，比人类以往所经历过的都要温暖，虽然这听起来很是吸引那些长期生活在地球较寒冷地区的人们，但这逐渐升高的温度所带来的是世界气候重大而不可预测的改变。最近这些年一个重大的教训就是地球气候的极端不稳定，如果墨西哥湾暖流在北极补充了大量的冰川融水再向南回流，会对沿岸气候造成极大的影响，即使是在全球变暖的大背景下，大西洋沿岸也会经历突如其来的极端低温。我们只能希望我们的子孙后代能够应付气象学家们所预测的混乱的局面。也许到了那时，我们人类如果不是太过于贫穷或者斤斤计较，可能已经能够在其他的行星上建立新的殖民地，我们人类的进化历程将会在地球上结束，然后再开始新的一页。

参考文献

Abbreviations

AHG   Annals of Human Genetics
AJHG   American Journal of Human Genetics
AJPA   American Journal of Physical Anthropology
EA   Evolutionary Anthropology
JHE   Journal of Human Evolution
NG   National Geographic
PNAS   Proceedings of the National Academy of
        Sciences
SA   Scientific American
YbPA   Yearbook of Physical Anthropology

Websites

http://www.becominghuman.org/
http://johnhawks.net/weblog
http://discovermagazine.com/topics/human-origins
http://www.nhm.ac.uk/about-us/news/index.html
http://www.pbs.org/wgbh/evolution/library/07/
    index.html
http://www.talkorigins.org/

General Reading

Aiello, L.C., & C. Dean, *Human Evolutionary Anatomy* (Academic Press, 1990)
Boyd, R., & J. Silk, *How Humans Evolved* (W.W. Norton, 2010)
Cartmill, M., & F. Smith, *The Human Lineage* (Wiley-Blackwell, 2009)
Fagan, B., *Cro-Magnon: How the Ice Age Gave Birth to the First Modern Humans* (Bloomsbury Press, 2010)
Hartwig, W.C. (ed.), *The Primate Fossil Record* (Cambridge University Press, 2008)
Johanson D.C., & B. Edgar, *From Lucy to Language* (Simon & Schuster, 2006)
Johanson, D.C., & K. Wong, *Lucy's Legacy: The Quest for Human Origins* (Three Rivers Press, 2010)
Klein, R.G., *The Human Career: Human Biological and Cultural Origins* (University of Chicago Press, 2009)
Klein, R.G., & B. Edgar, *The Dawn of Human Culture* (John Wiley & Sons, 2002)
Lewin, R., & R.A. Foley, *Principles of Human Evolution* (Wiley-Blackwell, 2003)
Lockwood, C., *The Human Story* (Natural History Museum, London, 2007)
New Look at Human Evolution (Special Issue *SA*, 2003)
Potts, R., & C. Sloan, *What Does It Mean To Be Human?* (National Geographic Society, 2010)
Shipman, P., *The Man Who Found the Missing Link: Eugène Dubois and his lifelong quest to prove Darwin right* (Phoenix, 2002)
Stringer, C., *Homo britannicus* (Penguin, 2007)
Stringer, C., & C. Gamble, *In Search of the Neanderthals* (Thames & Hudson, 1994)
Tattersall, I., E. Delson, J. Van Couvering & A.S. Brooks (eds.), *Encyclopedia of Human Evolution and Prehistory* (Routledge, 2000)
Wood, B., *Human Evolution* (Sterling, 2011)
Zihlman, A.L., *The Human Evolution Coloring Book* (Concepts Inc. Coloring, 2001)
Zimmer, C., *Smithsonian Intimate Guide to Human Origins* (Harper Paperbacks, 2007)

1 In Search of Our Ancestors

Living Apes and Their Environment

Fleagle, J., *Primate Adaptation and Evolution* (Academic Press, 1998)
Groves, C., *Primate Taxonomy* (Smithsonian Press, 2001)
Napier, J.H., & P.H. Napier, *A Handbook of Living Primates* (Academic Press, 1967)

Human Variations

Howells, W.W., 'Skull shapes and the map', *Papers of the Peabody Museum, Harvard* 79 (1989)
Lahr, M., *The Evolution of Modern Human Diversity: a Study of Cranial Variation* (Cambridge University Press, 2005)

Palaeoanthropology

Jones, S., R. Martin & D. Pilbeam, *Cambridge Encyclopaedia of Human Evolution* (Cambridge University Press, 1994)
Lewin, R., *Human Evolution: An Illustrated Introduction* (Wiley-Blackwell, 2004)
Tattersall, I., E. Delson, J. Van Couvering & A.S. Brooks (eds.), *Encyclopedia of Human Evolution and Prehistory* (Routledge, 2000)

The Geological Timescale

Lamb, S., & D. Sington, *Earth Story: The Shaping of Our World* (BBC Books, 2003)
Lewis C., & S. Knell (eds.), *The Age of the Earth: from 4004 BC to AD 2002* (The Geological Society, 2001)

Dating the Past

Klein, R.G., *The Human Career: Human Biological and Cultural Origins* (University of Chicago Press, 2009)
Grün, R., 'Direct dating of human fossils', *YbPA* 49: 2–48 (2006)

Studying Animal Function

Aiello, L.C., & C. Dean, *Human Evolutionary Anatomy* (Academic Press, 1990)
Begun, D., C.V. Ward & M. Rose (eds.), *Function, Phylogeny and Fossils* (Plenum Press, 1997)

Excavation and Analytical Techniques

Renfrew, C., & P. Bahn, *Archaeology: Theories, Methods and Practice* (Thames & Hudson, 2008)
Whybrow, P., *Travels with the Fossil Hunters* (Cambridge University Press, 2000)

New Techniques for Studying Fossils

Dean, M.C., 'Tooth microstructure tracks the pace of human life-history evolution', *Proceedings of the Royal Society B* 273: 2799–808 (2006)
Gibbons, A., 'Palaeontologists Get X-Ray Vision', *Science* 318: 1546–47 (2007)
Ponce de León, M., & C. Zollikofer, 'Neanderthal cranial ontogeny and its implications for late hominid diversity', *Nature* 412: 534–38 (2001)
Renfrew, C., & P. Bahn, *Archaeology: Theories, Methods and Practice* (Thames & Hudson, 2008)
Richards, M.P., & E. Trinkaus, 'Isotopic evidence for the diets of European Neanderthals and early modern humans', *PNAS* 106: 16034–39 (2009)

Taphonomy: How Fossils are Preserved

Andrews, P., *Owls, Caves and Fossils* (University of Chicago Press, 1990)
Brain, C.K., *Hunters or the Hunted?* (University of Chicago Press, 1983)
Lyman, R., *Vertebrate Taphonomy* (Cambridge University Press, 1994)

What Fossils Tell Us About Ancient Environments

Bromage, T., & F. Schrenk, *African Biogeography, Climate Change and Human Evolution* (Oxford University Press, 1999)
Vrba, E.S., G.H. Denton, T.C. Partridge & L.H. Burckle, *Paleoclimate and Evolution with Emphasis on Human Origins* (Yale University Press, 1996)

Changing Climates

Bromage, T., & F. Schrenk, *African Biogeography, Climate Change and Human Evolution* (Oxford University Press, 1999)
Potts, R., 'Environmental hypotheses of hominin evolution', *YbPA* 41: 93–136 (1998)
Vrba, E.S., G.H. Denton, T.C. Partridge & L.H. Burckle, *Paleoclimate and Evolution with Emphasis on Human Origins* (Yale University Press, 1995)

Site I: Rusinga Island

Andrews, P., & J.H. Van Couvering, 'Palaeoenvironments in the East African Miocene', in *Approaches to Primate Paleobiology* (Karger, 1975)
Collinson, M.E., P. Andrews & M. Bamford, 'Taphonomy of the early Miocene flora, Hiwegi Formation, Rusinga Island, Kenya', *JHE* 57: 149–62 (2009)
Walker, A., & M. Teaford, 'The hunt for *Proconsul*', *SA* 260: 76–82 (1988)

Site II: Paşalar

Andrews, P. (ed.), 'The Miocene Hominoid site at Paşalar, Turkey', *JHE* 19 (1990)
Andrews, P., & B. Alpagut (eds.), 'Further Papers on the Miocene Site at Paşalar, Turkey', *JHE* 28 (1995)
Kelley, J., P. Andrews & B. Alpagut, 'A new hominoid species from the Middle Miocene site of Paşalar, Turkey', *JHE* 54: 455–79 (2008)

Site III: Rudabánya

Andrews, P., & D. Cameron, 'Rudabánya: taphonomic analysis of a fossil hominid site from Hungary', *Palaeogeography, Palaeoclimatology, Palaeoecology* 297: 311–29 (2010)
Begun, D., & L. Kordos, 'Revision of *Dryopithecus brancoi* based on the fossil material from Rudabánya', *JHE* 25: 271–85 (1993)
Kordos, L., & D. Begun, 'A late Miocene subtropical swamp deposit with evidence of the origin of the African apes and humans', *EA* 1: 45–57 (2002)

Site IV: Olduvai Gorge

Hay, R.L., *Geology of Olduvai Gorge* (University of California Press, 1996)
Klein, R.G., *The Human Career: Human Biological and Cultural Origins* (University of Chicago Press, 2009)

Site V: Boxgrove

Hillson, S., S. Parfitt, S. Bello, M. Roberts & C. Stringer, 'Two hominin incisor teeth from the Middle Pleistocene site of Boxgrove, Sussex, England', *JHE* 59: 493–503 (2010)
Pitts, M., & M. Roberts, *Fairweather Eden: Life in Britain Half a Million Years Ago as Revealed by the Excavation at Boxgrove* (Arrow, 1998)
Roberts, M.B., & S.A. Parfitt, 'Boxgrove. A Middle Pleistocene Hominid site at Eartham Quarry, Boxgrove, West Sussex' (*English Heritage Archaeological Report* 17, 1999)
Stringer, C., *Homo britannicus* (Penguin, 2007)

Site VI: Gibraltar

Stringer, C., 'Digging the Rock', in P. Whybrow (ed.), *Travels with the Fossil Hunters* (Cambridge University Press, 2000), pp. 42–59
Stringer, C., R.N. Barton & C. Finlayson (eds.), *Neanderthals on the edge: 150th anniversary conference of the Forbes' Quarry discovery, Gibraltar* (Oxbow Books, 2000)
Stringer, C., *et al.*, 'Neanderthal exploitation of marine mammals in Gibraltar'. *PNAS* 105: 14319–24 (2008)

II The Fossil Evidence

Origin of the Primates

Fleagle, J., *Primate Adaptation and Evolution* (Academic Press, 1998)
Groves, C., *Primate Taxonomy* (Smithsonian Press, 2001)
Szalay, F., & E. Delson, *Evolutionary History of the Primates* (Academic Press, 1979)
Werelin, L., & W.J. Sanders, *Cenozoic Mammals of Africa* (University of California Press, 2010)

Early Anthropoids

Fleagle, J., *Primate Adaptation and Evolution* (Academic Press, 1998)
Fleagle, J., & R. Kay, *Anthropoid Origins* (Plenum Press, 1994)

What Makes an Ape?

Begun, D., C.V. Ward & M. Rose (eds.), *Function, Phylogeny and Fossils* (Plenum Press, 1997)
Conroy, G., *Primate Evolution* (W.W. Norton, 1990)

Ancestral Apes

Andrews, P., 'A Revision of the Miocene Hominoidea of East Africa', *Bulletin of the British Museum (Natural History)* 30: 85–225 (1978)
Hartwig, W.C. (ed.), *The Primate Fossil Record* (Cambridge University Press, 2008)

Proconsul and its Contemporaries

Andrews, P., 'A Revision of the Miocene Hominoidea of East Africa', *Bulletin of the British Museum (Natural History)* 30: 85–225 (1978)
Harrison, T., & P. Andrews, 'The anatomy and systematic position of the early Miocene proconsulid from Meswa Bridge, Kenya', *JHE* 56: 479–96 (2009)
Hartwig, W.C. (ed.), *The Primate Fossil Record* (Cambridge University Press, 2008)
Walker, A., & M. Teaford, 'The Kaswanga primate site: an early Miocene hominoid site on Rusinga Island, Kenya', *JHE* 17: 539–44 (1988)

Middle Miocene African Apes

Hartwig, W.C. (ed.), *The Primate Fossil Record* (Cambridge University Press, 2008)

Ward, S.C., B. Brown, A. Hill, J. Kelley & W. Downs, '*Equatorius*, a new hominoid genus from the middle Miocene of Kenya', *Science* 285: 1382–86 (1999)

The Exit from Africa

Andrews, P. (ed.), 'The Miocene Hominoid site at Paşalar, Turkey', *JHE* 19 (1990)

Hartwig, W.C. (ed.), *The Primate Fossil Record* (Cambridge University Press, 2008)

Ankarapithecus – a Fossil Enigma

Alpagut, B., *et al.*, 'A new specimen of *Ankarapithecus meteai* from the Sinap Formatoin of central Anatolia', *Nature* 382: 349–51 (1996)

Begun, D., & E. Gulec, 'Restoration of the type and palate of *Ankarapithecus meteai*: taxonomic and phylogenetic implications', *AJPA* 105: 279–314 (1998)

Hartwig, W.C. (ed.), *The Primate Fossil Record* (Cambridge University Press, 2008)

Orang utan Ancestors

Andrews, P., & J. Cronin, 'The relationships of *Sivapithecus* and *Ramapithecus* and the evolution of the orang utan', *Nature* 297: 541–46 (1982)

Pilbeam, D., 'Genetic and morphological records of the Hominoidea and hominid origins: a synthesis', *Molecular Phylogenetics and Evolution* 5: 155–68 (1996)

The Ancestry of the Living Apes

Hartwig, W.C. (ed.), *The Primate Fossil Record* (Cambridge University Press, 2008)

Kordos, L., & D. Begun, 'A late Miocene subtropical swamp deposit with evidence of the origin of the African apes and humans', *EA* 11: 45–57 (2002)

Pilbeam, D., 'Genetic and morphological records of the Hominoidea and hominid origins: a synthesis', *Molecular Phylogenetics and Evolution* 5: 155–68 (1996)

Late Miocene Apes and Early Human Ancestors

Brunet, M., *et al.*, 'A new hominid from the Upper Miocene of Chad, Central Africa', *Nature* 418: 145–51 (2002)

Clarke, R.J., 'Newly revealed information on the Sterkfontein Member 2 *Australopithecus* skeleton', *South Afr. J. Sci.* 98: 523–26 (2002)

Haile-Selassi, Y., 'Late Miocene hominids from the Middle Awash, Ethiopia', *Nature* 412: 178–81 (2001)

Hartwig, W.C. (ed.), *The Primate Fossil Record* (Cambridge University Press, 2008)

Johanson, D., T. White & Y. Coppens, 'A new species of the genus *Australopithecus* (Primates: Hominidae) from the Pliocene of eastern Africa', *Kirtlandia* 28: 1–14 (1978)

Leakey, M.G., C.S. Feibel, I. McDougall & A. Walker, 'New four million year hominid species from Kanapoi and Allia Bay, Kenya', *Nature* 376: 565–71 (1995)

Leakey, M.D., & J.M. Harris, *Laetoli: A Pliocene Site in northern Tanzania* (Oxford University Press, 1987)

Leakey, M.D., & R. Hay, 'Pliocene footprints in the Laetolil Beds at Laetoli, northern Tanzania', *Nature* 278: 317–23 (1979)

Senut, B., M. Pickford, D. Gommery, P. Mein, K. Cheboi & Y. Coppens, 'First hominid from the Miocene (Lukeino Formation, Kenya)', *C.R. Acad. Sci. Paris* 332: 137–44 (2001)

Ward, C.V., 'Interpreting the posture and locomotion of *Australopithecus afarensis*: where do we stand?', *Yrbk Phys. Anthrop.* 45: 185–225 (2002)

White, T., G. Suwa & B. Asfaw, '*Australopithecus ramidus*, a new species of early hominid from Aramis, Ethiopia', *Nature* 371: 306–12 (1995)

White, T., *et al.*, 'Ardipithecus ramidus and the Paleobiology of Early Hominids', *Science* 326: 64–86 (2009)

Australopithecus africanus

Berger, L.R., 'The Dawn of Humans: Redrawing Our Family Tree?' *NG* 194: 90–99 (1998)

Berger, L.R., *et al.*, '*Australopithecus sediba*: A new species of *Homo*-like Australopith from South Africa'. *Science* 328: 195–204 (2010)

Falk, D., J.C. Redmond, J. Guyer, G.C. Conroy, W. Recheis, G.W. Weber & H. Seidler, 'Early hominid brain evolution: a new look at old endocasts', *JHE* 38: 695–717 (2000)

Sponheimer, M., & J.A. Lee-Thorp, 'Isotopic evidence for the diet of an early hominid, *Australopithecus africanus*', *Science* 283: 368–69 (1999)

Robust Australopithecines

Brain, C.K., 'Swartkrans, A Cave's Chronicle of Early Man', *Transvaal Museum Monograph*, No. 8 (1993)

Keyser, A., 'The Dawn of Humans: New Finds in South Africa', *NG*, 197: 76–83 (2000)

Suwa, G., *et al.*, 'The first skull of *Australopithecus boisei*', *Nature* 389: 489–92 (1997)

The Origins of Humans

Aiello, L.C., & R.I.M. Dunbar, 'Neocortex size, group size and the evolution of language', *Current Anthropology* 34: 184–94 (1993)

Aiello, L.C., & P. Wheeler, 'The expensive-tissue hypothesis: the brain and the digestive system in human and primate evolution', *Current Anthropology* 34: 184–93 (1995)

Elton, S., L.C. Bishop & B.A. Wood, 'Comparative context of Plio-Pleistocene hominin brain evolution', *JHE* 41: 1–27 (2001)

Wood, B., & N.L. Lonergan, 'The hominin fossil record: taxa, grades and clades', *Journal of Anatomy* 212: 354–76 (2008)

Early Homo

Asfaw, B., T. White, O. Lovejoy, B. Latimer, S. Simpson & G. Suwa, '*Australopithecus garhi*: a new species of early hominid from Ethiopia', *Science* 284: 629–35 (1999)

Gore, R., 'New find (Dmanisi)' *NG* unpaginated news section (August 2002)

Heinzelin, J.D., *et al.*, 'Environment and behavior of 2.5-million-year-old Bouri hominids', *Science* 284: 625–29 (1999)

Rightmire, G.P., D. Lordkipanidze & A. Vekua, 'Anatomical Descriptions, Comparative Studies and Evolutionary Significance of the Hominin Skulls from Dmanisi, Republic of Georgia', *JHE* 50: 115–41 (2006)

Wood, B., & M. Collard, 'The Human Genus', *Science* 284: 65–71 (1999)

Homo erectus

Asfaw, B., *et al.*, 'Remains of *Homo erectus* from Bouri, Middle Awash, Ethiopia', *Nature* 416: 317–20 (2002)

Gore, R., 'Dawn of Humans: Expanding Worlds', *NG* 191: 84–109 (1997)

Ruff, C.B., E. Trinkaus & T.W. Holliday, 'Body mass and encephalization in Pleistocene *Homo*', *Nature* 387: 173–76 (1997)

Models of Recent Human Evolution

Lewin, R., *The Origin of Modern Humans: A SA Library Vol* (W. H. Freeman, 2002)

Lieberman, D., B. McBratney & G. Krovitz, 'The evolution and development of cranial form in *Homo sapiens*', *PNAS* 99: 1134–39 (2002)

Stringer, C., 'Modern human origins: progress and prospects', *Philosophical Transactions of the Royal Society of London* 357B: 563–79 (2002)

Thorne, A., & M. Wolpoff, 'The Multiregional Evolution of Modern Humans', *SA* 266: 76–83 (1992)

Wolpoff, M., & R. Caspari, *Race and human evolution: a fatal attraction* (Simon & Schuster, 2002)

The Early Occupation of Europe: Gran Dolina

Bermúdez de Castro, J.M., *et al.*, 'The Atapuerca sites and their contribution to the knowledge of human evolution in Europe', *EA* 13: 11–24 (2004)

Homo heildelbergensis

Gore, R., 'Dawn of Humans: The First Europeans', *NG* 192: 96–113 (1997)

Hublin, J.-J., 'Northwestern African Middle Pleistocene hominids and their bearing on the emergence of *Homo sapiens*', in L. Barham & K. Robson-Brown (eds.), *Human Roots: Africa and Asia in the Middle Pleistocene* (Western Academic and Specialist Press, 2001)

Rightmire, G.P., '*Homo* in the Middle Pleistocene: Hypodigms, Variation, and Species Recognition', *EA* 17: 8–21 (2008)

Stringer, C., 'Modern human origins: progress and prospects', *Philosophical Transactions of the Royal Society of London* 357B: 563–79 (2002)

Atapuerca and the Origin of the Neanderthals

Arsuaga, J.L., *The Neanderthal's Necklace: In Search of the First Thinkers* (Wiley, 2002)

Arsuaga, J.L., J.M. Bermúdez de Castro & E. Carbonell (eds.), 'The Sima de los Huesos Hominid site', *JHE* 33: 105–421 (1997)

Bermúdez de Castro, J.M., *et al.*, 'The Atapuerca sites and their contribution to the knowledge of human evolution in Europe', *EA* 13: 11–24 (2004)

The Neanderthals

Harvati, K., S.R. Frost & K.P. McNulty, 'Neanderthal Taxonomy Reconsidered: Implications of 3D Primate Models of Intra- and Interspecific Differences', *PNAS* 101: 1147–52 (2004)

Shreeve J., *The Neandertal enigma: solving the mystery of human origins* (Avon Books, 1996)

Stringer, C., 'The Neanderthal – *H. sapiens* interface in Eurasia', in K. Harvati & T. Harrison (eds.),

Neanderthals Revisited: New Approaches and Perspectives (Springer, 2006), pp. 315–23

Stringer, C., & C. Gamble, *In Search of the Neanderthals* (Thames & Hudson, 1994)

Africa – Homeland of Homo sapiens?

Gore, R., 'Tracking the first of our kind', *NG* 192: 92–99 (1997)

Lieberman, D., B.M. McBratney & G. Krovitz, 'The evolution and development of cranial form in *Homo sapiens*', *PNAS* 99: 1134–39 (2002)

McDougall, I., F.H. Brown & J.G. Fleagle, 'Stratigraphic placement and age of modern humans from Ethiopia', *Nature* 433: 733–36 (2005)

Pearson, O.M., 'Statistical and Biological Definitions of "Anatomically Modern" Humans: Suggestions for a Unified Approach to Modern Morphology', *EA* 17: 38–48 (2008)

Stringer, C., 'Human evolution: Out of Ethiopia', *Nature* 423: 692–695 (2003)

Stringer, C., 'The origin and dispersal of *Homo sapiens*: our current state of knowledge', in P. Mellars, K. Boyle, O. Bar-Yosef & C. Stringer (eds.), *Rethinking the Human Revolution* (McDonald Institute for Archaeological Research, 2007), pp. 15–20

Stringer, C., & R. McKie, *African Exodus: The Origins of Modern Humanity* (Pimlico, 1997)

Asia – Corridor or Cul-de-sac?

Bae, C.J., 'The Late Middle Pleistocene Hominin Fossil Record of Eastern Asia: Synthesis and Review', *YbPA* 53: 75–93 (2010)

Barker, G., *et al.*, 'The "human revolution" in lowland tropical Southeast Asia: the antiquity and behavior of anatomically modern humans at Niah Cave (Sarawak, Borneo)', *JHE* 52: 243–61 (2007)

Bar-Yosef, O., & D. Pilbeam, 'Geography of Neandertals and Modern Humans in Europe and the Greater Mediterranean' (*Peabody Museum Bulletins*, no. 8, 2000)

Brown, P., 'Chinese Middle Pleistocene hominids and modern human origins in East Asia', in L. Barham & K. Robson-Brown (eds.), *Human Roots: Africa and Asia in the Middle Pleistocene* (Western Academic and Specialist Press, 2001)

Gibbons, A., '*Homo erectus* in Java: a 250,000 year anachronism', *Science* 274, 1841–42 (1996)

What Happened to the Neanderthals?

D'Errico, F., 'The invisible frontier. A multiple species model for the origin of behavioral modernity', *EA* 12: 188–202 (2003)

Jöris, O., & D.S. Adler, 'Setting the record straight: Toward a systematic chronological understanding of the Middle to Upper Palaeolithic boundary in Eurasia', *JHE* 55: 761–63 (2008)

'Neanderthals meet modern humans', *Athena Review* 2: 13–64 (2001)

Shea, J., 'Neandertals, competition, and the origin of modern human behavior in the Levant', *EA* 12: 173–87 (2003)

Stringer, C., 'The Neanderthal – *H. sapiens* interface in Eurasia', in K. Harvati & T. Harrison (eds.), *Neanderthals Revisited: New Approaches and Perspectives* (Springer, 2006), pp. 315–23

The Cro-Magnons

Brown, P., 'The first modern East Asians?: another look at Upper Cave 101, Liujiang and Minatogawa 1', in K. Omoto (ed.), *Interdisciplinary Perspectives on the Origins of the Japanese* (International Research Center for Japanese Studies, 1999), pp. 105–31

Gore, R., 'The Dawn of Humans: People Like Us', *NG* 198: 90–117 (2000)

Holt, B.M., & V. Formicola, 'Hunters of the Ice Age: The Biology of Upper Palaeolithic People', *YbPA* 51: 70–99 (2008)

Trinkaus, E., & J. Svoboda (eds.), *Early Modern Human Evolution in Central Europe: The people of Dolní Věstonice and Pavlov* (Oxford University Press, 2006)

The First Australians

Bowler, J.M., H. Johnston, J.M. Olley, J.R. Prescott, R.G. Roberts, W. Shawcross & N.A. Spooner, 'New ages for human occupation and climatic change at Lake Mungo, Australia', *Nature* 421: 837–40 (2003)

O'Connell, J.F., & J. Allen, 'Pre-LGM Sahul (Pleistocene Australia-New Guinea) and the Archaeology of Early Modern Humans', in P. Mellars, K. Boyle, O. Bar-Yosef & C. Stringer (eds.), *Rethinking the Human Revolution* (McDonald Institute for Archaeological Research, 2007), pp. 395–410

Homo floresiensis

Brown, P., *et al.*, 'A new small-bodied hominin from the Late Pleistocene of Flores, Indonesia', *Nature* 431: 1055–61 (2004)

Lahr, M., & R. Foley, 'Human evolution writ small', *Nature* 431: 1043–44 (2004)

Morwood, M.J., & W.L. Jungers, 'Conclusions: implications of the Liang Bua excavations for hominin evolution and biogeography', *JHE* 57: 640–48 (2009)

Morwood, M.J., *et al.*, 'Archaeology and age of a new hominin from Flores in eastern Indonesia', *Nature* 431: 1087–91 (2004)

Genetic Data on Human Evolution

Cavalli-Sforza, L.L., *Genes, Peoples and Languages* (Penguin, 2001)

Cavalli-Sforza, L.L., & M.W. Feldman, 'The application of molecular genetic approaches to the study of human evolution', *Nature Genetics* 33 supplement: 266–75 (2003)

Lambert, C., & S.A. Tishkoff, 'Genetic Structure in African Populations: Implications for Human Demographic History', *Cold Spring Harbor Symposia on Quantitative Biology* 74: 395–402 (2009)

Relethford, J.H., 'Race and Global Patterns of Phenotypic Variation', *AJPA* 139(1): 16–22 (2009)

Templeton, A., 'Out of Africa again and again', *Nature* 416: 45–51 (2002)

Mitochondrial DNA

Bandelt, H.-J., V. Macaulay & M. Richards (eds.), *Human Mitochondrial DNA and the Evolution of* Homo sapiens (Springer-Verlag, 2006)

Cann, R., M. Stoneking & A. Wilson, 'Mitochondrial DNA and human evolution', *Nature* 325: 31–36 (1987)

Hudjashov, G., T. Kivisild, P.A. Underhill, P. Endicott, J.J. Sanchez, A.A. Lin, P. Shen, *et al.*, 'Revealing the prehistoric settlement of Australia by Y chromosome and mtDNA analysis', *PNAS* 104: 8726–30 (2007)

Neanderthal DNA

Bustamante, C.D., & B.M. Henn, 'Shadows of early migrations', *Nature* 468: 1044–45 (2010)

Endicott, P., S. Ho & C. Stringer, 'Using genetic evidence to evaluate four palaeoanthropological hypotheses for the timing of Neanderthal and modern human origins', *JHE* 59: 87–95 (2010)

Green, R., J. Krause, A. Briggs, *et al.* 'A Draft Sequence of the Neandertal Genome', *Science* 328: 710–22 (2010)

Lalueza-Fox, C., 'The Neanderthal Genome project and beyond', *Contributions to Science* 5(2): 169–75 (2009)

Reich, D., R.E. Green, M. Kircher, J. Krause, N. Patterson, E.Y. Durand, B. Viola, A.W. Briggs, U. Stenzel, *et al.*, 'Genetic history of an archaic hominin group from Denisova Cave in Siberia', *Nature* 468: 1053–60 (2010)

Schmitz, R.W., D. Serre, G. Bonani, S. Faine, F. Hillgruber, H. Krainitzki, S. Paabo & F.H. Smith, 'The Neanderthal type site revisited: Interdisciplinary investigations of skeletal remains from the Neander Valley, Germany', *PNAS* 99: 13342–47 (2002)

III Interpreting The Evidence

The Evolution of Locomotion in Apes and Humans

Fleagle, J., *Primate Adaptation and Evolution* (Academic Press, 1998)

Napier, J.H., & P.H. Napier, *A Handbook of Living Primates* (Academic Press, 1967)

Ward, C.V., 'Interpreting the posture and locomotion of *Australopithecus afarensis*: where do we stand?' *YbPA* 45: 185–225 (2002)

The Evolution of Feeding

Chivers, D., B. Wood & A. Bilsborough (eds.), *Food Acquisition and Processing in Primates* (Plenum Press, 1984)

Crowe, I., *The Quest for Food* (Tempus Publishing, 2000)

The Geographical Spread of Apes and Humans

Andrews, P., 'Fossil evidence on human origins and dispersal', in J.D. Watson (ed.), *Molecular Biology of* Homo sapiens (Cold Spring Harbor Symposia on Quantitative Biology, 1986), pp. 419–428

Andrews, P., & J. Kelley, 'Middle Miocene dispersals of apes', *Folia primat.* 78(5–6): 328–43 (2007)

Bernor, R., V. Fahlbusch & H-W. Mittmann, *The Evolution of Western Eurasian Neogene Mammal Faunas* (Columbia University Press, 1996)

Gamble, C., *Timewalkers: The Prehistory of Global Colonization* (Harvard University Press, 1996)

Kingdon, J., *Lowly Origins* (Princeton University Press, 2003)

Lahr, M. & R. Foley, 'Towards a theory of modern human origins: geography, demography, and diversity in recent human evolution', *YbPA* 41: 137–76 (1998)

Stringer, C., & P. Andrews, 'Genetic and fossil evidence for the origin of modern humans', *Science* 239: 1263–1268, and 241: 772–774 (1988)

The First Americans

Dillehay, T.D., 'Tracking the first Americans', *Nature* 425: 23–24 (2003)

Parfit, M., 'Who were the first Americans?', *NG* 198: 40–67 (2000)

Evolution and Behaviour in Relation to the Environment

Andrews, P., 'Palaeoecology and hominoid palaeoenvironments', *Biological Reviews* 71, 257–300 (1996)

Fleagle, J., C. Hanson & K. Reed (eds.), *Primate Communities* (Cambridge University Press, 1999)

Klein, R.G., *The Human Career: Human Biological and Cultural Origins* (University of Chicago Press, 2009)

McGrew, W., L. Marchant & T. Nishida (eds.), *Great Ape Societies* (Cambridge University Press, 1996)

Napier, J.R. & P.H. Napier, *The Natural History of the Primates* (Cambridge University Press, 1985)

Vrba, E.S., G.H. Denton, T.C. Partridge & L.H. Burckle, *Paleoclimate and Evolution with Emphasis on Human Origins* (Yale University Press, 1995)

Wrangham, R., & D. Petersen, *Demonic Males* (Bloomsbury Publishing, 1996)

Tools and Human Behaviour: The Earliest Evidence

Barham, L., & K. Robson-Brown (eds.), *Human Roots: Africa and Asia in the Middle Pleistocene* (Western Academic and Specialist Press, 2001)

Dennell, R., 'The world's oldest spears', *Nature* 385: 767–68 (1997)

Klein, R.G., *The Human Career: Human Biological and Cultural Origins* (University of Chicago Press, 2009)

Kuman, K., & R.J. Clarke, 'Stratigraphy, artefact industries and hominid associations for Sterkfontein, Member 5', *JHE* 38: 827–47 (2000)

Semaw, S., P. Renne, J.W.K. Harris, C.S. Feibel, R.L. Bernor, N. Fesseha & K. Mowbray, '2.5-million-year-old stone tools from Gona, Ethiopia', *Nature* 385: 333–36 (1997)

Tools and Human Behaviour: the Middle Palaeolithic

Henshilwood, C.S., 'The "Upper Palaeolithic" of southern Africa: the Still Bay and Howiesons Poort techno-traditions', in S. Reynolds & A. Gallagher (eds.), *African Genesis: Perspectives on hominid evolution* (Wits University Press, 2009), pp. 38–50

McBrearty, S., & A. Brooks, 'The revolution that wasn't: a new interpretation of the origin of modern human behavior', *JHE* 39: 453–563 (2000)

Roebroeks, W., & C. Gamble (eds.), *The Middle Palaeolithic Occupation of Europe* (University of Leiden, 1999)

Tools and Human Behaviour: the Upper Palaeolithic

Ambrose, S.H., 'Palaeolithic technology and human evolution', *Science* 291: 1748 (2001)

Conard, N.J., 'Cultural evolution in Africa and Eurasia during the Middle and Late Pleistocene', in W. Henke & I. Tattersall (eds.), *Handbook of Paleoanthropology* (Springer, 2007), pp. 2001–37

Klein, R.G., 'Out of Africa and the Evolution of Human Behavior', *EA* 17: 267–81 (2008)

Mellars, P., K. Boyle, O. Bar-Yosef & C. Stringer (eds.), *Rethinking the Human Revolution* (McDonald Institute for Archaeological Research, 2007)

The First Artists

Bahn, P., & J. Vertut, *Journey Through the Ice Age* (University of California Press, 2008)

Chauvet, J.M., E.B. Deschamps, C. Hillaire & J. Clottes, *Chauvet Cave: The Discovery of the World's Oldest Paintings* (Thames & Hudson, 1996)

Clottes, J. (ed.), *Return to Chauvet Cave: Excavating the Birthplace of Art: the First Full Report* (Thames & Hudson, 2003)

White, R., *Prehistoric Art: The Symbolic Journey of Humankind* (Harry N. Abrams, Inc., 2003)

Reconstructing Ancient Human Behaviour 1

Binford, L.R., *Bones: Modern Myths and Ancient Men* (Academic Press, 1981)

Renfrew, C., & P. Bahn, *Archaeology: Theories, Methods and Practice* (Thames & Hudson, 2008)

Reconstructing Ancient Human Behaviour 2

Beaune, S.A. de, F.L. Coolidge & T. Wynn (eds.), *Cognitive Archaeology and Human Evolution* (Cambridge University Press, 2009)

Buss, D.M. (ed.), *The Handbook of Evolutionary Psychology* (Wiley, 2005)

Mithen S., *The Prehistory of the Mind: The Cognitive Origins of Art, Religion, and Science* (Thames & Hudson, 1999)

Pennisi, E., 'Evolutionary Medicine: Darwin Applies to Medical School', *Science* 324(5924): 162–63 (2009)

An Overview of Human Origins

Jones, S., R. Martin & D. Pilbeam, *Cambridge Encyclopaedia of Human Evolution* (Cambridge University Press, 1994)

Tattersall, I., *Becoming Human: evolution and human uniqueness* (Oxford University Press, 2000)

图片授权

Abbreviations:
a=above, b=below, c=centre, l=left, r=right.

J.M. Adovasio: 197a; After Airvaux and Pradel, Gravure d'une tête humaine, *Bull. Soc. Préhist. française* 81 (1984), p.212–15: 169a; Courtesy of Library Services, American Museum of Natural History, New York. Photo D.Finnin/C.Chesek, transparency no. 4936(7): 189b; Arizona State Museum, University of Arizona. Photo E.B. Sayles, neg. 3417-x-1: 196ar; Igor Astrologo after Krings *et al.*, Neanderthal DNA Sequences and the Origin of Modern Humans, *Cell* 90 (1997): 181br; Lewis Binford: 128; F. Blickle/Network: 228–29a; Annick Boothe: 32a (after Hedges and Gowlett in *Scientific American* 254(1) (1986), p. 84), 130r (after Lewin, *In the Age of Mankind* (1988), p. 181), 176ar; After Boule, M., L'homme fossile de la Chapelle-aux-Saints, Annales de Paléontologie (1911–13): 142–43b; Courtesy of The Boxgrove Project: 73bl, 73br, 74, 75br, 222ar; Photo © 2001 David L. Brill 159ar; Photo The British Museum, London: 209ar; Peter Brown: 7c, 174l; Michel Brunet: 115al; Peter Bull Art Studio © Thames & Hudson Ltd, London: 17a, 18, 28 (adapted from Relethford, *The Human Species* (2002), pp. 110–11), 35a, 36 (after Fleagle, *Primate Adaptation and Evolution* (1988), p. 187), 46a, 49, 56l (after Foley, *Principles of Human Evolution* (2004), p64), 67a, 94 (after Boyd and Silk, *How Humans Evolved* (2000), p. 318), 95a, 105br, 167ar, 193, 208bl, 209ac, 210bl, 212bl; After Giovanni Caselli: 157a; University of Chicago Press, illustration from C.K. Brain, *The Hunters or the Hunted: an Introduction to African Cave Taphonomy* (1981), p. 268: 25ar; David Chivers: 51b; Margaret Collinson: 61al; Michael Day: 160ar; Professor H.J. Deacon: 158–59b; Christopher Dean: 45bl; Professor Vittorio Pesce Delfino, University of Bari: 180al; Photo courtesy Jacques Descloitres, MODIS Land Rapid Response Team at NASA (Goddard Space Flight Center): 228l; Tom Dillehay: 197b, 198; Simon S.S. Driver: 194–95; Brett Eloff courtesy of Lee R. Berger and the University of the Witwatersrand: 125ar, 125br; © Ric Ergenbright/Corbis: 70a; Eurelios: 43, 116a; Frank Lane Picture Agency: 202a (Terry Whittaker); French Ministry of Culture and Communication, Regional Direction for Cultural Affairs – Rhône-Alpes, Regional Department of Archaeology: 10, 11a, 11b, 182–83, 220–21a; Colin Groves: 171a; Barbara Harrisson 107ar; Chris Henshilwood, African Heritage Research Institute, Cape Town, South Africa: 213bc; From *The Hornet*, 1871: 1; © David G. Houser/Corbis: 173b; *Illustrated London News*, 1921: 148ar, 148b, 169br, 212–13a; Courtesy C.M. Janis: 52 (Biological Reviews 57, p. 292, figure 6), 52–53 (Janis, Biological Reviews 63, p. 199); Frank Kiernan/Language Research Center, Georgia State University, Atlanta: 131al; From Richard Klein, *The Human Career*, 1999 (2nd ed.): 138b, 165b, 188r, 222bl; Courtesy Dr. Ninel Korniets: 214al; George Koufos: 112al; Photo Yutaka Kunimatsu courtesy of the National Museums of Kenya: 114r; Photo

Laborie, Bergerac: 219a; Photo courtesy Landsat 7 Science Team & NASA (Goddard Space Flight Center): 227; After Leakey and Harris, *Laetoli: A Pliocene Site in Northern Tanzania* (1987): 187l; David Lordkipanidze: 6, 139a; Giorgio Manzi: 144; Lawrence Martin: 101br, 108ar, 191bl; After Martin, R.D., *Primate Origins and Evolution*, 1990: 186ar; Laura McLatchy: 97al; Robin Mckie: 164br; S. McPherron © OldStoneAge Research: 39b; Courtesy Steven Mithen (from *Prehistory of the Mind* (1996): 224; ML Design © Thames & Hudson Ltd, London: 37r (after Conroy, *Primate Evolution* (1990), p. 35), 51a (after Coppens *et al.*, *Earliest Man and Environments in the Lake Rudolf Basin*, (1976), p. 427), 55b, 59a, 62l, 66al, 68b (after Johnson and Shreeve, *Lucy's Child* (1989), p. 10–11), 72b, 76a, 83a, 100 (after Agust *et al.*, *Hominoid evolution and climatic change in Eurasia* Vol. 1 (1999), pp. 14–16, figs 2.6, 2.4, 2.3), 114l, 126l, 131ar, 136al, 145a (after *National Geographic* (1997), vol. 192(1), p. 102), 146al (after Parés and Pérez-González, 'The Pleistocene Site of Gran Dolina', *Journal of Human Evolution* 37, p. 317), 156bl, 158, 170l, 199, 209br, 216b, 223b; © Warren Morgan/Corbis: 22al; Mike Morwood: 7a, 174r, 175b; Salvador Moya-Sola, Institut de Paleontologia Miquel Crusafont, Sabadell: 111al, 112ar, 186l; Musée d'Aquitaine, Bordeaux. Photo B. Biraben: 218al; NASA: 59b (Johnson Space Center – Earth Sciences and Image Analysis); 226 (Langley Research Center); National Museum of Australia, Canberra. Photo H. Basedow: 172al; National Museums of Kenya, Nairobi: 96bl, 117, 120; The Natural History Museum, London: 4–5, 8–9, 20b, 21al, 22ar, 24br, 25br, 30, 38, 39a, 40a, 40b, 41, 45br, 47a, 47b, 48a, 48b, 50l, 50r, 54 (P. Snowball), 55a (P. Snowball), 58a, 58–59, 60a, 60b, 61b (Maurice Wilson), 62–63, 63a, 64al, 64cl, 64ar, 64b, 65, 65b, 66ar, 66b, 67b, 69b, 70b, 70–71, 71ar, 71cr, 75bl, 77al, 77ar, 78, 78–79, 79bl, 79br, 82cr, 82b, 83b, 84–85a, 86a (Maurice Wilson), 87a, 87b (P. Stafford), 89a, 89bl, 89br, 90r, 90br, 91a (Maurice Wilson), 91b, 92l, 92–93, 93ar, 93br, 95b, 96ar, 97ar, 97cr, 97b, 98a, 98b, 99c, 99b (Maurice Wilson), 101a, 102–03a (Tania King), 104ar, 104bl, 105al, 106 (Maurice Wilson), 107al, 108al, 109ar, 111ar, 111cr, 113b, 113c, 122c, 123b, 127ar, 129b (Maurice Wilson), 133a, 134b, 135ar, 135br, 137ar, 141b, 149l, 149cr, 149br, 155al, 157cl, 159al, 160l, 160–61b, 161ac, 161ar, 162ar, 163ar, 163cr, 163br, 165a, 167bl, 168a, 168bl, 168br, 169bl, 190r, 191ar, 192, 205, 208br, 209al, 210cr, 210br, 212–13b, 213br, 214bl, 216ar, 217, 223a, 225l, 229b; Natural History Photographic Agency: 34br (Nick Garbutt); 36–37 (Christophe Rattier); 86b (Kevin Schafer); 88 (Martin Harvey); 203bl (Steve Robinson); Nature Picture Library: 19a (Bruce Davidson); 35b (Richard Du Toit); 203br (Karl Amman); Novosti, London: 214br; Oxford Scientific Films/Photolibrary.com: 200, 204; 17bl (Brian Kenney); 17br (Daniel Cox); 19b, 184 (Stan Osolinski); 23 (David Cayless); 34a, 190l (Mike Birkhead); 69a (Tom Leach); 90l (Richard Packwood); 130l (Neil Bromhall); 202b (Andrew Plumptre); 203a (Richard Smithers); Geoff Penna © Thames & Hudson Ltd, London: 12–13, 20a, 22b (after Relethford, *The Human Species* (2002), p. 172), 27, 31, 33a, 46b, 56r, 131b (after Relethford, *The Human Species* (2002), p. 329), 162br, 176–77b (after Mountain *et al.*, *Genes and Time* (1992), 177a,

178bl, 179ar (after Fagan, *People of the Earth* (2004) p. 105), 179br (after Oppenheimer, *Out of Eden* (2003), p. 62), 181ar; David Pilbeam: 107b, 108–09b; Mike Pitts: 2 (background), 14–15, 73a, 75a; Ben Plumridge © Thames & Hudson Ltd, London: 16, 21ar, 21br, 24bl (after Gould, *The Book of Life* (2001) p. 226), 33b, 53a (after Kappelman, *Journal of Human Evolution* 20, p. 105), 89c (after Aiello and Dean, *An Introduction to Human Evolutionary Anatomy* (1990), 112br, 122–23a, 178cl, 185 (after Fagan, *People of the Earth* (2004), p. 38), 186ac, 188l, 189a, 201 (after de Waal, Bonobo Sex and Society, *Scientific American* (1995), p. 85), 211; Yoel Rak: 154al; Photo RNM: 167c, 167br, 210cl; 215b (J.G. Berizz); 220bl (R.G. Ojeda); Richard Schlecht/ National Geographic Image Collection: 61ar; Courtesy of the artist Peter Schouten and the National Geographic Society: 175a; Reprinted with permission from *Science*, vol. 169, p. 522, 28th July 1995, © AAAS: 121; Science Photo Library: 29 (NASA); 57b (British Antarctic Survey); 80–81, 187r (John Reader); 176l (Alfred Pasieka); 178–79a (CNRI); 180–181b (Volker Steger); © John Sibbick: 2 (figure), 68a, 72a, 76–77, 102–03b, 110, 118–19, 122l, 132–33, 136–37, 150b, 155r, 166r, 170–71b,

206bl, 206–07b; E.L. Simons: 84bl, 84–85b, 85br; Smithsonian Institution, Washington D.C., Neg. No. SI34358B: 196l; Photo Thomas Stephan, Ulmer Musuem: 218r; Chris Stringer: 26, 32b, 45a, 124al, 124–25b, 125al, 125ac, 126–127a, 126br, 127ac, 127b, 134ar, 136ar, 138a, 140ar, 140b, 141a, 143a, 150ar, 151a, 151b, 152, 154–55b, 156–57b, 163bl, 164bl, 172b, 173a, 209bl; Chris Stringer/Musée de l'Homme, Paris: 156al, 156ac, 156ar, 166bl; Chris Stringer/Wu Xinzhi: 162bl; W. Suschitzky: 82l; A.J. Sutcliffe: 129a; Jiri Svoboda, Institute of Archaeology, Brno: 215a; Dr. Hartmut Thieme: 222br; Javier Trueba, Madrid Scientific Films: 145b, 146–47a, 146–47b, 153l, 153r; Alan Walker/Bob Campbell National Musuems of Kenya, Nairobi: 139r; Dr. Steven Ward: 99a; Bradford Washburn/ Boston Museum of Science: 57a; Professor Gerhard Weber, Department of Anthropology, University of Vienna: 44; Tim D. White: 115r (Photo © Tim D. White 2009, from *Science* 2 Oct. 2009 issue), 116b; Terry Whittaker / Alamy: 34bl; Klaus Will, University of Heidelberg: 142a; Pamela Willoughby: 225r; Christopher Zollikover & Marci Ponce de Leon, University of Zürich: 42

致　谢

We would like to acknowledge the many friends and colleagues whose work we discuss or illustrate, the editorial, design and production staff of Thames & Hudson, the publishing, picture library and photographic staff of the Natural History Museum, London, and Philip de Ste. Croix for his original work on the manuscript.

索 引

（词条页码指本书边码）

阿尔卑斯山 Alps 57

阿尔及利亚 Algeria 84, 145, 147

阿尔及利亚古猿 Algeripithecus 84

阿尔塔米拉 Altamira 216, 220

阿尔西诺伊 Arsinoea 84

阿法尔洼地 Afar Depression 182, 207

阿拉伯 Arabia 87, 100, 163

阿拉戈 Arago 145, 150

阿拉米斯 Aramis 193

阿拉斯加州 Alaska 56, 196, 197, 199

阿利耶泉 Eliye Springs 158

阿曼 Oman 87, 192

阿木德 Amud 154, 156, 163

阿启塔阶（Aquitanian） 100

阿萨卡玛 Asa Koma 114, 116

阿舍利文化（Acheulian Industry） 208, 209

阿塔普埃尔卡山 Atapuerca, Sierra de 144, 145, 146,
146, 151, 152-53; 格兰多利纳洞穴 Gran Dolina
144-47, 151, 152; 胡瑟裂谷 Sima de los Huesos
(pit of the bones)146, 152, 153

阿梯尔文化 Aterian Industry 211

阿维尼翁 Avignon 221

阿依努人 Ainu 22, 22

埃尔贡 Elgon 59

埃及 Egypt 84-87, 161, 192

埃及重脚兽 arsinotherium 87

埃塞俄比亚 Ethiopia 51, 114, 116-118, 122, 126, 128,
132, 134, 135, 150, 151, 159, 160, 182, 188, 193,
206, 207

埃塞俄比亚傍人 Paranthropus aethiopicus 128

爱德华，刘易斯 Lewis, G.Edward 106

安德鲁，彼得 Andrews, Peter 40, 58

安卡拉古猿 Ankarapithecus 104-05, 192, 107, 108,
122-23, 204, 205, 207

昂栋 Ngandong 162, 170, 172

奥地利 Austria 168

奥杜威人 24 号（纤细） Olduvai hominid24(twig-
gy) 71, 134

奥杜威人 28 号 Olduvai hominid28 149

奥杜威人 5 号（胡桃夹子人） Olduvai hominid5
(Nutcracker Man) 70-71, 129, 134

奥杜威人 62 号 Olduvai hominid62 135, 189

奥杜威人 7 号 Olduvai hominid7 135

奥杜威人 9 号 Olduvai hominid9 136

奥杜威文化 Oldowan Culture 68, 208

奥杜威峡谷 Olduvai Gorge 30-31, 68-71, 114, 118,
121, 126, 128, 129, 132, 135, 136, 139, 207, 208,
222

奥罗格赛利 Olorgesailie 225

奥莫 Omo 126, 128, 158, 159

奥莫 1 号 Omo1 160, 160

奥莫河 Omo River 51, 160

奥瑞纳文化 Aurignacian Industry 166, 215, 218

奥塔维古猿纳米比亚种 Otavipithecus namibiensis
99

澳大利亚 Australia 7, 8, 22, 23, 28, 29, 56, 83, 142,
162, 163, 169, 170-73, 195, 213

澳洲人，第一个 Australians，the first 170-73

巴达多巴 Batadomba lena 169

巴甫洛夫 Pavlov 217

巴哈半岛, 墨西哥 Baja peninsula, Mexico 198

巴基斯坦 Pakistan 109, 185, 205; 哈佛探险队 Harvard expeditions to 106

巴西 Brazil 198, 228

白垩纪 Cretaceous 29

白令海峡 Bering Straits 196, 199

白令陆桥 Beringia 196, 199

贝内特洞穴 Bennett's Cave 76, 77

傍人 Paranthropus 123, 127, 128

傍人粗壮种 Paranthropus robustus 121, 127, 128

豹子 leopards 25, 91, 125, 127

鲍氏傍人 Paranthropus boisei 30, 31, 69, 70-71, 127-129, 134

暴龙 tyrannosaurus 227

北极圈 Arctic circle 196

北京 Beijing 137, 138

北京人 Sinanthropus pekinensis 137

贝壳 shells 213, 214

贝类 shellfish 77, 79

比利时 Belgium 156

俾格米人 Pygmies 21

毕尔金斯莱本 Bilzingsleben 145, 150, 209

臂跃 brachiation 16, 17, 34, 35, 184, 186

边界洞 Border Cave 158, 160

宾福德, 刘易斯 Binford, Lewis 223

冰河时期 ice age 29, 54, 56, 156, 163, 170, 194, 195, 197, 215, 221, 227; 休伦统 Huronian 54; 奥陶纪 Ordovician 54

波尔多阶 Burdigalian 100

波兰 Poland 66

波利尼西亚 Polynesia 179, 195

博茨瓦纳 Botswana 35

博多 Bodo 150, 151

博克斯格罗夫 Boxgrove 14-15, 45, 46, 72-75, 145, 150, 208, 223

鲍伊斯, 查尔斯 Boise, Charles 71

捕食 predation 47

不列颠群岛 Britain Isles 56, 72, 194

布尔戈斯 Burgos 148, 152

布拉桑普伊 Brassempouy 218

布朗劳斯基, 雅各布 Bronowski, Jacob 208

布劳尔, 冈特 Brauer, Gunter 141, 143

布里 Bouri 126, 134, 135

布隆波斯洞窟 Blombos Cave 158, 213

布隆迪 Burundi 59

布鲁姆, 罗伯特 Broom, Robert 128

布罗肯山 Broken Hill 8, 44, 124, 126, 148-49, 150, 158

布须曼人 Bushmen 22

测年技术 dating techniques 30-33, 163; 氩-氩测年 argon-argon 31; 电子自旋共振（ESR）spin resonance(ESR)8, 32, 33, 43, 157, 160, 161; 裂变径迹 fission track 33; 钾-氩测年 potassium-argon 30-31, 33, 71; 放射性碳 radiocarbon 8, 31-32, 33, 42, 79, 158, 197; 辐射 radiometric 26, 30-33, 92; 热释 thermoluminescence(TL) 33; 铀系 uranium series 8, 32, 42, 161, 164

长鼻类 proboscideans 87, 101

长臂猿 gibbons 16, 17, 34, 91, 136, 184, 186, 190, 192, 193, 200, 201, 202, 206

长臂猿科 Hylobatidae 16

长城 Walls of China 173

长颈鹿 giraffes 63

成岩 diagenesis 49

池猿 Laccopithecus 91

赤彻斯特 Chichester 72

翅膀 wings 24, 34, 37

DNA 22, 24, 41, 165, 174-75, 176-81, 196; 克罗马农 Cro-magnon 181; 线粒体 mitochondrial (mt DNA 176, 178-79, 180-181, 199; 尼安德特人 Neanderthal 178, 180-81

达尔文，查尔斯 Darwin, Charles 16, 22, 23, 34, 124, 136, 192; 物种起源 on the origin of species 111, 192; 人类由来 the descent of man 38

达卡 Daka 136

达累斯 - 索乌坦遗址 Dares-soltan 158, 161

达特，雷蒙德 Dart, Raymond 123-127, 208

大草原 savannah 53, 207

大海雀 great auk 221

大荔人 Dali 162

大西洋 Atlantic 54, 56, 199, 229

大象 elephants 54, 72, 101, 156, 174, 175, 196, 209

大猩猩 gorillas 16-19, 24, 25, 88, 93, 101, 104, 105, 120, 124, 127, 131, 184, 186, 200-202

袋鼠 kangaroos 185

丹尼索瓦洞穴 Denisova Cave 181

德国 Germany 74, 76, 101, 150, 153, 166, 192, 210, 216, 218, 222-223

德拉科特 Draycott 47

德兰士瓦迩人 Plesianthropus transvaalensis 125

德里莫伦 Drimolen 126, 127

德马尼西 Dmanisi 6, 6, 136, 139, 144, 147

地磁反转 geomagnetic reversals 33

地栖物种 ground-living species 25, 37, 63, 99, 102, 109, 114, 185, 189, 200

地猿 Ardipithecus 121, 123, 207

地猿始祖种 Ardipithecus ramidus 115, 116, 120, 121, 206

地质学 geology 25, 54; 地质列 geological column 27; 时间表 timescale 26-28

地中海 Mediterranean 76, 100, 103, 144, 145, 162, 220

帝汶岛 Timor 172

第三纪 Tertiary 26

第四纪 quaternary era 26, 28

电脑断层扫描 (CT) computerized tomography (CT)

scanning 8, 42, 44, 45

雕塑 sculptures 217, 218

吊坠 pendants 164, 213

钓 fishing 167, 168, 171, 214; 黑猩猩钓白蚁 termite fishing in chimpanzees 203, 208

东南亚 Southeast Asia 7, 17, 23, 82, 83, 109, 136, 174, 175, 194, 195

动物区系 fauna 52, 53, 61, 84, 103, 206, 207

都灵裹尸布 Turin Shroud 32

杜布瓦，尤金 Dubois, Eugene 136, 138

多地区起源说 Multiregional Model 140-41, 143

俄国 Russia 156, 214

鳄鱼 crocodiles 47

恩杜图 Ndutu 150, 158

二叠纪 Permian 29

法国 France 8, 56, 110, 140, 151, 154-157, 164, 165, 168, 192, 215, 216, 218, 220, 221

法尤姆洼地 Fayum Depression 84-85

范·库弗林，约翰 Van Couvering, John 58-59

范·库弗林，朱迪 Van Couvering, Judy 58

放射性碳测年 radiocarbon dating 8, 26, 31-33, 42, 79, 92, 158, 197

非洲古猿 Afropithecus 96, 96, 99, 190, 192

非洲棟属 Entandrophragma 61

非洲眼镜猴 afrotarsius 84

狒狒 Baboons 35, 50, 89, 90, 91, 224

风蚀 wind erosion 84

肤色 skin colour 22, 22

跗猴型下目 Tarsiiformes 83

弗洛勒斯巨鼠 papagomys armandvillei (flores giant rat) 175

弗洛雷斯 Flores 7, 144, 162, 170, 174-75, 227

弗洛雷斯人 Homo floresiensis 7, 7, 174-75, 174-75

弗洛里斯巴 Florisbad 148, 158, 159

福贝斯采石场 Forbes' Quarry 76, 156

福迪留斯，迈克尔 Fortelius, Mikael 40

福格尔赫德 Vogelherd 216

副猿 Parapithecus 84

副猿科 Parapaithecids 84

干筛 dry-screening 40

高尔 Gower 54, 55

高夫洞穴 Gough's Cave 212

高加索 Caucasus 20, 139, 164

高加索人种 Caucasoid race 20, 22

高畑尚之 Takahata, Naoyuki 177

戈勒姆洞穴 Gorham's Cave 76, 77-79, 223

哥伦布，克里斯托弗 Columbus, Christopher 28

革翅目 Dermapterans 83

格拉维特技术（或文化）Gravettian Industry 166, 169, 212-13, 215

格雷内格河区，澳大利亚 Glenelg River District, Australia 172

格鲁吉亚 Georgia 6, 144, 156

格鲁吉亚人 Homo georgicus 139

更猴 plesiadapis 82

更猴目 Plesiadapiformes 83

更新世 Pleistocene 28, 54, 170, 192, 199, 225; 中期 middle 74, 181

工具／制造工具 tools/toolmaking 11, 14, 71, 73, 74, 77, 79, 123, 130, 132, 134, 136-37, 147, 154, 156, 157, 159, 163-167, 169, 174, 189, 197, 198, 203, 208-15, 212, 222; 非洲的中石器时代工业 African Middle Stone Age Industries 211, 211; 和艺术 and art 212-13; 和人的行为 and human behavior 208-15; 奥瑞纳 Aurignacian 166; 克洛维斯 Clovis 196, 196, 199; 格拉维特工业 Gravettian Industry 166, 212-13; 手斧 handaxes 72, 73, 152, 158, 161, 208-211, 225, 225; 勒瓦娄哇生产 Levallois production 210; 细石器 microliths 210;

中石器时代 Middle Stone Age 159, 210; 模式 1 Mode1 208, 210; 莫斯特 Mousterian 156, 210, 210; 尼安德特人 Neanderthal 210-11; 奥杜威文化 Oldowan 71; 旧石器时代晚期 Upper Paleolithic 210

功能，动物 function, animal 34-37, 52, 105

共有衍征 synapomorphies 97

古姆德 Guomde 158, 159

古人类学 palaeoanthropology 6, 14, 24-25, 64

古生代 palaeozoic 26

古生态学 paleoecology 50-51

古生物学 palaeontology 6

古新世 paleocene 28, 83

古猿 anthropoids 80, 84-86

骨头 bones 6, 9, 11, 14, 25, 41, 44, 46, 47, 54, 61, 64, 66, 72-77, 79, 89, 91, 101, 106, 116, 145, 146, 153, 155, 164, 167, 169, 209, 210, 212, 214, 222-223; 切痕 cut marks in 48, 73, 145, 160, 222; 风化 weathering of 47-49

哈达尔 Hadar 114, 117, 118, 122, 188, 207

哈里斯，朱迪思 Harris, Judith 60

海德堡 Heidelberg 74, 75, 142, 148

海德堡人 Homo heidelbergensis 8, 72, 74, 75, 137, 142, 148-152, 158, 162, 208

海克尔，恩斯特 Haeckel, Ernst 136

海牛目哺乳动物 Sirenians 87

海豚 dolphins 79

豪威森波特文化 Howieson's Poort Industry 211, 211

呵叻 Khorat 109

呵叻古猿皮瑞耶种 Khoratpithecus piriyai 109

合指猿 siamang 190

和县 Hexian 136

河马 hippopotami 54, 56, 156

褐煤 lignites 67

赫尔梅人 Homo helmei 159

赫托 Herto 158, 159, 160

赫胥黎，Huxley, T.H. 192

赫雅克 Hernyak, G. 66

黑豹 panthers 11

黑冠长臂猿 Hylobates concolor 202

黑海 Black Sea 6

黑猩猩 chimpanzees 9, 11, 16-19, 24, 25, 28, 34, 36, 88, 89, 95, 97, 104, 108, 116, 120, 122-124, 127, 130, 131, 174, 180, 181, 184, 186, 188-190, 192, 200-204, 207; 联系和语言 communication/language and 18, 130, 131; 钓白蚁 termite fishing in 203, 208

红毛猩猩 orang utans 16-18, 24, 102, 104, 105, 107-109, 112, 113, 184-86, 191-193, 200, 201, 204; 祖先 ancestors 106-07

猴子 monkeys 11, 16, 28, 80, 83, 86, 87, 88, 91, 184, 192, 200, 204; 疣猴 colobus 207; 旧世界 Old World 36; 长鼻 proboscis 34; 蜘蛛 spider 34, 51, 184

狐猴 lemurs 36

湖猿 legetet 种 Limnopithecus legetet 91

湖猿 Limnopithecus 61, 87

湖猿伊氏种 Limnopithecus evansi 91

花粉 pollen 51

化石 fossils 6-10, 14, 24-25, 29, 31, 32, 36, 38, 41, 46, 51-53, 58, 60-61, 66, 68, 69, 70, 76, 77, 82-181, 186; 远古环境 and ancient environments 50-53; 猿 apes 50, 62, 96, 100, 101-103, 105, 109, 110, 113, 114, 116, 122, 190-91, 192, 204, 207; 人族 hominin 71, 117; 人类 human 6, 50, 147, 152, 160, 198; 研究新的技术 new techniques for studying 42-45; 保存 preservation of 46-49; 非洲化石重新测年 redating the african 158-59

灰 ash 70, 79, 118, 187, 189

惠氏壶穴 Whitworth's pothole 61

火炉 hearths 79, 160, 197, 214

火山 volcanoes 31, 46, 60, 70, 118, 175, 187, 189

火葬 cremation 173

霍伦斯敦史塔德 Hohlenstein-stadel 215, 218, 220

激光技术 laser technology 38

疾病 disease 25, 46, 196

几内亚 Guinea 208

加根堡 Galgenberg, Venus of 168

加洛巴 Ngaloba 158, 159

加洛巴 - 莱托里原始人 Ngaloba-laetoli hominid 18, 160-61

钾 - 氩测年 Potassium-argon dating 30-31, 33, 71

简鼻亚目 Haplorhini 83

剑齿象 stegodon 174, 175

渐新世 Oligocene 28, 83, 87, 92, 100, 192

渐新猿 Oligopithecus 84

匠人 Homo ergaster 135, 137, 139, 144, 193, 208

杰贝尔依罗 Jebel Irhoud 158, 161

捷克共和国 Czech Republic 101, 165, 166, 169, 192, 212, 217

捷希克 - 塔什 Teshik Tash 156

金牛山 Jinniushan 162

进化对环境的适应 environment of evolutionary adaptedness(EEA) 225

进化心理学 evolutionary psychology 224-25

静湾石器工艺 Stillbay Industry 211

旧石器时代 paleolithic 210-21; 早期 lower 210, 212；中期 middle 77, 79, 154, 156, 158, 164, 165, 166, 168, 210, 212; 晚期 upper 11, 77, 79, 158, 165, 166, 168, 169, 173, 179, 199-212, 214, 215

巨猿 Gigantopithecus 109, 192

卡巴拉 Kabara 155, 163, 156

卡布韦 Kabwe 124, 148

卡达巴地猿（或地猿卡达巴种）Ardipithecus

kadabba 116

卡夫扎 Qafzeh 32, 158, 163, 211

卡贾多墓地 Kajiado Cemetery 46

卡莫亚猿 hamiltoni 种 Kamoyapithecus hamiltoni 92

卡莫亚猿 Kamoyapithecus 192

卡纳博 Kanapoi 114, 117, 119, 120, 188, 193, 207

卡圣伊火山 Kisingiri 59, 60

凯勒 Keilor 170

凯利, 杰伊 Kelley, Jay 65

凯洛迪尔 Kalodirr 91, 96

坎迪尔 Candir 101

康罗伊, 格伦 Conroy, Glenn 58

考古学 archaeology 6, 11, 25, 32, 162, 164

科迪勒拉冰盖 Cordilleran Ice Sheet 199

科鲁 Koru 59, 90, 92, 192, 204

科罗拉多大峡谷 Grand canyon 26

科罗拉多河 Colorado River 26

科斯奎 Cosquer 216, 220

科西嘉岛 Corsica 56

科伊桑人 Khoisan 22, 169

克拉克, 罗恩 Clarke, Ron 117

克里兹奥, 米克洛斯 Kretzoi, Mmiklos 66

克莱西斯河口 Klasies River Mouth 158-59

克劳默文化 Cromerian Complex 74

克雷斯韦尔峭壁 Cresswell Crags 216

克里米亚 Crimea 164

克罗地亚 Croatia 164

克罗马农 "老人" Old Man of Cro-magnon 143, 156

克罗马农人 Cro-Magnons 157, 163, 164, 165, 166-169, 179, 194, 215, 218, 220, 221, 223; 与尼安德特人杂交 and Neanderthal hybridization 165; 脱氧核糖核酸 DNA of 181; 生活和艺术 life and art 167-69, 168, 169

克罗马农岩棚 Cro-Magnon rock shelter 166

克洛维斯 Clovis 199

克洛维斯文化（或工业）Clovis Industry 196, 197, 199

肯纳威克 Kennewick 199

肯纳威克人 Kennewick Man 198

肯尼亚 Kenya 30, 40, 48, 58, 59, 80, 90-92, 96, 99, 101, 116, 117, 118, 128, 132, 134, 135, 139, 188, 192, 193, 206, 207

肯尼亚古猿 Kenyapithecus 80, 108-110, 185, 190-192

肯尼亚古猿土耳其种 Kenyapithecus kizili 64-65, 101

肯尼亚古猿威克种 Kenyapithecus wickeri 96-97, 99, 102

肯尼亚国家博物馆遗址 Kenya National Museum site 133

肯尼亚裂谷中石器时代文化 Kenya Rift MSA Industry 211

肯尼亚平脸人 Kenyanthropus 193, 207

肯尼亚平脸人 Kenyanthropus platyops 117, 135

孔雀 peacocks 23

库比福勒 Koobi Fora 30, 31, 126, 128, 132, 134, 136, 139, 208

库卢 Kulu 60

拉费拉西 La Ferrassie 8, 140, 156, 156

拉斯科 Lascaux 215, 216, 218-221

腊玛古猿 Ramapithecus punjabicus 97

莱斯皮格的维纳斯 Lespugue Venus 168

莱托里 laetoli 114, 118, 123, 182, 187-189, 207

篮 basketry 198, 212

懒猴 lorises 61

狼 wolves 72, 224

劳伦冰盖 Laurentide ice sheet 199

劳塞尔的维纳斯 Laussel, Venus of 216, 218

勒瓦娄哇技术 Levallois Technique Primates 9, 16, 24, 29, 35-37, 80, 82, 88, 90, 100, 101, 156, 192, 200, 210;

狭鼻猿 catarrhine 36, 84, 101; 起源 origin of 82-83

黎巴嫩 Lebanon 144, 162

黎凡特 Levant 144, 162, 169

礼仪行为 / 实践 ritual behaviour/practices 156, 160, 218

里海 Caspian Sea 6

利基，理查德 Leakey, Richard 132, 160

利基，路易斯 Leakey, Louis 24, 68, 70, 71, 91, 93, 97, 98, 129, 132, 139, 192, 222

利基，玛丽 Leakey, Mary 24, 58, 69, 91, 93, 128, 132, 139, 222

梁布亚洞穴 Liang Bua Cave 7, 174-75, 174-75

两性图像 sexual imagery 11

两性异形 sexual dimorphism 114

裂变径迹测年 fission track dating 33

裂谷 Rift Valley 9, 59, 115, 118, 126, 128, 134

鬣狗 hyaenas 46, 47, 54, 72, 125, 136-37, 150, 224

林奈 Linnaeus 20

羚羊 antelopes 53, 101

龙骨山 Dragon Bone Hill 138

龙目岛 Lombok 174

露西 Lucy 117, 118, 120, 122, 123, 135, 188-89, 207

卢旺达 Rwanda 18, 59

颅骨测量，电脑分析 skull measurements, computer analyses of 20

鲁道巴尼亚 Rudabanya 66-67, 111

鲁道夫湖，又见图尔卡纳湖 Rudolf, Lake see Turkana, Lake

鲁道夫人 Homo rudolfensis 117, 133, 134, 135, 139, 193, 208

鲁辛加岛 Rusinga Island 58-61, 58-60, 88, 90, 91, 92-93, 93, 94, 97, 204

鹿 deer 72, 73, 223

鹿角 antler 210, 212, 220

禄丰古猿禄丰种 Lufengpithecus lufengensis 109

伦敦自然史博物馆 Natural History Museum, London 38, 93, 192

罗德西亚人 Homo rhodesiensis 149, 151, 158

罗马尼亚 Romania 166

洛贝特斯 Can Llobateres 111, 186

洛迈奎 Lomekwi 114, 117

洛特加姆 Lothagam 114, 193

骆驼 camels 196

落羽杉 taxodium 67

马博科 Maboko Island 40, 97, 99, 122

马达加斯加 Madagascar 194, 195

马德琳 La Madeleine 217, 220

马登，卡里 Madden, Cary 58-59

马尔什 La Marche 169

马格达林时期文化 Magdalenian Industry 215

马卡潘斯盖 Makapansgat 124, 126

马拉加 Malaga 164

马拉维 Malawi 126, 128, 134, 193

马匹 horses 11, 72, 73, 196, 223

马托格罗索 Mato Grosso 228

马兹达齐尔 Maz D'Azil 的投矛器 167

埋藏学 taphonomy 25, 41, 46-49, 61, 63, 66, 101

迈兹里奇 Mezhirich 213

脉络猿 Chororapithecus abyssinicus 114, 193

曼巴文化 Mamba Industry 211

芒戈湖 Mungo, Lake 170, 173

蟒蛇 pythons 61

猫头鹰 owls 47, 63

毛里坦人 Homo mauritanicus 151

矛 spears 222, 223

矛投掷器 spear throwers 167, 212

梅登黑德 Maidenhead 225

梅多克罗夫特岩棚 Meadowcroft Rockshelter 196, 197, 199

美洲 America 21, 53, 56, 83, 87, 100, 142, 162, 179, 195; 早期殖民 early colonization of 199; 参见南美

美洲土著 Americans, native 196, 198, 199; 第一个 the first 196-99

猛犸象 mammoths 10, 11, 180, 220

蒙古人种 Mongoloid race 20

蒙特沃德 Monte Verde 196-199

麋羚 hartebeest 70

米兰科维奇 , 米卢廷 Milankovitch, Milutin 54, 56

米兰科维奇循环 Milankovitch Cyrais 54-57

米森 , 史蒂夫 Mithen, Steve 224

缅甸 Burma 87, 205, 206

灭绝 extinctions 29

摩洛哥 Morocco 144, 161

魔鬼塔 Devil's Tower 42, 43, 76, 156

莫尔 Mauer 74, 75, 142, 145, 148, 150, 153

莫罗托 Moroto 59

莫罗托古猿 bishopi 种 Morotopithecus bishopi 96, 96, 97

莫罗托古猿 Morotopithecus 192

莫斯特 Le Moustier 156, 156, 210

莫斯特文化 Mousterian Industry 156, 210

莫维斯 , 哈勒姆 Movies, Hallam 209

姆凡加诺岛 Mfwangano Island 59, 61

姆翁布 Ombo 59

墓葬 / 丧葬习俗 burials/burial practices 146, 154, 157, 158, 163, 169, 171, 210-11, 213-15; 火葬 cremation 173

内华达 Nevada 198

纳尔默达 Narmada 162

纳利奥克托米 Nariokotome 136, 139

纳米比亚 Namibia 99

纳帕克区 Napak 59

纳乔拉古猿 kerioi 种 Nacholapithecus kerioi 96

南方古猿 Australopithecus 117, 122, 123, 191

南方古猿阿法种 Australopithecus afarensis 117-123, 187, 188, 189, 206-07

南方古猿赤道种 Equatorius africanus 96, 97, 99, 102, 112

南方古猿粗壮种 Australopithecus robustus 126

南方古猿非洲种 Australopithecus africanus 117, 118, 121, 124-25, 127

南方古猿湖畔种 Australopithecus anamensis 117, 119, 120, 122, 123, 207

南方古猿惊奇种 Australopithecus garhi 134, 193, 208

南方古猿源泉种 Australopithecus sediba 125

南非 South Africa 7, 21, 117, 118, 121, 123, 124, 126, 127, 150, 158-160, 193, 207, 208, 213;

南极洲 Antarctica 83, 196, 227

南美 South American 16, 51, 86

脑容量 brain size 20, 29, 44, 71, 80, 124, 127, 131, 131, 134, 135, 138-142, 149, 150, 155, 162, 174, 175, 227

能人 Homo habilis 6, 30, 31, 68, 71, 121, 129, 132, 133-136, 139, 189, 191, 193, 208, 222

尼安德山谷 Neander Valley 77, 154, 156, 156

尼安德特人 Neanderthals 11, 33, 41, 42, 76-79, 141-143, 149-151, 154-158, 162-167, 170, 208-211, 223, 227, 229; 解剖 anatomy of 155-56; 与克罗马农人杂交 and Cro-magnon hybridization 165; 脱氧核糖核酸 DNA of 178, 180-81; 起源 origin of 152-53

尼安德特人 Homo neanderthalensis 9, 80, 142, 151, 153, 154

尼安萨古猿 Nyanzapithecus 192

尼格罗人种 Negroid race 20

尼科尔 , 玛丽 又见利基 , 玛丽 Nicol, Mary see Leakey, Mary

尼罗河 Nile, River 161

尼亚洞穴 Niah Cave 170

鸟类 birds 24, 34, 37

啮齿动物 rodents 87, 101

牛科动物 bovids 101

农业 farming 28, 29, 179

疟疾 malaria 25

诺伊多夫 Neudorf 112

欧兰猿 Ouranopithecus 205

欧兰猿马其顿属 Ouranopithecus macedoniensis 111

欧洲 Europe 28, 29, 66, 83, 88, 91, 100, 101, 110, 114, 117, 124, 140-145, 147, 150, 151, 156, 158, 162-164, 167, 168, 173, 179, 191, 192, 194, 199, 205, 208, 210, 211-223, 227; 早期定居于 early occupation of 144-47

欧洲野牛 aurochs 11

爬行动物 reptiles 226

帕萨拉尔 Pasalar 40, 62-66, 101-103

潘诺尼亚湖 Pannonian Lake 66, 67, 111

佩德拉富拉达 Pedra furada 199

佩宁伊 Peninj 71, 126, 127, 129

佩特拉罗纳 Petralona 145, 150, 151

皮尔比姆, 大卫 Pilbeam, David 97

皮尔丹人 Piltdown Man 124

婆罗洲 Borneo 17, 34, 170

葡萄牙 Portugal 164

普雷德摩斯提遗址 Predmosti 169, 212, 215

谱系地理学 phylogeography 179

气候 climate 21, 25, 29, 48, 54-57, 63, 87, 103, 151, 167, 175, 177, 194, 196, 200, 225, 228-29

前奥瑞纳工业 Pre-aurignacian industry 211

前寒武纪时代 Precambrian era 26

前梭鲁特文化 Protosolutrean industry 166

嵌齿象属 Gomphotherium pasalarense 64, 65

羟基磷灰石 hydroxyapatite 49

切普拉诺 Ceprano 144

清除 scavenging 47, 71, 132, 154, 223

屈萨克洞穴 Cussac Cave 221

全球变暖 global warming 227, 229

全新世 Holocene 28, 194

让瓦古猿 gordoni 种 Rangwapithecus gordoni 90, 90

让瓦古猿 Rangwapithecus 190, 192, 204

人科 hominidae 16

人类 humans 9, 16, 18, 24, 34, 35, 50, 80, 82, 89, 109, 121, 124, 125, 144, 150, 163, 177, 181, 182, 188-201; 早期人类的祖先 early human ancestors 114-23; 运动的演变 evolution of locomotion in 184-89; 地理分布 geographical spread of 192-95; 人的变异 human variations 20-23; 现代 modern 19; 起源 origins of 130-31

人属 hominins 16, 25, 29, 30, 45, 46, 51, 71, 97, 114, 115-17, 121-123, 126, 133-137, 182, 187, 193, 207, 208

人亚科 hominids 64, 96, 99, 129, 186, 193

人猿超科 hominoids 80, 88, 92, 100, 105, 182, 192, 193, 201

日本 Japan 22, 194, 195

日历 calendars 167

日猿 Heliopithecus leakeyi 99

乳齿象 mastodons 198

瑞克, 汉斯 Reck, Hans 68

撒丁岛 Sardinia 56, 113

撒哈拉大沙漠 Sahara desert 177

萨法赖阿洞穴 Zafarraya Cave 156, 164

萨姆布恩马堪 Sambungmacan 162, 170

塞拉瓦勒 Serravalian 100

塞伦盖蒂平原 Serengeti Plain 30-31, 68

三崖湾 Three Cliffs Bay 54, 55

三叶虫 Trilobites 28

三趾马 hipparion 68

桑布鲁古猿 Samburupithecus kiptalami 114, 192

桑布鲁山 Samburu Hills 114, 192

桑吉兰 Sangiran 138

桑吉兰 17 号 Sangiran17 8, 140

扫描电子显微镜（SEM） scanning electron micro-
scope (SEM) 41, 44, 45, 48, 64-65, 190

森林古猿 Dryopithecus 80, 89, 94, 104, 105, 107, 110,
113, 186, 190, 192, 204, 206

森林古猿 laietanus 种 dryopithecus laietanus 111, 112

森林古猿匈牙利种 Dryopithecus hungaricus 67,
110-11

森林古猿源泉种 Dryopithecus fontani 111

沙漠 deserts 177, 194, 195

沙尼达尔 Shanidar 156

沙特阿拉伯 Saudi Arabia 99

山果文化 Sangoan industry 211

山羊 ibex 11, 220, 223

山猿 Anapithecus 91 山猿赫雅克种 Anapithecus
hernyaki 67

山猿 Oreopithecus 94, 105, 113, 186, 192, 206

珊瑚虫 corals 32

上新世 pliocene 28, 71, 116, 117, 118, 121-123, 193,
206, 207

上猿 Pliopithecus 89, 91, 101, 112

蛇 snakes 47

舍宁根 Schoeningen 222, 223

社会组织 / 分层 / 结构 social organization/stratifi-
cation/structure 200-04, 214, 223, 224

身体装饰 body decoration 173

生态位的概念 niche, concept of 51, 52

生态系统 ecosystems 29, 50, 51, 53

绳索 ropes 212

圣塞塞尔 Saint-cesaire 156, 165

圣沙拜尔 La Chapelle-aux-saints 156; 老人 Old Man
of 142, 156

施伦克，弗里德曼 Schrenk, Friedmann 134

狮子 lions 11, 72, 221, 222

湿筛分 wet-screening 40

石器时代后期（非洲） Later Stone age(africa) 212

石器时代早期 Early Stone Age 225

石笋 stalagmites 32

食草动物 herbivores 37

食虫物种 insect-eating species 83

食果动物 frugivores 19, 36, 37, 53, 63, 90, 91, 114,
190, 191, 200, 202-204, 206

食人 cannibalism 145, 146, 160

食叶动物 leaf-eating species 91, 190, 191

史密斯，弗雷德 Smith, Fred 143

始长颈鹿属 giraffokeryx 64

始新世 Eocene 28, 83, 84, 100, 192

手斧 handaxes 72, 73, 152, 158, 161, 162, 208-09,
210, 211, 225

狩猎 hunting 11, 71, 125, 127, 129, 167, 171, 196,
222, 223

狩猎采集 hunter-gatherers 167, 216, 224

树懒 sloths 180, 196

树栖物种 tree-living species see arboreal species

树栖种类 arboreal species 37, 52, 53, 61, 82, 83, 91,
102, 109, 112-13, 121, 189, 200, 206, 226

树猿 Dendropithecus macinnesi 61, 89-91

双足行走 bipedalism 11, 19, 80, 113-118, 120-122,
124, 131, 182, 186-189, 206-207

水田鼠地种 arvicola terrestris cantiana 74

斯堪的纳维亚 Scandinavia 55

斯库尔 Skhul 158, 163, 211

斯里兰卡 Sri Lanka 169, 195

斯洛文尼亚 Slovenia 210

斯特林格，克里斯 Stringer, Chris 141

斯托克方丹 Sterkfontein 114, 117, 118, 121, 124-
126, 128

斯瓦特科兰斯 Swartkrans 126-128, 136

斯旺司孔 Swanscombe 145, 225

四肢行走 quadrupedalism 35, 35, 115, 185

松巴哇 Sumbawa 174

松霍尔 Songhor 59, 90, 92, 95, 204

苏丹 Sudan 160

苏拉威西 Sulawesi 175

苏门答腊 Sumatra 17

苏塞克斯 Sussex 72

素食主义 vegetarianism 18, 19, 190, 191

梭鲁特文化 Solutrean Industry 199, 215

索恩，艾伦 Thorne, Alan 141

索米尔 Sungir 214, 214

塔巴林 Tabarin 114, 118

塔邦 Tabun 156, 157, 163

塔斯马尼亚 Tasmania 170, 194

泰国 Thailand 109

泰晤士河 Thames, River 56

坦桑尼亚 Tanzania 30, 59, 68-71, 117, 123, 127, 128, 132, 135, 136, 150, 182, 187, 193, 207

碳同位素测年 carbon isotope dating 102, 190

汤恩 Taung 124, 126

陶器 pottery 77

特林考斯，埃里克 Trinkaus, Erik 143

特南堡 Fort Terrane 64, 98, 99, 101, 102

特提斯海 Tethys Sea 100

提格汗尼夫 Tighenif 136, 145, 151

蹄兔 hyraxes 87

跳羚 springbok 70

同化模型 assimilation model 142, 143

同位素分析 isotopic analysis 9

头骨 skull 博多 Bodo 151; 布罗肯山 Broken Hill 44, 148, 149, 150, 158; 切普拉诺 Ceprano 144, 144, 151; 乍得 Chad 115, 115, 116, 193; 舍利人 Chellean Man' 70; 克罗马农 Cro-magnon 166; 大荔人 Dali 162; 弗洛里斯巴 Florisbad 158-61; 弗洛雷斯人 Homo floresiensis 7, 174; 杰贝尔依罗人 Jebel Irhoud 160-161; 莫尔 Mauer 153; 阿塔

普埃尔卡 miguelin(Atapuerca) 153; 普莱斯夫人 Mrs Ples 125; 尼安德特人 neanderthal 42, 43, 44; 昂栋第 11 号头骨 Ngandong(solo)skull XI 162, 172; 奥杜威人 5 号 Olduvai hominid 5 70-71, 129; 奥杜威人 24 号 Olduvai hominid 24 71; 奥莫基比什 Omo kibish2 160-61; 佩特拉罗纳 Petralona 137; 卡夫扎 Qafzeh 163; 新加 Singa 161; 汤恩 Taung 124, 124; 韦兰德拉湖区 Willandra Lakes50 172

突尼斯 Tunisia 144

图尔卡纳古猿 Turkanapithecus 96

图尔卡纳湖 Turkana Lake 117, 132, 139

图根山 Tugen Hills 114, 116

图根原人 Orrorin 122, 123, 189, 206

图根原人图根种 Orrorin tugenensis 115, 116, 121, 193

屠宰 butchery 11, 33, 71, 74, 150, 198, 209, 222, 223, 225

土耳其 Turkey 39, 40, 63, 64, 101, 104, 109, 185, 192

土耳其古猿 Griphopithecus 101-03, 108, 109, 185, 191, 192

土耳其古猿阿尔帕尼种 Griphopithecus alpani 64-65, 101-03, 190

兔猴科 adapidae 83

兔猴属 adapis 83

兔子 rabbits 223

托比亚斯，海因茨 Tobien, Heinz 101

托罗—梅奈拉 Toros-menalla 114, 115

托塔韦尔 Tautavel 151

挖掘技术 excavation techniques 38-40, 39-40

湾流 Gulf Steam 56, 229

万年洞 Vanguard Cave 77-79, 223

威尔森，莫里斯 Wilson, Maurice 86, 91, 99, 106, 129

威尔士 Wales 54, 55

韦兰德拉湖区，澳大利亚 Willandra Lakes region, Australia 171, 172

韦斯特伯里 - 门迪普 Westbury-sub-Mendip 49

维多利亚湖 Victoria, Lake 58, 59

维克，弗雷德 Wicker, Fred 96

维伦多尔夫的维纳斯 Willendorf, Venus of 168, 169, 216

维纳斯雕像 Venus figurines 168, 169, 217, 218, 220

维尔泰斯佐洛斯 Vertesszollos 145, 150

尾部，存在 / 缺少 tail, presence/lack of 16, 24, 88, 88, 90

卫星技术 satellite technology 38

魏敦瑞，弗朗茨 Weidenreich, Franz 138

魏纳特，汉斯 Weinert, Hans 123

倭黑猩猩 bonobos 20, 104, 105, 201-204

沃波夫，米尔福德 Wolpoff, Milford 141

沃洛拉 Worora 172

乌克兰 Ukraine 156, 214

乌鲁前文化 Uluzzian Industry 164

乌兹别克斯坦 Uzbekistan 156

X 谱系 lineage 199

X- 射线 X-ray 42

西班牙 Spain 111, 144, 186, 216, 230

西伯利亚 Siberia 156, 181, 196, 199

西布兰诺人 Homo cepranensis 144

西蒙斯，艾尔温 Simons, Elwyn 84, 97

西瓦古猿 Sivapithecus 89, 104, 105, 107-109, 113, 185-86, 191, 192, 205, 207

西瓦古猿西瓦种 Sivapithecus sivalenus 107, 108

西瓦古猿印度种 Sivapithecus indices 106-108, 122-23

西瓦利克山 Siwalik Hills 106

西西里岛 Sicily 144, 145, 194

希腊 Greece 111, 150, 205

希腊古猿 Graecopithecus 104, 105, 109, 110, 191, 192, 205

希腊古猿弗赖伯格种 Graecopithecus freybergi 111, 112

犀牛 rhinoceroses 11, 54, 63, 72, 73, 150, 209, 220, 221, 222

喜玛拉雅山 Himalayas 106

喜玛拉雅山雪人 Yeti 109

系统发育分析 phylogenetic analysis 38

细猿 Micropithecus bishopi 91

狭鼻小目灵长类动物 catarrhine primates 36, 84, 101

下维斯特尼斯遗址 Dolni Vestonice 167, 215-217

夏代尔贝龙 Chatelperron 156

夏代尔贝龙文化 Chatelperronian Industry 164, 165

夏娃（线粒体 / 非洲） Eve(mitochondrial/african) 178, 179

仙人洞 Spirit Cave 198, 199

先驱人 Homo antecessor 144, 145, 147

项链 necklaces 164-166, 169, 213, 215

象牙 ivory 169, 210-215, 218

象征 symbolism 225

小亚细亚 Asia minor 143

小足 Little Foot 117

肖维岩洞 Chauvet Cave 10, 11, 182-82, 216, 220-21, 221

新几内亚 New Guinea 23, 56, 170, 172, 174, 195

新加 Singa 158, 160-61

新西兰 New Zealand 22, 195

行为 behaviour 21, 25, 29, 52, 71, 91, 103, 130, 131, 146, 160, 162, 165, 173, 189, 222-25, 206; 和环境 and environment 200-07

形态学 morphology 38, 52, 62, 67, 86, 87, 91, 102, 105, 107

性选择 sexual selection 23

匈牙利 Hungary 66-65, 111, 150

叙利亚 Syria 154, 156, 162

悬挂 suspension 36, 91, 93, 94, 112, 114, 193, 207

驯鹿 reindeer 11, 196

驯鹿洞穴 Reindeer Cave 165

巽他陆架 Sunda Shelf 170

巽他群岛 Sunda Islands 7

牙齿 teeth 9, 14, 32, 36, 44, 45, 52, 53, 64-65, 67, 71, 72, 74, 82, 83, 85, 86, 90, 91, 96, 97, 101, 108, 114, 116, 117, 120, 122-124, 134, 146, 152, 153, 155, 159, 163, 165, 166, 170, 182, 190, 191, 196, 204, 206, 207, 213, 215, 223; 牙釉质 tooth enamel 42, 64-65, 108, 109, 114, 116, 117, 123, 159, 182, 190-193, 205-207

氩 - 氩测年 Argon-argon dating 31

岩浆 lava 31, 70, 208, 209; 又见灰 , 火山 see also ash;volcanoes

野牛 bison 11, 72, 73

野人传说 wild-men legends 175

一夫多妻制 polygamy 18, 201, 202

一夫一妻制 monogamy 201

伊比利亚 Iberia 56, 79, 164

伊拉克 Iraq 156, 157

伊兰方泰恩 Elandsfontein 150, 158

遗传漂变 genetic drift 23

以色列 Israel 32, 144, 154-157, 162, 163, 172, 194, 209;see also named Israeli sites and locations

艺术 art 158, 167, 173, 212-15, 213, 216, 217; 克罗马农人的 Cro-magnon 167-69, 168, 169; 第一个艺术家 first artists 216-21;旧石器时代的 palae-olithic 216, 217-21

意大利 Italy 56, 113, 144, 164, 214

因纽特人 Eskimos 21

饮食 diet 9, 36, 37, 46, 77, 78, 96, 101, 102, 114, 124, 125, 127, 182, 200, 204, 206; 食性的演化 evolution of feeding 190-91; 生产食物 food production 225;海洋食物 marine foods 78, 79;人科的 of homo 191

印度 India 103, 106, 162, 185, 192, 194, 205, 206, 209

印度尼西亚 Indonesia 8, 136, 140, 143, 170, 174, 227

英国（大不列颠）Britain 56, 164

英国 England 83, 209

婴猴科 bushbabies 36, 82, 83

用火 / 技术 fire use/technology 79, 137, 214; 又见火炉 see also hearths

尤贝蒂亚 Ubeidiya 144, 162

铀系测年 uranium series dating 8, 32, 42, 161, 164

有袋动物 marsupials 87

釉面横纹 perikymata 45

鱼叉 harpoons 212, 213

语言 language 130-31, 225

原康修尔猿 proconsul 24, 60, 88-96, 105, 185, 190, 192, 204-206

原康修尔猿大型种 Proconsul major 92, 93, 95, 96

原康修尔猿非洲种 Proconsul africanus 90, 92, 93, 95

原康修尔猿何塞隆种 Proconsul heseloni 61, 92-95

原康修尔猿尼安萨种 Proconsul nyanzae 61, 92, 95

原上猿 propliopithecus 87, 89, 91, 105

原上猿宙克西斯种 propliopithecus zeuxis 85-87

远东 far east 156, 157, 162

约翰森，唐纳德 Johanson, Don 122, 123

越南 Vietnam 101

郧县 Yunxian 162

运动 locomotion 53, 82, 86, 123, 190, 200; 双足行走 bipedalism 11, 16, 17, 19, 80, 113-118, 120-124, 131, 182, 185-86, 185, 187, 188, 189, 206, 207, 226; 臂跃 brachiation 16, 17, 34, 35, 91, 184, 186; 进化 evolution of 182, 184-89; 在早期智人 in early Homo 189; 指节行走 knuckle-walking 18, 19, 34, 35, 184, 185, 186;quadrupedalism 四肢行走 35, 35, 85, 115, 185; 悬挂 suspension 36, 91, 93, 94, 112, 114, 193, 207

赞比亚 Zambia 8, 44, 124, 149, 158

扎伊尔 Zaire 18

乍得 Chad 80, 115, 193

乍得湖 Chad Lake 115

乍得沙赫人 Sahelanthropus tchadensis 116, 122, 193

赭红 ochre, red 169

织 weaving 198

直布罗陀 Gibraltar 25, 42, 76-79, 144-164, 223

直立人 Homo erectus 8, 60, 71, 129, 135, 136-39, 140-144, 146, 148-151, 162, 170, 172, 175, 191, 193, 208, 209, 227; 起源 origins of 139

植物 plants 28, 167

跖行（指节行走）knuckle-walking 18, 19, 34, 35, 184-186

智力 intelligence 6, 21, 29, 131; 进化 evolution of 224

智利 Chile 194, 197, 197

智人 Homo sapiens 9, 11, 14, 20, 80, 140-142, 149, 151, 153, 158-61, 163, 165, 175, 177, 194, 208, 224, 226; 非洲家园 africa as homeland of 158-61; 饮食 diet of 191

中东 Middle East 32, 143, 162, 192, 195, 211, 212

中国 China 22, 83, 91, 101, 109, 137-38, 140, 142, 143, 162, 169, 174, 192, 195, 205

中生代 Mesozoic 26

中石器时代 Mesolithic 215

中石器时代（非洲）Middle Stone Age(Africa) 158-161, 211-215, 226

中石器时代 I-IV 文化 MSA I-IV Industry 211

中新世 Miocene 14, 28, 39, 53, 58, 61-63, 66, 87, 90, 91, 100-103, 105, 110, 113, 114, 117, 118, 122, 123, 186, 189, 190, 192, 193, 204-06, 207

种系发生 phylogeny 105

仲山纳卡里猿 Nakalipithecus Nakayamai 114, 193

周口店 Zhoukoudian 136-138, 144, 169

肘关节 elbow joint 24, 88-90, 117, 119-20

猪 pigs 70

爪哇 Java 124, 136-139, 143, 144, 162, 169, 170, 172, 174, 175

爪哇猿人 Java Man 137

爪哇直立人 Pithecanthropus alalus 136-37

紫外线 Ultraviolet Light 22-23

自然 nature 124

自然选择 Natural selection 22, 23, 34

走出非洲模型 Out of African Model 141-43, 163, 177, 178, 193, 195

祖提耶 Zuttiyeh 164

醉猿 Dionysopithecus 100, 101

著作权合同登记 图字：01-2015-2693

图书在版编目（CIP）数据

人类通史 /（英）克里斯·斯特林格（Chris Stringer），（英）彼得·安德鲁（Peter Andrews）著；王传超，李大伟译，王重阳校译. —北京：北京大学出版社，2017.1
（沙发图书馆）
ISBN 978-7-301-27684-6

Ⅰ.①人…　Ⅱ.①克…　②彼…　③王…　④李…　⑤王…　Ⅲ.①人类进化 – 普及读物
Ⅳ.①Q981.1–49

中国版本图书馆CIP数据核字（2016）第257604号

THE COMPLETE WORLD OF HUMAN EVOLUTION
By Chris Stringer and Peter Andrews

Published by arrangement with Thames and Hudson Ltd, London,
© 2005 and 2011 The Natural History Museum
Layout and series concept © 2005 and 2011 Thames & Hudson Ltd, London
This edition first published in China in 2017 by Peking University Press, Beijing
Simplified Chinese translation © 2017 Peking University Press

书　　　名	人类通史
	RENLEI TONGSHI
著作责任者	〔英〕克里斯·斯特林格（Chris Stringer）　彼得·安德鲁（Peter Andrews）著　王传超　李大伟 译　王重阳 校译
责 任 编 辑	王立刚
标 准 书 号	ISBN 978-7-301-27684-6
出 版 发 行	北京大学出版社
地　　　址	北京市海淀区成府路 205 号　100871
网　　　址	http://www.pup.cn　新浪微博：@北京大学出版社
电 子 信 箱	sofabook@163.com
电　　　话	邮购部 62752015　发行部 62750672　编辑部 62755217
印 刷 者	北京华联印刷有限公司
经 销 者	新华书店
	880 毫米 × 1230 毫米　16 开本　21 印张　155 千字
	2017 年 1 月第 1 版　2017 年 7 月第 2 次印刷
定　　　价	89.00 元